JN084529

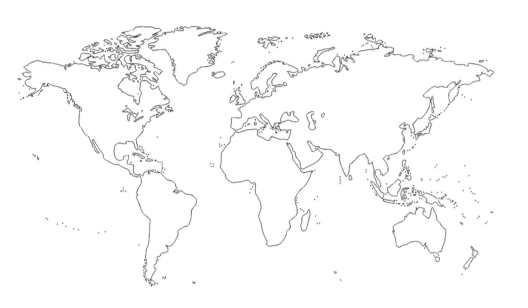

# フランス主要13地区と
# 40ヵ国のワイン

## ── 歴史 産地 特徴 展望 ──

監修 山本 博

執筆者（50音順・敬称略）

石井 もと子 / 蛯原 健介 / 遠藤 誠 / 大滝 恭子 / 児島 速人 / 佐藤 秀良 /
白須 知子 / 立花 峰夫 / 寺尾 佐樹子 / 中村 芳子 / 宮嶋 勲 / 安田 まり

# はじめに

　日本におけるワインについての出版情勢を展望すると、山本が『世界のワイン』（柴田書店）を出したのは 1973 年だった。二十世紀最後のクォーター（25年）で世界のワインに激変が生じたと言われている。確かに変化は革命的とも言えるものであった。

　最近は実に多くのワインブックが巷にあふれているが、不思議なことに世界中のワインをコンパクトにまとめたものは見当たらない。その意味で本書は多くのワイン愛好家の期待に沿うものであろう。

　制作にあたっては、新情勢を含めたアップ・トゥ・デートの斬新的なものにするため、それぞれの国情に精通されている方に執筆を御依頼した。

　本書は、学術的な専門書ではない。星の数ほどあると言われている世界のワインを、鳥瞰図のように概要を分かりやすく捉える入門書的な本である。

　例えば旧世界のワインは、その地名がワイン名になるという伝統がある。ワインを知るためには地名を覚えなくてはいけないからワインブックは地図の本のような観を呈する。アメリカはそうした伝統がないからブドウの品種を識別の手がかりにしている。フランスなどは地名表示が徹底しているから本の目次は地名の羅列になる。そして品質レベルによる階層原則がみごとに整理されている。同じ旧世界でもイタリアになるとかなりいいかげんで地名だけではワインの良し悪しが簡単にわからない。州名とワインの生産地名も同一ではないから目次の組み方には苦労させられた。

　なお、ワインの識別で非常に重要なのは生産者である。有名なワインは生産者名がワインの代名詞にまでなっている。それぞれの国ごとに生産者を掲載したいところだが、細かくやったらきりがないので多くは割愛した。その点は、ご容赦いただきたい。

　数限りない世界各地のワインの最近の動向を含めた総括的概要をコンパクトで分かりやすく説明するのが本書の最大の目的である。書棚におけば便利な常備本の一冊になるにちがいない。

監修責任者　山本　博

# CONTENTS

# *1* フランス …………………… 1

サンテミリオンの町

ラングドック（コルビエール）

# 2 イタリア

イタリア（トスカーナ）

# 3 スペイン

ポルトガル

ドイツ（モーゼル）

スイス（ジュネーヴ湖）

チェコ（南モラビア）

# 10 黒海沿岸諸国 ………… 202

カナダ（ナイアガラ）

チリ（アンデス山脈）

ニュージーランド

# *15* ニュージーランド

……… 282

# *16* 南アフリカ …… 294

南アフリカ

# France

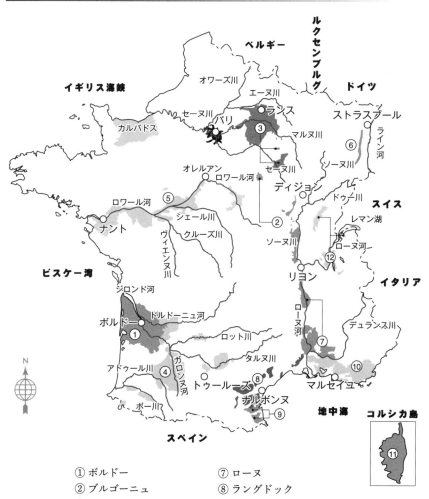

① ボルドー

② ブルゴーニュ

③ シャンパーニュ

④ 南西地方

⑤ ロワール

⑥ アルザス

⑦ ローヌ

⑧ ラングドック

⑨ ルーション

⑩ プロヴァンス

⑪ コルシカ島

⑫ ジュラ・サヴォワ

# フランス概論

　フランスは世界一のワイン王国である。現在、生産量ではイタリアとスペインがフランスを追い越そうとしているが、品質の点では総体的にフランスのレベルが高い。ことにフランスの代表とも言えるボルドーとブルゴーニュの高級クラスワインは、クラシック・ワインと呼ばれ、秀逸ワインの典型とされて、新世界や新興国ワインの模範となっている。この高級ワインの層の厚さと量の点で、他の諸国を凌駕している。また他の多くの地方もそれぞれ明確な個性を顕示しているのも特色になっている。

　歴史も古く、紀元前600年頃、ギリシャのホカイア族がマッシリア（現在のマルセイユ）にたどりついてブドウ栽培とワイン技術を持ち込んだのが端緒になっているが、ワイン造りがフランス全土に広がったのは、シーザーのガリア（旧フランス）征服以降のことである。フランスは、ヨーロッパの中心に位置しているという地理的条件と有力な王侯貴族の優位、修道院の普及という歴史的条件があいまって文化が発達し、ルイ14世太陽王の絶対王政の時代からヴェルサイユを中心にして諸文化が絢爛と開花するが、その中にワインも含まれていた。また、フランス革命時代から科学的研究が急速に発達し、ヨーロッパにおける先駆的存在になるが、パスツールの微生物の効用を契機とした研究が現在醸造学の誕生につながった。これもまた、ワイン造りと無関係でなかった。

　総面積約55万1,695km$^2$だが、南西部の中央高地、東部のジュラ地方を別にすれば、総体的に平地で耕作が可能である。大陸性気象と大西洋からの海洋性気象の影響を受け、それぞれの地域の土壌や気象変化に応じた多様なワインを生んだ。また、ローヌやロワールを始めとする多くの河川が、ブドウ栽培とワインの交易に役立ったことも、ワイン産業発展の助けとなった。

　現在、フランスのワイン生産地としては、まずボルドーとブルゴーニュが主位に立つ。輸出の面で見れば、シャンパンがそれに次ぐのであろう。フランスを北から南に流れるローヌ河流域は、赤ワインが主力になる産地だが、ブドウ栽培に適した気候の恵みで、量産ワインを出すと同時に、数は少ないが優れたワインを出すところもある。フランス北部を東西に流れるロワール河流域は、フランス王朝文化発祥の地だが、長い流域の中に量こそ少ないがそれぞれの地方色を出す多くの多様なワインを生んでいる。ローヌ河流域とは違いこちらは

白が中心だが、一部に赤ワインを出す地区もある。

　フランス南部地中海沿岸地帯は、マルセイユより東部と西部に分かれる。マルセイユからイタリア国境までのプロヴァンス地方は、高品質とは言えないロゼの量産地になっているが、ここでも例外的な高品質のロゼ、ごく一部の赤および白の小地区がある。ローヌ河より西でスペイン国境までの地方は、ミディの愛称で呼ばれる赤の量産地である。ただ最近は高品質の赤を出す地区が増えつつある。

　フランス南西部、中央高地から大西洋に及ぶ地方は、これも個性を持つ赤ワインを出す小地区が散在している。これらを総括して南西部のワインと呼んでいるが、カオール、マディラン、ベルジュラックなどの出色のワインを出す小地区がある。

　これら各地区のワインを、それぞれの特色を捉えて、以下分説する。なお、ワインではなく蒸留酒だが、コニャックとアルマニャックは世界に類を見ないフランスならではのワインベースのアルコール飲料である。

（山本　博）

ロマネコンティの畑

# ボルドー *Bordeaux*

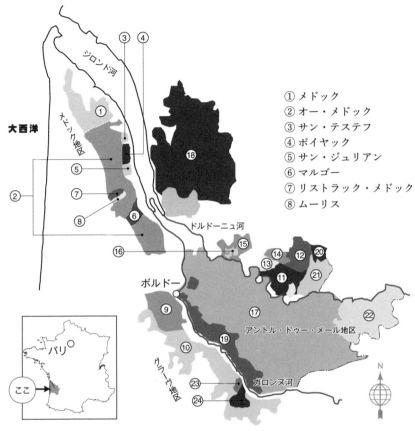

① メドック
② オー・メドック
③ サン・テステフ
④ ポイヤック
⑤ サン・ジュリアン
⑥ マルゴー
⑦ リストラック・メドック
⑧ ムーリス

大西洋

ジロンド河

ドルドーニュ河

ボルドー

アントル・ドゥー・メール地区

ガロンヌ河

グラーヴ地区

パリ

ここ

| | |
|---|---|
| ⑨ ペサック・レオニャン | ⑰ アントル・ドゥー・メール |
| ⑩ グラーヴ | ⑱ ブライ・コート・ド・ボルドー |
| ⑪ サン・テミリオン | ⑲ カディヤック・コート・ド・ボルドー |
| ⑫ サン・テミリオン衛星地区 | ⑳ フラン・コート・ド・ボルドー |
| ⑬ ポムロール | ㉑ カスティヨン・コート・ド・ボルドー |
| ⑭ ラランド・ド・ポムロール | ㉒ サント・フォワ・コート・ド・ボルドー |
| ⑮ フロンサック | ㉓ バルサック |
| ⑯ カノン・フロンサック | ㉔ ソーテルヌ |

　「ワインの女王」と賞賛される赤ワインを産出するボルドーは、ブルゴーニュと並び、フランスを代表するワイン産地である。中央山塊に水源を発する

ドルドーニュ河、スペインとの国境であるピレネー山脈から発するガロンヌ河の二本の河川が、ボルドー市の北側で合流し、ジロンド河となり大西洋に注ぎこむが、この3本の大河の周辺にボルドーのブドウ畑が広がる。

　4世紀には、既にブルゴーニュと並ぶ銘醸地として知られていたが、歴史的にイギリス、オランダ、フランス領植民地などへの輸出を基盤として名声を築き、王侯貴族や富裕商人に愛飲された。複数の品種をブレンドしてワインを造る点が、単一品種からワインを造りだすブルゴーニュとは大きく異なる。輸出市場での名声とは裏腹に、パリではあまり知られておらず、フランス王家の食卓に登場するのは18世紀半ばのことであった。

　ボルドーはまた、1935年のAOC法の制定を主導した、フランス最大のAOC（Appellation d'Origine Contrôlée（アペラシオン・ドリジーヌ・コントロレ）の略、原産地統制名称のこと）ワインの産地でもある。北緯45度線が通り、北海道北端の稚内と同じ程度の緯度だが、大西洋沖に暖流のメキシコ湾流が流れているおかげで、緯度のわりには気温が高く、穏やかな海洋性の気候で、大西洋沿岸部に広がる松林（ランドの森）が、海からの風をさえぎり、ブドウ栽培に適した環境となっている。

# （1）歴史

　ボルドーが大きく飛躍する契機となったのは1152年、ボルドーを中心とするアキテーヌ地方の公女アリエノールとアンジュー伯アンリ2世との結婚である。アンリ2世は、当時の相続法の関係でこの2年後の1154年にイギリス王になったため、イギリスに加え、妻の所領アキテーヌ公領をはじめ現在のフランスのほぼ西半分を支配した。そうした歴史的事情からボルドーのワインは、ジロンド河からイギリスへと輸出され、繁栄を築いた。当時愛飲されたワインは、現在とは異なり、色の薄い赤ワインで、「クラレット」と呼ばれた。

　ボルドーの繁栄には、「ボルドー特権」が密接に関係している。ボルドーの港からイギリスへ輸出されるワインには、河川上流のベルジュラックやカオール、ガイヤックなどの内陸のワインも含まれていた。当時のワインは、新しいものが歓迎されたので、イギリスの船団がクリスマス前に本国に戻るまでが重要な販売期間だった。ブルジョワ層は、この時期に内陸部からのワインに商売が邪魔されないようにするため、内陸のワインの積み出し日を制限したり、通行を妨げるなど様々な措置を取った。1373年、エドワード3世がリスマス以降でなければ内陸のワインは、ボルドーに運んではならないと命令書に記載

し、「特権」が確立した。

　1453 年、イギリスとフランスの百年戦争でフランスが勝利し、アキテーヌ地方はフランス領に戻る。フランス王ルイ 11 世が、イギリスの船団がボルドーの港に立ち寄ることを認めたため、イギリスとの交易は再開され、「ボルドー特権」も完全に復活させた。この特権は、実に 1776 年の王令で撤廃されるまで、約 400 年間続き、ボルドーワインの繁栄を支えたのである。

　17 世紀には、オランダやハンザ同盟加盟都市との交易が盛んになる。オランダ人はその優れた干拓技術で、湿地帯であったメドック半島の排水事業を行った。この結果、メドック半島でブドウ栽培が盛んに行われるようになる。

　18 世紀には、植民地である西インド諸島や小アンティル諸島との交易が、ボルドーワインの輸出拡大を支える。

　1789 年のフランス革命で、亡命貴族達の所有するシャトーのブドウ畑や醸造施設は一時期、革命政府に没収されたが、資金力と智恵を働かしたボルドーの商人たちにより、分割されることなく買い戻された。この黄金時代の歴史的建築物が立ち並ぶボルドー市の歴史地区が、2007 年にユネスコの世界遺産として認定された。

　19 世紀半ばまでは未曾有の繁栄を享受する。財政的に余裕のあったメドックのワイナリーは、次々と「シャトー」と呼ばれる大きな建物を建築した。「シャトー」と言う言葉は次第に、名声のある特定のブドウ園と銘柄を指すためにそれまで使われていた「クリュ」と言う言葉と同義で使われるようになり、自社畑のブドウのみで造る生産者を指す言葉として、主にボルドーだけで普及し、ボルドーの繁栄を支えた。現在、ボルドーで「シャトー」というと、自ら栽培と醸造、壜詰めまでを行っていることを意味する。

　しかし、この繁栄の足元には、災禍が迫っていた。まずウドンコ病が畑を襲った。次に 1865 年、フィロキセラが確認された。その打撃から立ち直らないうちに、ベト病も広がった。ワイン生産量は落ち込み、ボルドーの名前を語りながら、ボルドー産ではない産地詐称などが相次ぎ、市場は混乱を極めた。このため、ボルドーの生産者は AOC 法の制定を主導し、AOC 法制定後数年の間に、ほとんどのボルドーの産地が AOC に認定され、戦後の繁栄の礎を築いた。

## （2）栽培面積と生産量

　約11万haにおよぶブドウ畑から、年間約500万hLのワインが生産される。栽培面積のうち、赤やロゼワインを生み出す黒ブドウが89％と圧倒的に多く、辛口や甘口の白ワインを生み出す白ブドウは11％である。黒ブドウでは、しなやかさとふくよかさを与えるメルロー、長期熟成能力を与えるカベルネ・ソーヴィニヨンとカベルネ・フランが主要な品種で、このほかにカルムネール、マルベック、プティ・ヴェルドが栽培されている。白ブドウでは、滑らかさをもつセミヨン、爽やかさを与えるソーヴィニヨン・ブランとフルーティなミュスカデルが主要な品種で、このほかにソーヴィニヨン・グリ、コロンバール、ユニ・ブランなどが栽培されている。

　AOCの数は65を数える。生産者6,000軒、ネゴシアン（生産者からワインを購入し、流通させるワイン商）300軒、クルティエ（生産者とネゴシアンの間を取り持つ仲買）72軒、協同組合29軒、協同組合連合3軒がワイン産業をささえ、ジロンド県で最大の雇用を生み出す県の基幹産業である。

　ボルドーワインは一年間に約470万hLが販売されており、フランス国内向けが56％、輸出が44％という比率である。中国が第一位の輸出市場で、日本は数量第6位の市場である。ワイン販売量のうち、約70％がネゴシアンを通して販売されている。

　なおボルドーでは、格付けシャトーのワインを中心に先物取引のプリムール販売が行われている。これは、ネゴシアンやバイヤーが、収穫翌年の春に樽からのサンプルを試飲し購入を決めるもので、実際の引渡しは約2年後、壜詰めされてからとなる。生産者にとっては、早くに現金を手にすることができ、購入側にとっては、価格上昇が見込まれる場合、壜詰めワインが市場に出る時の価格よりも安い価格で、確実に商品を手にすることができる。生産者は、市場の動向を見ながら、全量または一部の量をプリムール販売に出している。

　※生産、販売の数値は主に、ボルドーワイン委員会が発表した2018年の実績

## （3）主なAOC

　ボルドーのAOCには、ボルドー全域で名乗ることのできるAOCの他、生産したコミューン（村）しか名乗ることのできないコミュナル（村名）のAOCがある。ブルゴーニュのように特定の小区画の畑名のAOCはない。ブルゴーニュほど畑がシステマティックに細分化されていないためである。

　その代りといえる存在が、シャトーの格付けである。以下に、ボルドーを5

つの地区にわけ（ガロンヌ河とジロンド河の左岸に広がるメドック＆グラーヴ地区、ドルドーニュ河右岸のサン・テミリオン・ポムロール・フロンサック地区、ガロンヌ河とドルドーニュ河の間に挟まれたアントル・ドゥー・メール地区、3本の河の右岸の丘陵地帯に広がるコート地区、ガロンヌ河左岸で甘口ワインを造るソーテルヌ＆バルサック地区）、代表的なアペラシオンの特徴や格付けを見てみたい。

## 1）ボルドー全域を対象とした AOC

　赤ワインは、AOC ボルドーと AOC ボルドー・シュペリュールを、いずれもボルドー全域で名乗ることができる。「ボルドー全域」というのは、ジロンド県内の指定コミューンのことを指す。ボルドー・シュペリュールの方が、アルコール度数などの生産条件が厳しく、凝縮感や複雑さが楽しめる。メルローを主体としたものは滑らかで、カベルネ・ソーヴィニヨン主体のものは、心地よいタンニンの渋味がある。AOC ボルドーの辛口の白は、ソーヴィニヨン・ブランとセミヨンのブレンドで、果実の風味豊かで、若飲みに適している。ロゼは、AOC ボルドーのロゼと AOC ボルドー・クレーレがある。ボルドー・ロゼの方が、一般的に醸しの時間が短く、マロラクティック醗酵も行わない。このためボルドー・クレーレより色が淡く、軽やかである。AOC クレマン・ド・ボルドーは、壜内二次醗酵で造られるスパークリングワインで、白とロゼがある。

ボルドーの最高峰　シャトー・ラフィット

## 2）ガロンヌ河とジロンド河の左岸

### ①メドック地区

　ボルドー市の北西からジロンド河が大西洋に注ぎこむ河口まで、三角形状にのびるメドック半島は、西を大西洋、東をジロンド河に挟まれている。標高は10~44mと低い。ブドウ畑の西の大西洋側にはランドの森の松林があり、海風からブドウを守る自然の盾となっている。また、大西洋とジロンド河という2つの大水域に挟まれているおかげで、温度変化が少なく、湿度が高めで、温暖で日照に恵まれている。

　アペラシオンは、下流域が AOC メドック、上流域が AOC オー・メドックで、オー・メドック内には、下流から上流に向けて**サン・テステフ、ポイヤック、サン・ジュリアン、マルゴー**、さらに、サン・ジュリアンとマルゴーの間の少し内陸に入ったところに、**リストラック・メドック、ムーリス**と6つのコミューン名 AOC、合計8つの AOC が広がる。いずれも赤ワインのみ。

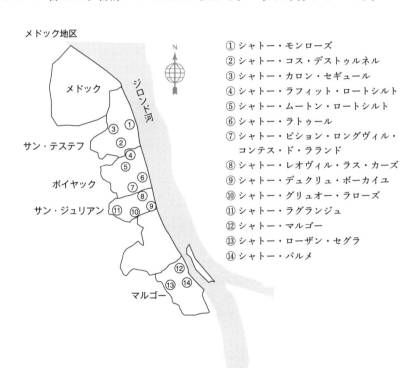

メドック地区

① シャトー・モンローズ
② シャトー・コス・デストゥルネル
③ シャトー・カロン・セギュール
④ シャトー・ラフィット・ロートシルト
⑤ シャトー・ムートン・ロートシルト
⑥ シャトー・ラトゥール
⑦ シャトー・ピション・ロングヴィル・
　　コンテス・ド・ラランド
⑧ シャトー・レオヴィル・ラス・カーズ
⑨ シャトー・デュクリュ・ボーカイユ
⑩ シャトー・グリュオー・ラローズ
⑪ シャトー・ラグランジュ
⑫ シャトー・マルゴー
⑬ シャトー・ローザン・セグラ
⑭ シャトー・パルメ

## ◎メドック地区の格付け

### 1855 年のメドックの格付け　Grands Crus Classés en 1855

　1855 年のパリ万国博覧会の際に、ナポレオン 3 世の命令を受け、ボルドー商工会議所が、当時確立されていた生産者の名声とワインの取引価格に準じてメドックのワインの格付けを作成した。第一級から第五級まで、メドックの 60 シャトーが格付けされた。さらに、グラーヴ地区から唯一の例外として、シャトー・オー・ブリオンが第一級に加わり、合計で 61 シャトーとなった。1855 年からの変動は、当初第二級であったシャトー・ムートン・ロートシルトが 1973 年に第一級に昇格したのみで、これ以外は 1855 年当時から格付け自体に変動はない。しかし、百年を超す年月の中でシャトーにも栄枯盛衰があり、ワインの実質と格付けとが見合わなくなっているものもある。ラベルには、「グラン・クリュ・クラッセ Grand Cru Classé」と表記されている。

## 赤ワインの格付け（並び順は、Conseil des Grands Crus Classés en 1855 の掲載順に準ずる）

### PREMIERS CRUS（1 級）
Château Lafite-Rothschild シャトー・ラフィット・ロートシルト（ポイヤック）
Château Latour シャトー・ラトゥール（ポイヤック）
Château Margaux シャトー・マルゴー（マルゴー）
Château Mouton Rothschild シャトー・ムートン・ロートシルト（ポイヤック）
Château Haut-Brion シャトー・オー・ブリオン（ペサック・レオニャン）

### DEUXIÈMES CRUS（2 級）
Château Rauzan-Ségla シャトー・ローザン・セグラ（マルゴー）
Château Rauzan-Gassies シャトー・ローザン・ガシー（マルゴー）
Château Léoville-Las-Cases
　シャトー・レオヴィル・ラス・カーズ（サン・ジュリアン）
Château Léoville-Poyferré シャトー・レオヴィル・ポワフェレ（サン・ジュリアン）
Château Léoville-Barton シャトー・レオヴィル・バルトン（サン・ジュリアン）
Château Durfort-Vivens シャトー・デュルフォール・ヴィヴァン（マルゴー）
Château Gruaud-Larose シャトー・グリュオー・ラローズ（サン・ジュリアン）
Château Lascombes シャトー・ラスコンブ（マルゴー）
Château Brane-Cantenac シャトー・ブラーヌ・カントナック（マルゴー）
Château Pichon-Longueville-Baron
　シャトー・ピション・ロングヴィル・バロン（ポイヤック）
Château Pichon-Longueville-Comtesse-de-Lalande
　シャトー・ピション・ロングヴィル・コンテス・ド・ラランド（ポイヤック）

Château Ducru-Beaucaillou シャトー・デュクリュ・ボーカイユ（サン・ジュリアン）

Château Cos-d'Estournel シャトー・コス・デストゥルネル（サン・テステフ）

Château Montrose シャトー・モンローズ（サン・テステフ）

## TROISIÈMES CRUS（3級）

Château Kirwan シャトー・キルヴァン（マルゴー）

Château d'Issan シャトー・ディッサン（マルゴー）

Château Lagrange シャトー・ラグランジュ（サン・ジュリアン）

Château Langoa-Barton シャトー・ランゴア・バルトン（サン・ジュリアン）

Château Giscours シャトー・ジスクール（マルゴー）

Château Malescot-Saint-Exupéry
　　シャトー・マレスコ・サン・テグジュペリ（マルゴー）

Château Boyd-Cantenac シャトー・ボイド・カントナック（マルゴー）

Chateau Cantenac-Brown シャトー・カントナック・ブラウン（マルゴー）

Château Palmer シャトー・パルメ（マルゴー）

Château La Lagune シャトー・ラ・ラギューヌ（オー・メドック／リュドン）

Château Desmirail シャトー・デスミライユ（マルゴー）

Château Calon-Ségur シャトー・カロン・セギュール（サン・テステフ）

Château Ferrière シャトー・フェリエール（マルゴー）

Château Marquis-d'Alesme シャトー・マルキ・ダレーム（マルゴー）

## QUATRIÈMES CRUS（4級）

Château Saint-Pierre シャトー・サン・ピエール（サン・ジュリアン）

Château Talbot シャトー・タルボ（サン・ジュリアン）

Château Branaire-Ducru シャトー・ブラネール・デュクリュ（サン・ジュリアン）

Château Duhart-Milon シャトー・デュアール・ミロン（ポイヤック）

Château Pouget シャトー・プージェ（マルゴー）

Château La Tour-Carnet
　　シャトー・ラ・トゥール・カルネ（オー・メドック／サン・ローラン・ド・メドック）

Château Lafon-Rochet シャトー・ラフォン・ロシェ（サン・テステフ）

Château Beychevelle シャトー・ベイシュヴェル（サン・ジュリアン）

Château Prieuré-Lichine シャトー・プリューレ・リシーヌ（マルゴー）

Château Marquis-de-Terme シャトー・マルキ・ド・テルム（マルゴー）

## CINQUIÈMES CRUS（5級）

Château Pontet-Canet シャトー・ポンテ・カネ（ポイヤック）

Château Batailley シャトー・バタイエ（ポイヤック）

Château Haut-Batailley シャトー・オー・バタイエ（ポイヤック）

Château Grand-Puy-Lacoste シャトー・グラン・ピュイ・ラコスト（ポイヤック）
Château Grand-Puy-Ducasse シャトー・グラン・ピュイ・デュカス（ポイヤック）
Château Lynch-Bages シャトー・ランシュ・バージュ（ポイヤック）
Château Lynch-Moussas シャトー・ランシュ・ムーサ（ポイヤック）
Château Dauzac シャトー・ドーザック（マルゴー）
Château d'Armailhac シャトー・ダルマイヤック（ポイヤック）
Château du Tertre シャトー・デュ・テルトル（マルゴー）
Château Haut-Bages-Libéral シャトー・オー・バージュ・リベラル（ポイヤック）
Château Pédesclaux シャトー・ペデスクロー（ポイヤック）
Château Belgrave
　シャトー・ベルグラーヴ（オー・メドック／サン・ローラン・ド・メドック）
Château de Camensac
　シャトー・ド・カマンサック（オー・メドック／サン・ローラン・ド・メドック）
Château Cos-Labory シャトー・コス・ラボリ（サン・テステフ）
Château Clerc-Milon シャトー・クレール・ミロン（ポイヤック）
Château Croizet-Bages シャトー・クロワゼ・バージュ（ポイヤック）
Château Cantemerle シャトー・カントメルル（オー・メドック／マコー）

# 甘口白ワインの格付け（ソーテルヌ＆バルサック）

(並び順は、Conseil des Grands Crus Classés en 1855 の掲載順に準ずる)

## PREMIER CRU SUPÉRIEUR（特 1 級）

Château d'Yquem シャトー・ディケム（ソーテルヌ）

## PREMIERS CRUS（1 級）

Château La Tour-Blanche シャトー・ラ・トゥール・ブランシュ（ソーテルヌ）
Château Lafaurie-Peyraguey シャトー・ラフォリ・ペラゲ（ソーテルヌ）
Clos Haut-Peyraguey シャトー・クロ・オー・ペラゲ（ソーテルヌ）
Château de Rayne-Vigneau シャトー・ド・レイヌ・ヴィニョー（ソーテルヌ）
Château Suduiraut シャトー・スデュイロー（ソーテルヌ）
Château Coutet シャトー・クーテ（バルサック）
Château Climens シャトー・クリマン（バルサック）
Château Guiraud シャトー・ギロー（ソーテルヌ）
Château Rieussec シャトー・リューセック（ソーテルヌ）
Château Rabaud-Promis シャトー・ラボー・プロミ（ソーテルヌ）
Château Sigalas-Rabaud シャトー・シガラ・ラボー（ソーテルヌ）

## DEUXIÈMES CRUS（2 級）

Château de Myrat シャトー・ド・ミラ（バルサック）
Château Doisy-Daëne シャトー・ドワジー・デーヌ（バルサック）

Château Doisy-Dubroca シャトー・ドワジー・デュブロカ（バルサック）
Château Doisy-Védrines シャトー・ドワジー・ヴェドリーヌ（バルサック）
Château d'Arche シャトー・ダルシュ（ソーテルヌ）
Château Filhot シャトー・フィロー（ソーテルヌ）
Château Broustet シャトー・ブルーステ（バルサック）
Château Nairac シャトー・ネラック（バルサック）
Château Caillou シャトー・カイユ（バルサック）
Château Suau シャトー・スュオー（バルサック）
Château de Malle シャトー・ド・マル（ソーテルヌ）
Château Romer-du-Hayot シャトー・ロメール・デュ・アヨ（ソーテルヌ）
Château Romer シャトー・ロメール（ソーテルヌ）
Château Lamothe（Despujols）シャトー・ラモット（ソーテルヌ）
Château Lamothe-Guignard シャトー・ラモット・ギニャール（ソーテルヌ）

# クリュ・ブルジョワ（Crus Bourgeois）

　クリュ・ブルジョワの起源は、ボルドー市内の富裕層がメドックの優れた場所を入手してワイン造りを始め、その場所が「クリュ・ブルジョワ」と呼ばれたことにさかのぼる。1855年の格付けに入れなかったが良いワインを造っている生産者が、新しい格付け化の運動を起こし、1932年、メドックの444のシャトーが「クリュ・ブルジョワ」として、ボルドー商業会議所とジロンド県農業会議所の権威のもとで発表された。

　その後、戦争などの影響で数が激減したため、2003年に、農水省の認める公式の格付けとして、クリュ・ブルジョワ・エクセプショネル9軒、クリュ・ブルジョワ・シュペリュール87軒、クリュ・ブルジョワ151軒、計247生産者が認定された。しかし、この選定の際の審判団の公正性に疑問が呈され、2007年にクリュ・ブルジョワを承認した省令は無効とされた。

　このためメドック・クリュ・ブルジョワ連盟は、「クリュ・ブルジョワ」の名称を、2008ヴィンテージから、これまでのような格付けではなく、一つの認証とした。ヴィンテージごとに、収穫の2年後に官能審査などを行い、一定の基準を満たしていれば、「クリュ・ブルジョワ」の名称の使用が認められた。またそれまでのような「クリュ・ブルジョワ・エクセプショネル」「クリュ・ブルジョワ・シュペリュール」「クリュ・ブルジョワ」の区別はなくなった。

　そして2020年2月、メドック・クリュ・ブルジョワ連盟は、「クリュ・ブ

ルジョワ」を再び、格付けとして復活させることに成功した。メドックの8つのAOCの赤ワインを対象とする点では、2008ヴィンテージからの「クリュ・ブルジョワ」認証と変わらないが、ヴィンテージごとのワインを評価するのではなく、シャトーの実力を評価する格付けに戻り、「クリュ・ブルジョワ・エクセプショネル」「クリュ・ブルジョワ・シュペリュール」「クリュ・ブルジョワ」の序列も復活させた。書類審査と、5ヴィンテージ分のワインの官能審査に基き決定され、5年間有効である。今回、249シャトーが格付けされ、2018ヴィンテージから2022ヴィンテージまで、名称を使用することができる（249軒の内訳は、クリュ・ブルジョワ・エクセプショネル14軒、クリュ・ブルジョワ・シュペリュール56軒、クリュ・ブルジョワ179軒）。

## クリュ・アルティザン（Cru Artisans）

　クリュ・アルティザンは、小規模ながら秀逸な生産者を指す概念で、150年以上前から存在する。メドックの8つのAOCを対象に、2006年の農水省の省令により、「クリュ・アルティザン」の認定が初めて公布され、44の生産者が認められた。これは2018年に改訂され、36軒が認められた。今後5年ごとに見直される。いずれの生産者も、小規模でぶどう栽培からワイン醸造までを自社で行う。

## ［AOCメドック］

　メドックのアペラシオンのワインは、厳密にいえば、メドック半島全域で生産することができるが、実際は、メドック半島北部、すなわち下流で造られている。土壌は主に砂利質と粘土石灰質。多様な土壌を反映して、ワインのスタイルも多彩で、メルローを主体に、カベルネ・ソーヴィニヨン、カベルネ・フランなどをブレンドし、長期熟成能力のあるフルボディのものから、すぐに楽しめる軽めの果実味豊かなスタイルまで揃っている。最近は、価格から見ると出色のものも現れている。

## ［AOCオー・メドック］

　ボルドー市の北まで、全長60kmの広範囲に広がるアペラシオン。砂利質だが、その下土は多彩。ワインは、カベルネ・ソーヴィニヨンを主体にしてきたが、最近はメルローの比率が高まっている。生き生きとして、コクのある力強いワインを生み出す。5軒のシャトーが1855年の格付けに含まれた（第三級

1軒、第四級1軒、第五級3軒）。また、クリュ・ブルジョワも多い。

## [AOC サン・テステフ]

オー・メドック地区で最も北に位置するコミューン名のAOC。全般的に水はけがよい場所で、土壌は石英や小石を含む、砂混じりの砂利質。カベルネ・ソーヴィニヨンとメルロー主体に、カベルネ・フランなどをブレンドし、ストラクチュアがしっかりとした、豊富なタンニンを持つ長期熟成能力のあるワインを出す。1855年の格付けに、5軒のシャトーが含まれている（第二級2軒、第三級1軒、第四級1軒、第五級1件）。クリュ・ブルジョワが多い。

## [AOC ポイヤック]

ガロンヌ河がもたらす砂混じりの砂利質。格付けシャトーが位置する所は、砂利が多く、小高くなっていて、水はけがよい。そのためブドウ栽培に最適。カベルネ・ソーヴィニヨンを主体に、メルローやカベルネ・フランなどとブレンドし、繊細な香りと、しっかりとしたタンニン、濃密で深みのある味わいの長期熟成能力のあるワインを生み出す。第一級に格付けされたシャトーが最も集中している場所で、合計18軒が存在する（第一級3軒、第二級2軒、第四級1軒、第五級12件）。

## [AOC サン・ジュリアン]

地理的には、オー・メドック地区の中心に位置するアペラシオン。ガロンヌ河で運ばれた砂利質の小丘で形成される均質な産地で、カベルネ・ソーヴィニヨンとメルローを主体に、カベルネ・フランなどをブレンドし、ビロードのように滑らかなタンニンを持つ豊満で力強い、長期熟成能力のあるワインを生み出す。1855年の格付けの第一級こそないものの、第五級もなく、第二級から第四級までの格付けシャトーが11軒（第二級5軒、第三級2軒、第四級4軒）もあり、全体的な評価の高い場所である。

## [AOC マルゴー]

メドックの6つのコミューン名のアペラシオンの中で、最もボルドー市に近く、最大。マルゴー自体のほかに、隣接するカントナック、スーサン、アルサック、ラバルドの計5のコミューンがAOCマルゴーを名乗る。主にガロンヌ河が運んだ砂利質で水はけがよく、ブドウが深く根をはることができる。カ

ベルネ・ソーヴィニヨンとメルローを主体に、カベルネ・フランなどをブレンドし、力強く、ふくよかな長期熟成能力のあるワインを生み出す。1855年の格付けに含まれたシャトー数は21軒と、コミューン名アペラシオンの中で最も多い（第一級1軒、第二級5軒、第三級10軒、第四級3軒、第五級2軒）。

## [AOC リストラック・メドック]

リストラック・メドックと次のムーリスは、河岸沿いではなく、サン・ジュリアンとマルゴーの中間、奥手の内陸部にある。リストラック・メドックは、標高44mで、メドック地区の中では最も高い。砂利質の小丘にカベルネ・ソーヴィニヨンが植えられ、メルローは石灰岩の台地に主に植えられている。メルローとカベルネ・ソーヴィニヨンなどとのブレンドから、バランスにすぐれ、しっかりとしたストラクチュアを持ち、肉付きのよい熟成能力のあるワインを生み出す。格付けシャトーはなく、クリュ・ブルジョワが多い。

## [AOC ムーリス（ムーリス・アン・メドック）]

砂利や粘土石灰質の土壌で、メルローとカベルネ・ソーヴィニヨンなどとのブレンドから、柔らかなタンニンを持つまるみのある味わいの熟成能力のあるワインを生み出す。格付けシャトーはなく、クリュ・ブルジョワが多い。

リストラック・メドックとムーリスの2地区は、メドックの他のAOCより面積も狭く、生産量も少ない関係で、従来軽視されてきたが、最近は評価が上昇中である。

### ②グラーヴ地区

ガロンヌ河の左岸沿いに、ボルドーの市街地のすぐ南から上流に向かい、50～60kmにわたり広がる産地。ボルドー市の南側に隣接している地区が、AOCグラーヴの中でも格が上になるペサック・レオニャン（赤と白）で、著名なシャトーが集中している。さらにその南に、単にグラーヴと呼ばれる地区（赤と白）が広がる。

## ◎グラーヴ地区の格付け

グラーヴでは、メドックでの格付け制定から約100年後の1953年に格付けが制定された。59年に修正・補完され、16シャトーが指定された。格付けされたシャトーは、ラベルに「グラン・クリュ・クラッセ・ド・グラーヴ Grand

Cru Classé de Graves」と表記している。格付けされたシャトーはすべて、ペサック・レオニャン地区内にある。この格付けは、赤だけではなく辛口白も含まれていること、格付け内に等級の区別がない点でメドックと違っている。また変動がない点でサン・テミリオンと異なる。

## ［AOC ペサック・レオニャン］

　ボルドーの市街地のすぐ南側に隣接するアペラシオン。AOC グラーヴの一部であったが、1987 年に独立したアペラオンとなった。砂利質と砂混じりの石が主体の土壌で、均質であることが特徴。赤は、カベルネ・ソーヴィニヨンとメルローを主体に、バランスが良く、エレガントで熟成能力に富むワインを生む。白は、ソーヴィニヨン・ブランのグレープフルーツ様のチオール香を特徴とした第一アロマ豊かなワインを出す。

## ［AOC グラーヴ］

　ボルドーワインの発祥の地といえる場所。ボルドーがイギリス領であった時代、「クラレット」と呼ばれてもてはやされたワインを供給していたのはこのグラーヴ地区である。「グラーヴ（砂利質）」という名前のとおり、土壌は、小石や砂利、シルトや粘土と混ざった砂が広がる。西に広がるランドの森のおかげで、天候の変動から守られ、ガロンヌ河に近いために、風通しがよく気候に恵まれている。

　赤は、カベルネ・ソーヴィニヨンとメルローを主体に、全般的に、AOC ペサック・レオニャンより軽めで、口当たりが滑らかで、熟成能力に富むワインを生む。白は、以前はセミヨンを主体にソーヴィニヨン・ブランをブレンドしていたが、最近はソーヴィニヨン・ブランを主にするところが増えており、力強く、まるみがあり生き生きとしたワインを産出する。樽熟成をさせたものは、繊細なオークの香りが感じられる。なお、AOC グラーヴ・シュペリュールは、セミヨンとソーヴィニヨンからの半甘口の白。

## 3）ドルドーニュ河の右岸

　ドルドーニュ河右岸のリブルヌの町を中心に広がる**サン・テミリオン、ポムロール、フロンサック**地区は丘陵地帯で、小規模なワイナリーが多い。しかし、厳しい選果や低収量、新樽での熟成など、革新的な技術を採用して、少量ながら高品質のモダンなワインを造り出す生産者がある。サン・テミリオンの

シャトー・ヴァランドローやポムロールのル・パンなどが先駆けで代表格であり、少量であるがゆえに高い価格で取引される。あまりに少量なので、ガレージで造れる程度という意味を含めて「ガレージワイン」とも称される。1990年代末には、多くのガレージワインがサン・テミリオンを中心に出現した。

## [AOC サン・テミリオンとサン・テミリオン・グラン・クリュ]

　リブルヌの東、約9kmほどのところの小高い丘の上に中世の町サン・テミリオンがその美しいたたずまいを見せる。町の語源となったのは、8世紀にこの地に移り住んだ聖人エミリオンで、彼のまわりに小さな宗教的集団ができた。彼の死後に、弟子たちが地下の石灰岩をくりぬいて建てた一枚岩の教会は、現在、多くの観光客をひきつけている。11世紀には、ベネディクト派修道院がこの地に落ち着き、宗教的な町として発展、ワイン造りも盛んに行われた。1999年、サン・テミリオンの町とそのブドウ畑の景観は、ユネスコの世界文化遺産に認定された。

　ワイン造りの歴史は古く、ローマ時代に、詩人で執政官のオーゾニウスがすでに、この地にブドウ畑を所有していた。1650年には、リブルヌを訪れたルイ14世が、「神のネクター」と称賛し、その名声は広く知られた。アペラシオンの地理的な範囲は、1289年にエドワード1世から特権を付与されたサン・テミリオンのジュラード（参事会）の管轄地域に相当するもので、サン・テミリオンのコミューンの他、サン・クリストフ・デ・バルド、サン・ローラン・デ・コンブ、サン・イポリット、サン・テティエンヌ・ド・リスなどのコミューンを含む。ブドウ畑は主に、ドルドーニュ河と平行して東西に連なる丘陵地帯に広がり、西に向かうほど、すなわちポムロールに近づくほど、ゆるやかな傾斜となる。

　サン・テミリオン・グラン・クリュのアペラシオンは、地理的にはサン・テミリオンと同一の範囲である。しかしその生産規定は、最大収穫量や熟成義務など、サン・テミリオンよりも厳しい。

　格付けシャトーが集中する中心地域は、その土壌からコートとグラーヴの二つのグループに大別することができ、ワインのスタイルも異なる。「コート」は、サン・テミリオンのコミューンの周辺と東に伸びる斜面で、斜面下方は柔らかい石灰質砂岩、台地は硬い石灰岩で、粘土質に富む表土に覆われている。北と西から吹く風から守られ、斜面が太陽に向いているため、霜の被害も少ない。この石灰岩質を基層とする粘土質の冷たい土壌は、カベルネ・ソーヴィニ

ヨンにはあまり適さず、メルローとカベルネ・フランを主体にして、メドック地区よりも概してアルコール度が高く、芳醇な赤ワインを生む。格付け制定以来、最高クラスに位置付けられてきたシャトー・オーゾンヌは、コートの宝石と言われ、コートを代表するシャトーである。

　一方「グラーヴ」と呼ばれる部分（注：ガロンヌ左岸のグラーヴ地区とは異なる）は、サン・テミリオンの北西部で、砂利と砂質の台地である。最高クラスに位置付けられてきたシャトー・シュヴァル・ブランは、カベルネ・フランを主体としたブレンドである。また、シャトー・フィジャックは、さらに砂利質が多く、サン・テミリオンの中では異例なほどにカベルネ・ソーヴィニヨンの比率が高い。いずれもコートのワインほどのボディはないが、繊細でより洗練された香りを持つワインを生み出す。

## ◎サン・テミリオンの格付け

　サン・テミリオンの格付けは、メドック地区の格付けから遅れること約100年、1954年に発布された。メドック地区の格付けとの最大の違いは、生産者が自己申請することであり、原則的に10年に一度見直される点（官能検査を含む）である。そのため現在格付けされている生産者であっても、次の改訂時には申請書類を提出しなければならない。AOCサン・テミリオン・グラン・クリュとして認められている必要があり、その他にも様々な条件をクリアしなければならない。格付けは、プルミエ・グラン・クリュ・クラッセ（AとB）とグラン・クリュ・クラッセの2種類に分けられる。

　格付けの見直しに際しては、もめごとが絶えなかった。2006年の見直しでは裁判沙汰となり、ボルドーの行政裁判所が、06年発表の格付けの取り消しを決定するに至った。このため、2012年に再度、格付けが発表された。2012年10月29日付けの省令で公認されたもので、初回から数えて5回目の改訂となる。これによると、プルミエ・グラン・クリュ・クラッセは18シャトー、グラン・クリュ・クラッセは64シャトー、合計82シャトーが認められた。なお、最高クラスのプルミエ・グラン・クリュ・クラッセ（A）には、制定以来、シャトー・オーゾンヌとシャトー・シュヴァル・ブランの2シャトーが常に認められてきたが、2012年の改訂で、シャトー・アンジェリュスとシャトー・パヴィーが新たに認められ、合計で4シャトーとなった。サン・テミリオンはもともと町の中心から西側に格付けシャトーが集中し、東側が軽視されていたが、この新しい格付けで、東側の有力シャトーが相次いで格付けにラン

クインし、東側が見直されている。

PREMIERS GRANDS CRUS CLASSÉS（アルファベット順）

Château Angélus（A）シャトー・アンジェリュス

Château Ausone（A）シャトー・オーゾンヌ

Château Beauséjour（Héritiers Dufau-Lagarrosse）
　シャトー・ボーセジュール（ヘリティエ・デュフォー・ラガロース）

Château Beau-Séjour Bécot シャトー・ボー・セジュール・ベコ

Château Bélair-Monange シャトー・ベレール・モナンジュ

Château Canon シャトー・カノン

Château Canon la Gaffelière シャトー・カノン・ラ・ガフリエール

Château Cheval Blanc（A）シャトー・シュヴァル・ブラン

Château Figeac シャトー・フィジャック

Clos Fourtet クロ・フルテ

Château la Gaffelière シャトー・ラ・ガフリエール

Château Larcis Ducasse シャトー・ラルシス・デュカス

La Mondotte ラ・モンドット

Château Pavie（A）シャトー・パヴィー

Château Pavie Macquin シャトー・パヴィ・マッカン

Château Troplong Mondot シャトー・トロロン・モンド

Château TrotteVieille シャトー・トロット・ヴィエイユ

Château Valandraud シャトー・ヴァランドロー


## ［サン・テミリオン衛星地区］

　AOC サン・テミリオンとバルバンヌ川を挟んだ北側に、サン・テミリオンの名前を冠することが出来る４つの AOC がある（準サン・テミリオン地区とかサン・テミリオン衛星地区と呼ばれる）。サン・ジョルジュ・サン・テミリオン、モンターニュ・サン・テミリオン、リュサック・サン・テミリオン、ピュイスガン・サン・テミリオンで、メルローを主体に、カベルネ・フランなどをブレンドし、たっぷりとしたボディのある親しみやすいワインを生み出している。近年、総体的に酒質が向上している。


## ［AOC ポムロール］

　西と南をリブルヌの都市部に接し、北はバルバンヌ川を挟んでラランド・ド・ポムロールと接し、東側は、サン・テミリオンの北西部に隣接する。規模はメドック地区のサン・ジュリアンにも満たない。各シャトーの規模も小さ

く、メドックやサン・テミリオンのような「シャトーの格付け」も存在しないが、シャトー・ペトリュスを筆頭に、メドック地区の第一級より高い価格で取引されるシャトーもある。

ポムロールでは、ローマ時代からブドウ栽培が行われていた。12世紀には、聖ヨハネ慈善活動騎士修道会が、聖地サンチアゴ・デ・コンポステラに向かう巡礼者のための宿泊所と教会をこの地に設立し、ブドウ栽培が発展した。しかし、ポムロールの名前が知られるようになるのは18世紀後半からである。1878年には、パリ万博でシャトー・ペトリュスが金賞を受賞し、ポムロールの存在を世界に知らしめるに至った。

表土は砂利や粘土、砂。下土が、「クラス・ド・フェール」と呼ばれる酸化鉄を含むもので、これがポムロールのワインに個性を与えている。ブドウ品種はサン・テミリオンと同じだが、メルローの比率が高く、平均的なブレンドは、メルロー80％、カベルネ・フラン15％、カベルネ・ソーヴィニヨン5％。力強く、豊満で官能的で、熟成とともにトリュフやジビエのような香りを持つワインを生む。なお、シャトー・ペトリュスはほぼ粘土質だけの土壌で、メルローが100％に近い。

## [AOC ラランド・ド・ポムロール]

バルバンヌ川を挟み、ポムロールの北側に位置し、西側のアイル川に向けて、ゆるやかな丘陵が続く。ラランド・ド・ポムロールとネアックの2つのコミューンがラランド・ド・ポムロールのアペラシオンを名乗ることができる。メルローを主体に、カベルネ・フラン（ブーシェ）、カベルネ・ソーヴィニヨンなどをブレンドし、しなやかで力強く、小さな赤い果実の表情が豊かで、熟成すると皮革やジビエなどを感じさせるワインを生み出す。家族経営のワイナリーが中心で、格付けは存在しない。

## [AOC フロンサックとカノン・フロンサック]

南側をドルドーニュ河、東側をアイル川に囲まれた地域で、標高61mのカノンの丘と標高76mのフロンサックの丘が、この丘陵地帯を特徴づける。シャルルマーニュ大帝がこの地に要塞を築いたほど、古くから栄えた要衝の地でもあった。18世紀には、この地のワインが高く評価されていた記録が残っている。

土壌は主に、石灰岩と粘土石灰質。台地や丘の上はヒトデ石灰岩、斜面や谷

は、「モラス・ド・フロンサック」と呼ばれる石灰質砂岩で水はけがよい。ワインは主に丘陵の斜面で造られ、メルローが主体で、カベルネ・フランやカベルネ・ソーヴィニヨンをブレンドし、しっかりとしたボディを持ったコクのある赤ワインを産する。

　カノン・フロンサックは、フロンサックのアペラシオンの南部にあり、特に日照に恵まれた場所で、ヒトデ石灰岩と粘土石灰質の土壌に恵まれた2つのコミューンが名乗ることができ、メルローを主体にカベルネ・ソーヴィニヨンやカベルネ・フラン（最近はメルローへの転作が進んでいる）をブレンドし、豊満な赤ワインを造る。

## 4）ガロンヌ河とドルドーニュ河の間に挟まれた地域 [AOC アントル・ドゥー・メール]

　北はドルドーニュ河、南西はガロンヌ河、南東はジロンド県の県境で区切られた丘陵地帯。アントル・ドゥー・メールは「二つの海の間」の意味だが、ドルドーニュ河とガロンヌ河が「海」に見立てられた格好だ。約1,400haと広大なエリアで、土壌は粘土石灰質を主体に多様。アントル・ドゥー・メールのアペラシオンは、辛口の白のみが認められており、ソーヴィニヨンを主体にセミヨン、時には少量のミュスカデルをブレンドし、柑橘類や白い花、トロピカルフルーツなどのニュアンスが感じられる生き生きとしたワインを造る。多くは、若いうちに楽しむのに適している。なお、このエリアで造られた赤ワインは、ボルドー、ボルドー・シュペリュールを名乗ることができる。

## 5）コート地区

　3本の河の右岸に、「コート（丘の意味）」という名前のつくアペラシオンが点在している。いずれも丘陵地帯の日当たりのよい斜面にブドウ畑が広がる。2009年に、このうちの4つのアペラシオンが、**コート・ド・ボルドー**という名前のアペラシオンのもとに統合された。「ボルドー」の名前を効果的に使うことにより、新興市場への輸出を強化する狙いがある。2016年に、サント・フォワ・ボルドーも参画し、5つのアペラシオンを統合している。

## [AOC コート・ド・ボルドー]

　AOC コート・ド・ボルドーに参画しているアペラシオンは、それぞれの規定を満たした場合、各地区の名称の後ろに「コート・ド・ボルドー」と付記す

ることにより、独自性を保っている。現在参画している5つのアペラシオンは次のとおり。

　AOC ブライ・コート・ド・ボルドー（旧プルミエール・コート・ド・ブライ）、AOC カディヤック・コート・ド・ボルドー（旧プルミエール・コート・ド・ボルドー、赤のみが新名称に移行した）、AOC フラン・コート・ド・ボルドー（旧ボルドー・コート・ド・フラン）、AOC カスティヨン・コート・ド・ボルドー（旧コート・ド・カスティヨン）、AOC サント・フォワ・コート・ド・ボルドー（旧サント・フォワ・ボルドー）。さらに、5つの AOC 内のブドウをブレンドした赤ワインは、AOC コート・ド・ボルドーを名乗ることもできる。

　いずれも河の右岸の丘陵地帯で、土壌が主に粘土石灰質で、メルローを主体とした赤ワインを生む点で共通している。一方で、それぞれの個性も際立つ。最大面積を持つブライ・コート・ド・ボルドーは、ジロンド河の右岸に位置し、力強く、果実の風味豊かな赤ワイン。ガロンヌ河を挟んで、グラーヴ地区の対岸に帯状に広がるカディヤック・コート・ド・ボルドーは、柔らかなタンニンと、まるみや果実の風味を備えた官能的な赤ワイン。ドルドーニュ河の右岸、サン・テミリオンの東に位置するフラン・コート・ド・ボルドーは、まるみがあり豊かな赤ワインを生みだし、サン・テミリオンの東側が見直されたことに連動し、近年注目されている。カスティヨン・コート・ド・ボルドーは、繊細なタンニンのストラクチュアと豊かさを持つ赤ワインを生み出す。サント・フォワ・コート・ド・ボルドーは、5つのアペラシオンの中で最小で、しっかりしたタンニンと深みのあるテクスチュアを持つ赤を生み出す。なお、ブライ・コート・ド・ボルドーは辛口の白、フラン・コート・ド・ボルドーとサント・フォワ・コート・ド・ボルドーは、辛口と甘口の白も認められている。

## [その他のコート地区のワイン]

　ジロンド河の右岸で、ブライ・コート・ド・ボルドーの南に広がる AOC コート・ド・ブールは、コートの地区では二番目に大きいが、AOC コート・ド・ボルドーには参画せずに、独自性を保っている。色が濃く、ソフトでバランスにすぐれ、香り豊かな赤ワインや白ワインを生む。

## 6）ソーテルヌ＆バルサック地区

　ガロンヌ河の左岸のグラーヴ地区南端のソーテルヌとバルサックでは、ボトリティス・シネレア菌の影響を受けた貴腐ブドウから、黄金色の甘口ワインが造られる。ブドウが成熟した秋、水温の低い小川シロン川と水温の高いガロンヌ河の温度差により朝霧が発生し、ブドウ畑を覆う。午後は日照に恵まれ、霧が晴れ、気温があがる。この条件下で、白ブドウのセミヨンにカビの仲間であるボトリティス・シネレアが繁殖する。果皮の表面に付着したボトリティス・シネレアの菌糸が果皮に穴をあけ、果汁に含まれる水分が蒸発して果粒はしなび、糖分や酸、風味が凝縮される。これが「貴腐」と呼ばれる現象である。

　ひとつの果房でも、すべての果粒に同時に貴腐が進むわけではないので、収穫は何回かに分けて行い、毎回、貴腐がついた果房や果粒だけを手で収穫するという、気の遠くなるような作業を行う。果汁中の水分が蒸発するので、収穫量も通常のワインを造る場合よりは少ない。さらに、この果汁を小さな樽で醸酵させる作業は困難を極める。しかし、その努力の結果得られるワインは、凝縮された風味と甘さを持ち、長期にわたる熟成によって付加価値のあがる甘美なワインとなる。

　貴腐ワイン造りはリスクも大きい。その年の天候によっては、ボトリティス・シネレアがうまく繁殖しなかったり、有害な灰色カビ病に侵されてしまうこともあり、貴腐ワインどころか、通常のワインさえも造れないこともある。例えば、ソーテルヌのトップシャトーであるシャトー・ディケムは2012年、9月の雨でボトリティス・シネレアの繁殖がうまくいかず、貴腐ワインの生産を断念している（1992、1974、1972なども同様に断念）。

## [AOC ソーテルヌ]

　ボルドー市の南東約40kmの地点に位置し、北東のガロンヌ河、西と南をランドの森で区切られた丘陵地帯。ソーテルヌを始め、5つのコミューンがAOCソーテルヌを名乗ることができる。なお、バルサックのコミューンもこのうちの一つで、AOC「バルサック」または「ソーテルヌ」のいずれも名乗ることができる。石灰岩や粘土の層の上に砂利や小石が広がる多様な土壌が、多彩な個性を生み出している。セミヨンを主体に、ソーヴィニヨン・ブラン、ミュスカデルをブレンドし、味わいの厚みがあり、エレガントな甘口ワインを生む。

## [AOC バルサック]

　シロン川の下流付近の左岸に広がるバルサックのコミューンだけが、AOC バルサックを名乗ることができる。格付けされているシャトーの多くは、粘土・石灰質の台地の上に位置する。セミヨンを主体に、ソーヴィニヨン・ブラン、ミュスカデルをブレンドしたバルサックのワインは、ソーテルヌよりも甘味がくどくなく、さっぱりと感じられる。最近は甘口ワインの消費減の影響を受け、辛口（AOC ボルドー）を造るところが増えている。

　ソーテルヌとバルサックのワインは、メドックのワインと同じく 1855 年の万国博覧会の時に、格付けが行われた。シャトー・ディケムのみが最高位のプルミエ・クリュ・シュペリュールに格付けされた。プルミエ・クリュ（第一級）は 11 シャトー。ドゥジエム・クリュ（第二級）には 15 シャトーが選ばれた。制定以来、変動はない。なお、ソーテルヌの格付けは P.12 参照。

## [その他の甘口ワイン]

　バルサックに隣接するセロンや、ガロンヌ河を挟んで対岸のカディヤック、ルピアック、サント・クロワ・デュ・モンでは、貴腐ブドウや遅摘みのブドウを使って、甘口ワインが造られる。貴腐ブドウのみで造られるソーテルヌやバルサックよりも甘味はやや控えめである。

（安田まり）

貴腐ワインの王者　シャトーディケム

# ブルゴーニュ *Bourgogne*

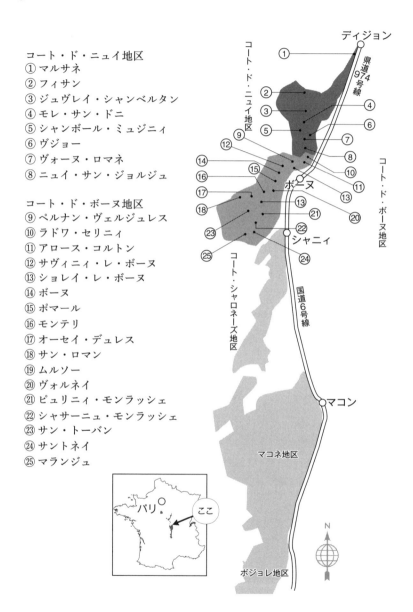

コート・ド・ニュイ地区
① マルサネ
② フィサン
③ ジュヴレイ・シャンベルタン
④ モレ・サン・ドニ
⑤ シャンボール・ミュジニィ
⑥ ヴジョー
⑦ ヴォーヌ・ロマネ
⑧ ニュイ・サン・ジョルジュ

コート・ド・ボーヌ地区
⑨ ペルナン・ヴェルジュレス
⑩ ラドワ・セリニィ
⑪ アロース・コルトン
⑫ サヴィニィ・レ・ボーヌ
⑬ ショレイ・レ・ボーヌ
⑭ ボーヌ
⑮ ポマール
⑯ モンテリ
⑰ オーセイ・デュレス
⑱ サン・ロマン
⑲ ムルソー
⑳ ヴォルネイ
㉑ ピュリニィ・モンラッシェ
㉒ シャサーニュ・モンラッシェ
㉓ サン・トーバン
㉔ サントネイ
㉕ マランジュ

ディジョン

コート・ド・ニュイ地区

県道974号線

コート・ド・ボーヌ地区

ボーヌ

シャニィ

コート・シャロネーズ地区

国道6号線

マコン

マコネ地区

パリ

ここ

N

ボジョレ地区

　ボルドーと並んで、フランスを二分する名声を持つブルゴーニュのワインは、フランスの北東部に位置し、オーセール近隣のシャブリとグラン・オーセロワから始まり、ディジョンを経由して南のコート・ドール、コート・シャロネーズ、マコネ、ボジョレと続く。

　ブルゴーニュは、カトリックの修道士たちが丹精を込めて造り上げた産地である。今日では、世界の隅々にまで、その名声が響き渡るほどに成功を収めている。

　複数品種をブレンドするボルドーと異なり、赤はピノ・ノワール（ボジョレはガメイ）、白はシャルドネやアリゴテの単一品種でワインを生み出す。しかし同じ品種でありながら、場所によりその表情が異なる。北のシャブリから南のボジョレまで、ブドウ畑は約 44,000ha でボルドーの半分にも満たないが、AOC は細分化され 100 近い。それほどにワインの個性が多彩であることを意味している。さらに、ボルドーに比べると小規模な生産者が多く、同じ畑でも、複数の生産者が分割所有していることがあり、ワインは異なる表情を見せる。この難解なほどの複雑さが、飲み手を引き付けて離さない。

　この複雑な魅力を支えているのが、「クリマ Climat」である。クリマは、ブルゴーニュで顕著に見られるテロワールの概念の具体化といえる。地質や気候の面で特別な条件に恵まれ、ワインが固有の特徴を見せる、明確に境界を引かれた区画のことである。中世の時代、修道士たちが場所によるワインの違いに気づき、研究を重ね、区画を明確にしていった。「クロ・ド・ベーズ」、「クロ・ド・ヴジョー」など、その数は 1,247 にのぼり、それぞれに固有の特徴や歴史がある。アペラシオンの階層における位置づけも、地方名からグラン・クリュまで、クリマにより異なる。2015 年 7 月、ブルゴーニュのクリマは、その普遍的な価値が認められ、ユネスコの世界遺産に登録された。

# （1）歴史

　ボーヌを中心とする丘陵地帯のワインの名声は、4 世紀には知られていたが、大きく発展するのは修道院の努力による。中心となったのは、909 年設立のクリュニイ派と、1098 年設立のシトー派で、修道士たちがクリマを識別していった。

　このブルゴーニュのワインをさらに発展させたのが、ブルゴーニュ公国である。1363 年にブルゴーニュ公となったヴァロワ王家のフィリップ・ル・アルディ（豪胆公）に始まるヴァロワ朝時代のブルゴーニュ公国は、北方のフラン

ドル地方（現在のベルギー北部）やオランダにまで領土を伸ばし、ブルゴーニュのワインは、北方市場に流通するようになった。豪胆公は1395年、公国内でガメイを栽培することを禁じ、ピノ・ノワールを推奨する。ボジョレでは本領を発揮するガメイも、公国内では凡庸なワインとなってしまい、ピノ・ノワールのほうが良いワインを生み出していた。豪胆公は、ワインを公国の貴重な外交品として捉え、高いレベルの品質を求めたのである。

　1455年に、ブルゴーニュ公国がフランス王国に併合されると、一時販売が停滞するものの、次第に盛り返していく。フランス宮廷でシャンパーニュのワイン（非発泡）と激しく競うが、ルイ14世の侍医が、健康面の問題からブルゴーニュのワインを王に勧めたことなどが追い風となり、欧州各国の王室や貴族に愛飲された。有力貴族は、修道院の力が衰えるにつれ、ブルゴーニュの畑を取得していった。1760年にコンティ公が、現在のロマネ・コンティの畑を取得したのは、代表的な例といえる。

　フランス革命後、多くの畑が国有化され、新興の富裕層を中心に売却された。その際に一つの畑が細かく分割されて販売された。革命によって制定された新民法は、均分相続制をとったので、分割に拍車がかかった。その結果、一つの区画（クリマ）を単独所有（モノポール）していることは、珍しいケースとなった。1935年にAOC法が制定されると、多くのクリマがAOCに認定された。

# （2）生産面積と生産量

　北のシャブリから南のマコネまで、ボジョレを除くブルゴーニュのブドウ畑の面積は29,395haで、年間平均141万hL（過去5年平均）のワインを生産する。白が59％、赤とロゼ30％、スパークリングワインのクレマン・ド・ブルゴーニュが11％という内訳である。生産者約3,659軒、ネゴシアン268軒、協同組合16軒。

　ボジョレは、ブドウ畑の面積は約14,000ha、年間生産量約80万hL、生産者数2,700軒。

　この数字から単純に計算をしても、農家一軒あたりの所有面積は10haに満たず、小規模の生産者が数多く存在し、ブルゴーニュの多様性を生み出していることが推察できる。

　北のシャブリから南のマコネまで、ボジョレを除くブルゴーニュワインは、一年間に約1億8,700万本が販売されており、このうち、約50％が輸出され

ている。輸出市場で数量第1位はアメリカ、第2位はイギリスである。日本は、第3位の市場である。

# (3) 主なAOC

ブルゴーニュのAOCは、ブルゴーニュ全域や各地区の広範囲で名乗ることができる「レジョナル」のAOCや、「コミュナル」（村名ワイン）のAOCが中心。さらにその上位に、「プルミエ・クリュ」（一級）と「グラン・クリュ」（特級）がある。ブルゴーニュのAOCの数は、84を数える。

以下に、ブルゴーニュを5つの地区にわけ、代表的なアペラシオンを紹介する。

## 1) ブルゴーニュ全域を対象としたAOC

AOCブルゴーニュ（赤、白、ロゼ）は、ブルゴーニュ全域、すなわちヨンヌ県、コート・ドール県、ソーヌ・エ・ロワール県、ローヌ県内の指定されたコミューンで名乗ることができる。全般的に、丘陵の裾野で造られる。ピノ・ノワールからの赤とロゼ、シャルドネからの白である。

ブルゴーニュは、単一品種でワインを醸造することが伝統だが、ブルゴーニュ全域を対象としたAOCには、複数品種をブレンドするものもある。

AOCブルゴーニュ・パス・トゥー・グラン（赤・ロゼ）は、ピノ・ノワールとガメイを主体としたブレンドで、ピノ・ノワールは30％以上、ガメイは15％以上使わなければならない。

AOCコトー・ブルギニヨン（赤、白、ロゼ）は、これまでの「ブルゴーニュ・グラン・オルディネール」に代わり、2011年に新設された。ブレンドでも単一品種でもよい。赤とロゼはガメイとピノ・ノワール主体、白はシャルドネ、アリゴテ、ムロン・ド・ブルゴーニュ、ピノ・ブラン、ピノ・グリを使用できる。

このほかに、アリゴテからの辛口の白である**ブルゴーニュ・アリゴテ**、壜内二次醗酵のスパークリングワイン「クレマン・ド・ブルゴーニュ」などがある。

## 2) シャブリとグラン・オーセロワ

ヨンヌ県のオーセール市近郊に広がる産地で、代表がシャブリである。パリとボーヌの中間点に位置し、パリから行くと、ブルゴーニュの玄関口となる。

　小さな町シャブリの名前は世界の隅々にまで知られている。

　ブドウ畑はスラン川の両岸を覆い尽くす。プティ・シャブリ、シャブリ、シャブリ・プルミエ・クリュ、シャブリ・グラン・クリュの4等級のアペラシオンがある。いずれも、シャルドネからの白のみ。

　北緯46°と北に位置するため、冬は厳しく、春先には霜の被害を受けることもある。このため、霜の危険がある時は、ショフレット（加熱器）を畑に置いたり、散水して凍らせて、芽を守る対策が行われている。

## ［プティ・シャブリ］

　スラン川両岸の主に丘陵上部の台地に広がり、土壌は、シャブリの他のAOCよりも若い、ジュラ紀後期のポートランディアン期（約1億4550万年前）の石灰岩。

## ［シャブリ］

　主に北や東向きの丘陵の斜面と台地に広がり、土壌は、ジュラ紀後期のキンメリジャン期（約1億5千万年前）の石灰岩で、小さな牡蠣の化石を含む。ワインは、味わいに程よいボリュームがあり、爽やかさが長く残る。酸が骨太で、きりっとしていて、ミネラル感（火打石と表現する人もいる）が特徴。

## ［シャブリ・プルミエ・クリュ］

　スラン川の両岸に広がり、土壌はシャブリと同様に、キンメリジャン期の石灰岩で、小さな牡蠣の化石を含む。AOCシャブリよりも複雑で、熟成能力がある。17か所のプルミエ・クリュ（40のクリマがプルミエ・クリュに認められているが、複雑すぎるので、その中の17の著名なクリマの名前を他の場所も使うことにしている）が認められている。最も評価が高いのは、グラン・クリュと同じくスラン川の右岸に位置する「モンテ・ド・トネール」や「フルショーム」で、全般的に東・南東向きで、日照に恵まれている。

## ［シャブリ・グラン・クリュ］

　スラン川の右岸で、シャブリの町近くの斜面に、7つのグラン・クリュが集まっている。標高100〜250m、南、南西向きの斜面で、日照に恵まれている。「ブーグロ」「プリューズ」「ヴォーデジール」「グルヌイユ」「ヴァルミュール」「レ・クロ」「ブランショ」の7か所で、合計の生産量はシャブリ全体の

1％に過ぎない。

　プリューズとその下方のブーグロは、緩やかな斜面で、ブーグロは頑丈なワイン、プリューズはもう少しまるみのあるワインを生む。ヴォーデジールは豊かな風味のワインを生み出す。グルヌイユはグラン・クリュの中で最少。ミネラル感のあるワインを造る。ヴァルミュールは、東向きと西向きの斜面があり、前者からは豊かなワイン、後者からは繊細なワインが造り出される。レ・クロはグラン・クリュの中で最大。ほぼ向きは一様で、豊かで深みのあるワインを生む。ブランショは、向きがほぼ一様の急斜面で、グラン・クリュの中でも繊細でアロマ豊かなワインを生み出す。

　なお、ヴォーデジールとプリューズにまたがる「ムートンヌ」は、シトー派修道院が長く所有していた歴史的な畑で、特別に「シャブリ・グラン・クリュ・ムートンヌ」と表記することができる。

## 3）コート・ドール

　ディジョンから南に約50km続く丘陵地帯は、ブルゴーニュの中枢で、いくつかの丘陵が連なる。北部がコート・ド・ニュイ、南部がコート・ド・ボーヌと呼ばれ、この二つをまとめて、「コート・ドール（黄金丘陵）」と呼ぶ。

　主に東に向いたこの丘陵の斜面は、西からの荒風から守られ、日照に恵まれ、水はけも良く、ブドウ栽培に適した条件に恵まれている。斜面の上方は表土が薄くなり、斜面の下方は表土が厚く、水はけも悪くなる。このため、最も素晴らしいワインを生むグラン・クリュ、プルミエ・クリュの畑は標高250m前後の斜面の中腹に並ぶ。コミュナルの畑は多くの場合、斜面の下方や上方に広がる。

　ブルゴーニュの一帯は、ジュラ紀には、浅く、暖かい海に覆われていた。アルプス造山運動の古時代に、コート・ドールのあたりは隆起し、ジュラ紀の多くの地層が地表にむきだしになった。コート・ド・ニュイの地層は、ジュラ中期の約1億7千5百万年前に、コート・ド・ボーヌはそれよりも2千5百万年ほど後に形成されたが、崩れ落ちた岩の堆積物が塊となり、レンジナ（石灰岩の崩壊により生成された浅い地層）や、茶色い石灰質の地層を形成している

　コート・ドールでは、ピノ・ノワールからの赤とシャルドネからの白が主に造られる。ピノ・ノワールは、泥灰質や石灰質で水はけの良い土壌を好む。石灰質や石、粘土の割合により、軽くエレガントなスタイルから、力強いスタイルまでを生み出す。シャルドネは、粘土質の多い泥灰・石灰質を好む。土壌の

粘土の割合が、ワインの味わいの豊満さに影響する。

## 4）コート・ド・ニュイとオート・コート・ド・ニュイ

　コート・ド・ニュイのブドウ畑は、ディジョンの南から始まり、コルゴロワンまでの約20kmにわたる細長い丘陵の東向き斜面に広がる。大半はピノ・ノワールからの赤。世界が憧れるブルゴーニュのグラン・クリュの多くが、このコート・ド・ニュイの丘から生まれる。そのために、「ブルゴーニュのシャンゼリゼ」とも言われるほどである。白もごく少量造られている。黄金丘陵のいわば裏街道と言える場所が**オート・コート**で、コート・ドールの西手になるが、モーバン山稜東部にあたる。その中で、コート・ド・ニュイの西側裏手が**ブルゴーニュ・オート・コート・ド・ニュイ**で、標高300〜400mの丘陵が北から南に連なる地帯である。

　主な村とアペラシオンは以下のとおり。

## ［ジュヴレイ・シャンベルタン］

　ジュヴレイ・シャンベルタン村は、グラン・クリュの数が9つとコート・ド・ニュイの中で最も多く、まさにここからグラン・クリュのシャンゼリゼが始まる。ディジョンから南下すると、集落を縫うように「グラン・クリュ街道」と呼ばれる県道122号線が伸び、その両側の標高240〜280mの東向きの斜面にグラン・クリュ畑が並ぶ。

　グラン・クリュの中で最も有名なのは、「シャンベルタン・クロ・ド・ベーズ」と、その隣の「シャンベルタン」である。シャンベルタンの名があまりにも有名になったために、ジュヴレイ村はジュヴレイ・シャンベルタン村に改名した。実は、シャンベルタン・クロ・ド・ベーズの方が歴史は古く、640年にベーズ修道院にこの土地が寄進され、ブドウ栽培が始まった。シャンベルタンの方は、その隣に「ベルタン」という農夫が拓いたもので、この方が呼びいいので有名になった。どちらもしっかりとしたストラクチュアと繊細な表情が結びつき、完璧なバランスを持ち、10年以上の熟成能力がある。この二つの畑を取り囲むように、「マジ」「リュショット」「ラトリシエール」「シャペル」「グリオット」「シャルム」「マゾワイエール」の畑がグラン・クリュに昇格した。これらのクリマは、それぞれのクリマの名称をシャンベルタンの前にハイフンで繋いで表記される。

　プルミエ・クリュは、グラン・クリュのすぐ近くと、谷の上方の斜面に広が

る。グラン・クリュに近い品質のものを産する畑もある。中でも、集落のすぐ上部の標高の高い南・南東向きの斜面からのものは特に注目に値する。「クロ・サン・ジャック」、「ラヴォー・サン・ジャック」、「カズティエ」、「コンブ・オー・モワンヌ」、「シャンポー」などである。プルミエ・クリュ、コミュナルも、赤のみ。

## ［モレ・サン・ドニ］

　ジュヴレイ・シャンベルタン村のグラン・クリュを抜けると、すぐ右手にモレ・サン・ドニ村のグラン・クリュが立ち並ぶ。「クロ・ド・ラ・ロッシュ」「クロ・サン・ドニ」、村落を挟んで、「クロ・デ・ランブレ」「クロ・ド・タール」と４つの「クロ」の名前が付くグラン・クリュが並ぶ。「クロ」は、石垣で囲まれた畑のことを意味する。シャンボール・ミュジニィ村との境界には、両村にまたがるグラン・クリュ「ボンヌ・マール」の一部が広がる。

　グラン・クリュの畑は、標高約 250 〜 280m 前後で、東向きあるいは東・南東向きの斜面に広がる。いずれも赤のみ。クロ・ド・ラ・ロッシュは、同村最大のグラン・クリュ。石灰質が強い土壌で、表土は 30cm ほどしかなく、大きな塊の石があるので、ロッシュ（岩）という名前が付いた。ワインには深みがあり、シャンベルタンに近い。村名にもなったクロ・サン・ドニは、豊かさのあるワインを生む。クロ・デ・ランブレは、ドメーヌ・デ・ランブレのほぼ単独所有。1981 年にグラン・クリュに昇格した。クロ・ド・タールは、1141 年にシトー派のタール修道院により開拓された畑。タール修道院、マレイ・モンジュ家、モメサン家と、わずか３生産者が単独所有で受け継いできたという、所有者の入れ替わりと畑の分割が多いブルゴーニュにおいて稀有の歴史を持つ。2017 年にボルドーのシャトー・ラトゥールのオーナー、フランソワ・ピノーの手に渡った。若いうちはタンニンの渋みが強いが、熟成とともに和らぎ、複雑になる。プルミエ・クリュとコミュナルは、赤が大半である。白は量が少ないが、辛口で厚みのある味わい。

## ［シャンボール・ミュジニィ］

　コート・ド・ニュイの中で、「女性的」と表現されるほど、繊細でエレガントなワインを生む村。グラン・クリュは村の北端の「ボンヌ・マール」と、村の南端にある「ミュジニィ」の２カ所。ボンヌ・マールのワインは、シャンボール・ミュジニィのワインに典型的な繊細なスタイルとは異なっていてボ

ディがあり、骨格がしっかりとしていて力強く、30 ～ 50 年の長期熟成能力を持つワインを生む。赤のみ。

　ミュジニィは、南隣のヴジョー村のグラン・クリュ「クロ・ド・ヴジョー」の斜面の上方に広がり、標高は 260 ～ 300m。傾斜がきつく、表土は薄い。芳醇なボディで、タンニンと複雑さのバランスが取れた赤ワインを生み出す。最大面積を所有するコント・ジョルジュ・ド・ヴォギュエは、ミュジニイの中のわずか 0.66ha にシャルドネを植えている。これは、コート・ド・ニュイの唯一のグラン・クリュの白で、1993 ヴィンテージを最後に、樹の植え替えのために中断していたが、およそ 20 年ぶりに 2015 ヴィンテージがリリースされた。

　プルミエ・クリュは両端のグラン・クリュの間の斜面の中腹に広がる。最も有名なプルミエ・クリュは、グラン・クリュ・ミュジニィの斜面の北側下手に広がる「レ・アムルーズ」で、そのスタイルはミュジニィに近く優美。プルミエ・クリュ、コミュナルともに、赤ワインのみ。

## ［ヴジョー］

　グラン・クリュの「クロ・ド・ヴジョー」が村の大半を占める。このグラン・クリュは約 50ha におよび、コート・ド・ニュイのグラン・クリュの中で最大である。1110 年頃にシトー派の修道院がここの畑を整備し、フランス革命まで維持していたが、その後分割され、現在は 80 軒あまりの生産者が分割所有する、まさにブルゴーニュの歴史の縮図とも言える場所。

　石壁に囲まれた畑の中に荘厳な姿を現すシャトー・ド・クロ・ド・ヴジョーは、12 世紀にシトー派の修道士たちがワイン造りと迎賓館のために築き、16 世紀に完成した。現在は、コンフレリ・シュヴァリエ・デュ・タストヴァン（利き酒騎士団）の本拠となっている。畑は、標高 240 ～ 255m に広がり、全体的にゆるやかな斜面である。斜面の上方、中腹、下方により土壌が異なり、生産者も多いために、同じクロ・ド・ヴジョーの名前でもワインのスタイルは様々である。赤のみ。

## ［ヴォーヌ・ロマネ］

　ヴォーヌ・ロマネ村は、グラン・クリュ街道の「聖なる出口」とも言われ、コート・ド・ニュイの傑出したグラン・クリュが並ぶ。

　まず、クロ・ド・ヴジョーの南西部の上方に、グラン・クリュの「グラン・

エシェゾー」、その上方が、「エシェゾー」のエリアになる。この二つの畑は、行政上はフラジィ・エシェゾー村に位置している。グラン・エシェゾーは、頑健で、肉付きの良いワインを造り出す。上方のエシェゾーは、グラン・エシェゾーよりも広く、土壌も多様である。なお、フラジィ・エシェゾー村のコミュナルのワインは、隣の「ヴォーヌ・ロマネ」の名前を名乗れる。

　続いてヴォーヌ・ロマネ中央部に入ると、標高250〜310mの東向きの斜面に、グラン・クリュの至宝「ラ・ロマネ・コンティ」を中心に6つのグラン・クリュがかたまっている。「ラ・ロマネ・コンティ」はもともとサン・ヴィヴァン修道院が所有していたが、1760年にルイ15世の従兄のコンティ公が取得し、「ロマネ・コンティ」と呼ばれるようになった。表土は茶色の石灰岩で粘土質が強い。ドメーヌ・ド・ラ・ロマネ・コンティ社（DRC）が単独所有する。

　「ロマネ・サン・ヴィヴァン」は、サン・ヴィヴァン修道院が、ブルゴーニュ公ユーグ2世から土地の寄進を受け、12世紀にブドウ畑として開墾した。土壌はラ・ロマネ・コンティと似ているが、斜面の下方になり、表土が少し厚い。なお、DRCの共同経営者オーベール・ド・ヴィレーヌ氏は、コート・ドールの裏手の谷のヴェルジィ村にあるサン・ヴィヴァン修道院の廃墟を守る活動を推進している。

　ラ・ロマネ・コンティの上方に位置する「ラ・ロマネ」は、傾斜がきつく、粘土質が少なくなる。リジェ・ベレール家が単独所有する。ラ・ロマネ・コンティとラ・ロマネの北側に「リシュブール」、南側に「ラ・グランド・リュ」が広がる。ラ・グランド・リュは、1980年代にグラン・クリュを申請し、1992年に認められた比較的新しいグラン・クリュ。ドメーヌ・フランソワ・ラマルシュが単独所有する。最後に最も南側に広がるのが「ラ・ターシュ」で、DRCが単独所有する。ラ・ターシュはラ・ロマネ・コンティに次いで秀逸。

　プルミエ・クリュの中で注目されるのは、村の南端にある「オー・マルコンソール」で、ラ・ターシュの南側に位置し、グラン・クリュに近い品質と評価されている。グラン・クリュ、プルミエ・クリュ、コミュナルはすべて、赤のみ。

## [ニュイ・サン・ジョルジュ]
　北のヴォーヌ・ロマネ村から同一斜面に続く一群の畑と、ニュイ・サン・

ジョルジュの町を挟み南側とに二分される。南側は、南隣のプリモー・プリッセイ村まで含む。グラン・クリュはなく、コミュナルとプルミエ・クリュである。ほとんどは赤で、白は少ない。

　代表的なプルミエ・クリュは、南部にある「サン・ジョルジュ」と「ヴォークラン」で、ニュイ・サン・ジョルジュに典型的な引き締まった感じとしっかりとしたタンニンが感じられ、力強いが調和が取れている。斜面の上方にあるヴォークランのほうが、ワインがまるくなるまでに時間を要する。一方、北部の「オー・ブド」は、北隣のヴォーヌ・ロマネ村のプルミエ・クリュ「オー・マルコンソール」の延長で、ワインもヴォーヌ・ロマネ村のスタイルに近い。

## ［マルサネ］

　コート・ドールの北の玄関口で、コート・ドールのコミューンの中で唯一、赤と白のほかに、ロゼが認められている。このロゼは、コート・ドールでなければ生まれないような爽やかなものである。

## 5）コート・ド・ボーヌとオート・コート・ド・ボーヌ

　コート・ド・ボーヌのブドウ畑は、北端のラドワ・セリニィ村から南端のマランジュ村まで、約20kmにわたって南北に伸びる丘陵地帯だが、コート・ド・ニュイに比べると斜面がなだらかで、裾の平地の部分が広い。ことに南に向かうに従ってそうした地勢が顕著になる。コート・ド・ボーヌの北半分は孤立した飛び地状で、白のコルトン・シャルルマーニュ以外は赤の産地だが、南の三つの村、ムルソーとピュリニィおよびシャサーニュ・モンラッシェは白を出し、ブルゴーニュが世界に誇る辛口の白を生む。「ブルゴーニュ・オート・コート・ド・ボーヌ」は、ブルゴーニュ・オート・コート・ド・ニュイの延長線のように、コート・ド・ボーヌの裏手西側に南北に伸びている。

　主な村とアペラシオンは以下のとおり。

## ［コルトンの丘の AOC］

　ニュイ・サン・ジョルジュから南下を続けると、頂上付近だけに帽子をかぶったように木が密集した大きな丘が見えてくる。これがコルトンの丘であり、ここからコート・ド・ボーヌが始まる。

　コルトンの丘は、ラドワ・セリニィ、アロース・コルトン、ペルナン・ベルジュレスの3つの村がぐるりと取り囲んでいる。コルトンの丘の最大面積を占

めるのがアロース・コルトン村である。

　この丘では、赤のグラン・クリュ「コルトン」と白の「コルトン・シャルルマーニュ」が造られる。コルトンは、丘の標高 250 ～ 330m の斜面に広がる。赤のグラン・クリュの畑は、コート・ド・ニュイに集中していて、コート・ド・ボーヌで赤のグラン・クリュはここだけ。しっかりとしたストラクチュアがあり、力強く、開くまでに 4 ～ 12 年を要する。「コルトン」だけを名乗るワインと、コルトンにクリマの名前を付けて名乗れるワインとがある。中でも評価の高いクリマは、「ル・クロ・デュ・ロワ」「レ・ブレッサンド」「レ・ルナルド」など。

　面白いことに、同じコルトンの丘の畑でありながら、丘の南西部分だけが土質が異なり、石灰岩系になっている。この部分だけが令名高い「コルトン・シャルルマーニュ」を生む。このあたりの畑を、775 年にシャルルマーニュ大帝が、ソーリュー参事会教会に寄進した関係で、この名前が付いた。コルトン・シャルルマーニュの白は、同じコート・ド・ボーヌ産でありながら、ムルソーやモンラッシェと異なる酒質を持つ。現在 20 を超す生産者があり、造り手次第で、凝縮度や気品などが全く違っている。

## ［ボーヌ］

　城壁で囲まれた、ブルゴーニュのワインの首都ボーヌには、ブルゴーニュの老舗ネゴシアンの多くが、本社を置く。また、ブルゴーニュ公国の栄華を伝える場所でもあり、中世の名残の建物は今でも丁寧に保存されている。中でも、オスピス・ド・ボーヌは、公国の財務長官をつとめていたニコラ・ロラン夫妻が設立した施療院。以前はこの建物の中庭で、毎年 11 月第三木曜日に、ブルゴーニュワインの大規模な競売会が行われていたが、現在は建物の前の公会堂で行われている。この競売は、その年のブルゴーニュワインのバロメーターになっているから、世界中の業者が集って盛況を呈する。

　ボーヌにはグラン・クリュはなく、コミュナルとプルミエ・クリュのみだが、コート・ドールでは大規模なアペラシオンである。ほとんどが赤だが、白もある。プルミエ・クリュが畑全体の約 75％を占める。ボーヌの町の裏側西手、標高 220 ～ 300m の東南向きの斜面いっぱいに畑が広がっている。概して、北側の畑からのワインは力強く、南側からのワインはまるみがあり滑らかである。

　ボーヌのワインは、ソフトで飲みやすいのが特色だが、プルミエ・クリュ

の中でいくつかのよく知られているクリマのワインがある。最も南に位置する「ル・クロ・デ・ムーシュ」は、ネゴシアンのジョゼフ・ドルーアン社が大半を所有し、複雑なアロマを持つ白と、肉付きのよい赤を出す。ボーヌの中で一番評価が高いのは「レ・グレーヴ」だが、その中で、ブシャール・ペール・エ・フィス社が所有する区画は、「ヴィーニュ・ド・ランファン・ジェズュ」という愛称を付けられているが、その変わった名と口当たりの良さで人気が高い。

## ［ポマール、ヴォルネイ］

　ボーヌのすぐ南に広がるポマール村のワインは、中世の時代から「ボーヌのワインの花」と呼ばれ、世界の愛酒家に賞賛されてきた。隣村のヴォルネイも、コート・ド・ニュイの名酒が生まれる以前は、王侯貴族の愛飲酒だった。いずれも赤のみを造り、グラン・クリュはなく、プルミエ・クリュとコミュナルのみである。

　ポマールは、村の中央に位置する谷を挟んで二分される。北側のプルミエ・クリュはボーヌから続いており、繊細でふくよか。代表的なプルミエ・クリュは、「レ・グラン・ゼプノ」。南側は畑がヴォルネイに続いていく。しっかりとした造りのワインを生みだし、若いうちは厳格に感じるものも多い。この南の部分の代表的なプルミエ・クリュは、急斜面の「レ・リュジアン・バ」で、コート・ド・ボーヌでコルトンに次いでグラン・クリュが設けられるとしたら、筆頭候補である。

　ヴォルネイの集落は、急傾斜の斜面を背にしているが、畑はややなだらか。その繊細さと芳醇さから、ボーヌのワインの典型として高く評価する人が多い。かなりの数のクリマがあり、それによって酒質に違いが出る。

## ［ムルソー、ピュリニィ・モンラッシェ、シャサーニュ・モンラッシェ］

　コンブラシアンの固い石灰岩が、ニュイ・サン・ジョルジュの近辺で地中深く潜った後、ムルソー村のところで再び地表に現れ、南に向かう。このため、ムルソーからピュリニィ・モンラッシェ、シャサーニュ・モンラッシェの3つの村にかけて、シャルドネの白ワインを主に産する「白の丘陵」が続く。

　ムルソーは、フランスが世界に誇るブルゴーニュの辛口白ワインの中でも、南隣の二つのモンラッシェと比べてソフトで口当たりがいい点と花のような華

やかな香りで、きわだった対照を呈する。県道からこの村をみると、県道沿いにかなり広い平坦な畑が広がり、その奥に丘陵斜面が北から南へ帯状に伸びている。ムルソーには、グラン・クリュはなく、コミュナルとプルミエ・クリュのみ。平坦部分はコミュナルになり、プルミエ・クリュは、奥手の東向きの斜面に集中している。ただ、プルミエ・クリュ「シャルム」の一部は平坦部分にも広がっている。斜面の方も上部と下部によりワインのスタイルは異なる。斜面上方は、急斜面で表土が薄く、石灰岩の母岩が近い。「ペリエール」が代表的なプルミエ・クリュで、爽やかで、ミネラル豊かなワインを生む。斜面下部は、傾斜もゆるやかになり、表土も深くなる。ペリエールの斜面の下方に位置する「シャルム」は生産量が多いので代表格になるが、ワインはより豊満で、時にバターのようなニュアンスも感じさせる。プルミエ・クリュ、コミュナルともに、昔はかなりの赤を出していたが、現在は大半が白である。

　ムルソー村のプルミエ・クリュがかたまる斜面の帯は、ピュリニィ・モンラッシェ村にもそのまま続いて行くが、ピュリニィ・モンラッシェ村の南部は、グラン・クリュが集まる丘になっている。「モンラッシェ」「シュヴァリエ・モンラッシェ」「バタール・モンラッシェ」「ビアンヴニュ・バタール・モンラッシェ」「クリオ・バタール・モンラッシェ」の5つ。このうち、モンラッシェとバタール・モンラッシェは、隣のシャサーニュ・モンラッシェ村にまたがる。また、クリオ・バタール・モンラッシェはシャサーニュ・モンラッシェ村に入る。モンラッシェのこの一連のグラン・クリュは、シャルドネからの白のみが認められ、コート・ドールで最も南に位置するグラン・クリュである。

　シュヴァリエ・モンラッシェは、標高265〜290mと、このグラン・クリュ群の中でも最も高い位置に広がり、南東向きで傾斜が急で、表土も薄い。このためミネラル感豊かで、繊細なワインが生み出される。標高250〜270mと、斜面の中腹に広がるモンラッシェは、傾斜もゆるやかになる。熟成能力があり、濃密で複雑、力強く繊細なワインを生む。モンラッシェの下方にバタール・モンラッシェが広がる。斜面上方より表土が深く、粘土質も多くなり、豊満で厚みのある味わいを生み出す。

　ピュリニィ・モンラッシェ村には、評価の高いプルミエ・クリュも多い。プルミエ・クリュ、コミュナルともに、赤はわずかで、白が大半を占める。ピュリニィ・モンラッシェ村とシャサーニュ・モンラッシェ村は、地図の上では隣接した村だが、モンラッシェの一連のグラン・クリュの間を南下して通り抜け

たところで交差する県道906号線のところが谷合になっていて、ここでムルソーから続く丘が終了する。このため二つの村の地質は異なる。従い、辛口白ワインは酒質に違いが出るが、ピュリニィ・モンラッシェ村の方が評価は高い。シャサーニュ・モンラッシェ村はまた、赤を全体の30％弱生産している点でも、ムルソーやピュリニィ・モンラッシェ村とは異なる。

## 6) コート・シャロネーズ

　コート・ド・ボーヌの南に続くのがコート・シャロネーズである。斜面の畑が細長く続くコート・ドールとは少し様相が異なり、南のマコネまで約25kmにわたり続くのどかな丘陵地帯に、家畜の姿やその他の農作物の畑と共に、ぶどう畑が見られる。

　この地区のレジョナルのAOCが、「ブルゴーニュ・コート・シャロネーズ」である。北から「ブーズロン」「リュリー」「メルキュレ」「ジヴリ」「モンタニィ」と並ぶ5つの村は、いずれもコミュナルのAOCで、場所によりプルミエ・クリュがあるが、グラン・クリュはない。赤はピノ・ノワール、白はシャルドネから造られる。リュリーは白が優れ、メルキュレは赤が量質ともに他を抜いている。

　「ブーズロン」は、1998年に認められたブルゴーニュで唯一、アリゴテから造られる白のコミュナルのAOC。丘の上部（標高270〜350m）の石灰質が多い白い泥灰質の土壌で、アリゴテに特徴的な生き生きとしたニュアンスを持つ、しっかりしたボディのワインを造り出す。

## 7) マコネ

　コート・シャロネーズの南に続くのがマコネである。南のサン・ヴェランまで南北約35km、東西の幅は約10kmで、東はソーヌ川、西はグローヌ川が境界となる。シャルドネからの白が主役で、シャルドネはマコネの畑全体の約80％に及ぶ。赤はガメイが主力。

　マコネのほぼ全域で名乗ることができるAOCが、「マコン」である。指定されたコミューンは、「マコン」の後ろに、自身のコミューン名を付記することができる。また、「マコン・ヴィラージュ」は、やはり指定されたコミューンで造られ、シャルドネからの白だけが認められている。

　コミューン名のアペラシオンは、北から、「ヴィレ・クレッセ」「プイイ・フュイッセ」「プイイ・ロッシェ」「プイイ・ヴァンゼル」「サン・ヴェラン」

の5つがある。いずれもシャルドネからの白のみが認められている。近年は、生産者の努力もあって、ヴィレ・クレッセなど、高品質なものを出すようになった。

　プイイ・フュイッセは、二つの断崖絶壁の岩山の周囲に広がる。マコネの名前で出されるワインとは、はっきりと異なる酒質を見せる。しっかりとしたストラクチュアを持ち、多彩な味わいを持つワインで昔から有名である。

## 8) ボジョレ

　マコンから南のリヨンまで、南北約55kmにわたり広がる地域がボジョレである。西は、中央山塊の支脈、東はソーヌ河までに広がる。ブルゴーニュ公国領ではなかったので、豪胆公の禁止令を受けることもなく、ガメイが栽培されてきた。正確にはガメイ・ノワール・ア・ジュ・ブラン（果汁が白いガメイ）という名前で、世界のガメイの栽培面積の約60％はこのボジョレという、まさしくガメイの王国である。

　北部は、花崗岩を主体とした丘陵地帯で、その土質がガメイを異色のものとしている。早飲みが出来て生き生きとした果実味を持つガメイは、このボジョレの北半分でその本領を発揮し、「ボジョレ・ヴィラージュ」の名で市場に出る。これは、「ボジョレ」だけを名乗るものより一段格上になる。そしてその中に、「クリュ・デュ・ボジョレ」と総称される、コミュナルのアペラシオンを名乗ることができるすぐれたワインを出す10の村が並ぶ。ボジョレ南部には、単なる「ボジョレ」のアペラシオンが広がる。

## [クリュ・デュ・ボジョレ]

　ボジョレ北部で、自らの村名のアペラシオンを名乗ることができる10村は、北から、「サン・タムール」「ジュリエナス」「シェナス」「ムーラン・ナヴァン」「フルーリー」「シルーブル」「モルゴン」「レニエ」「ブルイイ」「コート・ド・ブルイイ」と並び、すべてガメイからの赤のみ。

　「聖なる愛」という名前で、バレンタインデーの贈物として重宝される「サン・タムール」は、柔らかいスタイルのものと、力強いものがある。「ジュリエナス」は標高230〜430mと高く、土壌も多彩。クリュ・デュ・ボジョレの中で最小の「シェナス」は、熟成能力がある。「ムーラン・ナヴァン」は、しっかりとした造りで複雑。10年程度熟成させることができる、クリュ・デュ・ボジョレの中で長命のクリュの一つ。「フルーリー」は滑らかで肉付き

が良く、女性的なワインを造り出す。「シルーブル」は、標高250〜450mと、クリュ・デュ・ボジョレの中で最も高い位置に広がり、収穫も他の場所に比べて遅い。「モルゴン」は力強く、肉付きがあり、5〜10年熟成させることができる、クリュ・デュ・ボジョレの中で長命のクリュの一つ。「レニエ」は、1988年に誕生した、クリュ・デュ・ボジョレでは最も新しいAOC。「ブルイイ」は、クリュ・デュ・ボジョレで最大のクリュであり、最も南に位置する。ブルイイ山の斜面に広がるのが「コート・ド・ブルイイ」で、しっかりしたストラクチュアと複雑な風味は、熟成を期待することができる。

## ［ボジョレ・ヴィラージュ］

　ボジョレ・ヴィラージュは、主にクリュ・デュ・ボジョレの西側と南側に広がり、指定された38コミューンで名乗ることができる。花崗岩と砂質の丘陵地から、AOCボジョレよりも肉付きがしっかりとした、果実の風味豊かな赤とロゼを生み出す。シャルドネからの白も少量だが造られている。

## ［ボジョレ］

　ボジョレの首都ともいえるヴィルフランシュ・シュル・ソーヌから南に広がるのが、ボジョレのアペラシオンである。平坦な場所とゆるやかな丘陵で構成され、ボジョレの生産量の約半分を造り出す大産地である。粘土石灰質の土壌から、爽やかで果実の風味があふれる赤とロゼワインを生む。シャルドネからの白も少量だが造られている。

## ボジョレ・ヌーヴォー

　AOCボジョレとボジョレ・ヴィラージュは、「ヌーヴォー」を造ることができる。これは、11月の第三木曜日に販売が解禁となるその年の新酒である。ヌーヴォーは、ボジョレの生産量全体の約20％を占め、AOCボジョレの約40％、AOCボジョレ・ヴィラージュの約30％がヌーヴォーとして販売され、日本はその輸出先第1位である。

（安田まり）

# シャンパーニュ *Champagne*

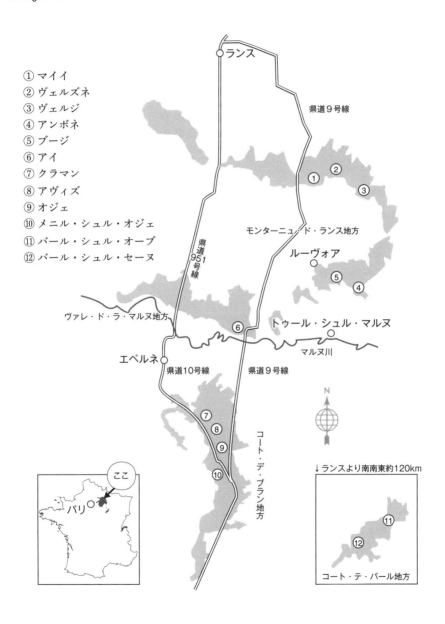

① マイイ
② ヴェルズネ
③ ヴェルジ
④ アンボネ
⑤ ブージ
⑥ アイ
⑦ クラマン
⑧ アヴィズ
⑨ オジェ
⑩ メニル・シュル・オジェ
⑪ バール・シュル・オーブ
⑫ バール・シュル・セーヌ

ランス

県道9号線

モンターニュ・ド・ランス地方

ルーヴォア

ヴァレ・ド・ラ・マルヌ地方

県道951号線

トゥール・シュル・マルヌ

エペルネ

県道10号線　県道9号線

マルヌ川

コート・デ・ブラン地方

N

↓ランスより南南東約120km

ここ

パリ

コート・テ・バール地方

　発泡ワインで最も有名なシャンパン（シャンパーニュ）は、フランス北部シャンパーニュ地方の中の特定された地区で、特定のブドウ品種を使い、AOC法に則り栽培醸造されたものだけに限って、この名を名乗ることが許される。ブドウ栽培の北限である北緯49〜50度に位置し、ブドウは熟し難く酸度はかなり高いが、この酸が爽やかな香味を与える。また、やせた白亜土の底土層を持つ石灰質土壌も酒質に寄与している。

　AOCシャンパーニュ（ラベルにAOCの記述が免除されている）、スティルワインで白・ロゼ・赤のAOCコトー・シャンプノワ、ピノ・ノワールから造られるロゼのAOCロゼ・デ・リセイの3AOCがある。

# （1）歴史

　シャンパーニュの一大中心地でもあるランスは、フランスの歴史上重要な役割を果たしてきた由緒ある都市でもある。ガリアの諸族を統一し、今日のフランスを形成したクロヴィス1世が496年にキリスト教に帰依しランスの司教聖レミに洗礼を受けたことから、歴代のフランス国王はこの地で戴冠の聖別を受けることが王の正統性の条件になった。ジャンヌ・ダルクがオルレアンで勝利すると、直ちに渋る王太子を連れ、敵といえる地帯を通ってはるばるランスまで行って戴冠式を強行したのもそうした理由からだった。

　戴冠の都に滞在した折に、フランソワ1世には数樽分が振る舞われ、マリー・スチュアートもまた、大量のシャンパーニュでもてなされている。ルイ14世の戴冠式では、数百Lものシャンパーニュ地方のワインが振る舞われた。12世紀以降、シャンパーニュ地方産のワインの評判は国境を越えて高まり、重要な祝宴や行事を彩るための、特別なワインとなった。

　ヨーロッパには、スペインのナバーラやフランスのリムーのようにスパークリング・ワインを最初に造ったと主張する地域が数多くある。17世紀後半までシャンパーニュ地方ではスティル・ワイン（非発泡性ワイン）が造られていた。1668年、オーヴィレール修道院の僧ピエール・ペリニョンが酒庫係に任命され、醗酵により生じる二酸化炭素をワインに封じ込み、スパークリング・ワインをはじめて生み出したといわれている。この以前にイギリス人がスパークリング・ワインを意図的に造っていたという説もある。この背景には、高い圧力に耐えるボトルが開発されたこと、およびオリーブ油を滲み込ませた麻布の代わりにコルク栓を使い密閉できるようになったことがある。ドン・ペリニョンはまた、異なるブドウ品種と畑を調合し、よりよい風味が生まれる技術

を開発し、初回の穏やかな圧搾は豊富な糖分と望ましい酸味をもたらすと、はじめて記録に残している。ドン・ペリニョンの主たる貢献は、調合の技術にあるといわれる。しかし、ドン・ペリニョンは澱の除去方法をまだ考えついていなかった。ヴーヴ・クリコによりルミュアージュやデゴルジュマンの技法が生み出されるのは、19世紀初頭まで待たねばならない。

　シャンパーニュの生産者が組織化されるようになったのは、1836年シャロン・シュル・マルヌのフランソワという化学者が、壜詰め前のワインの残糖を測定して二酸化炭素の量を予測する実験に成功してからのことであった。これにより壜の破裂が激減し、命がけの作業から解放された。

　シャンパーニュのハウスとしては、1729年リュイナールにはじまり、1743年モエ・エ・シャンドン、1750年ランソン、1772年ヴーヴ・クリコ・ポンサルダン、1780年のシャノワーヌ・フレールがこれに次ぐ。

# （2）栽培面積と生産量

　AOC栽培面積は33,843ha、そのうちマルヌ県が22,467haが主体で、オーブ県とオート・マルヌ県が8,018ha、エーヌ県とセーヌ・エ・マルヌ県が3,358ha次ぐ。栽培農家16,000軒とメゾン340軒がAOC年間3億6,200万本を生産する。

　年間約2億9,800万本販売され、フランス国内に約1億4,200万本、輸出に約1億5,600万本向けられる。輸出のタイプ別内訳ではブリュット　ノン・ヴィンテージ79.3％、キュヴェ・ド・プレスティージ4.8％、ロゼ9.9％、ドゥミ・セック3.4％、極辛口1.8％、ヴィンテージ1.3％。日本は英米に次いで数量第3位の輸入国でプレスティージの比率が高い。

# （3）生産地域

　14生産地域に分かれるが、中心は以下に記すはじめの3地域と、かなり南に離れたバール地域。

## 1）モンターニュ・ド・ランス

　ランスの南に広がり、広大で起伏の少ない台地で、縁の斜面一面にびっしりとピノ・ノワールが栽培されている。

## 2）ヴァレ・ド・ラ・マルヌとその支流

　セーヌ・エ・マルヌ県のサシー・シュル・マルヌを起点にしてエペルネの先のトゥール・シュル・マルヌまで 100km に渡る地域。斜面はゆるやかな傾斜で、ピノ・ムニエ中心。

## 3）コート・デ・ブラン

　エペルネの南から垂直に南に伸びる地帯の東向き斜面に、シャルドネが植えられている。

## 4）コート・デ・バール

　オート・マルヌ県の東部、トロワの南西バール・シュル・セーヌとバール・シュル・オーブ

# （4）テロワールとブドウ品種
## 1）気候

　フランスのワイン産地の中で最も厳しい大陸性気候にあり、ブドウ栽培の北限である北緯 49 〜 50 度に位置する。年間平均気温 10.5℃、シャンパーニュ地方は北風にさらされ、また冬のシベリア高気圧の影響を受ける寒い地方。降水量は 650 〜 750mm で、年間を通して規則的に降る。風は西風、南西風。

　ブドウ栽培者は毎年、リスクを冒しながらも栽培する。ブドウの芽が出た後も、霜の危険に直面している。そのうえ、夏は短く、毎年猛暑というわけでもない。4 月終わりや 5 月始めに、霜による損害を防ぐために、暖房器具がブドウ畑に広げられていることも珍しくない。それでも、ブドウ畑は通常、日光の恩恵を最大限に受けるよう、太陽に向けられている。この地方で栽培されている品種は、気候によく適応している。

## 2）土壌

　畑は厚い白亜の石灰岩層がこの地方いっぱいに広がり、数世紀にわたって掘られた 250km にもおよぶ地下貯蔵庫が続いている。この白亜層はブドウ畑に欠かせない条件で、水捌けが良く、ミネラル豊富、丘陵地であるため燦燦と申し分のない日照が得られる。太陽の光を反射し、大地を暖めて、ブドウの早熟を促進している。

　地質学としては三分される。

・中生代白亜紀底亜統と白亜紀後期のカンパニア期の白亜質層
・中生代ジュラ紀キメリジャン期の石灰岩と泥灰岩
・新生代第三紀パレオジーン暁新世から始新世後期のアルプス造山運動時代に
　つくられたイル・ド・フランスの沈積の75％は白亜質、泥灰岩、硬い石灰
　岩からなる石灰質の露出の連なり

土壌学としては、腐植土と褐色石灰岩からなる石灰質マグネシウム岩と褐色土
壌に二分される。

　モンターニュ・ド・ランス、ヴァレ・ド・ラ・マルヌ、コート・デ・ブラ
ン、エペルネなどの褐色石灰岩は炭酸塩を覆った層の上にあり、深く、水捌け
が良く、かつ水分の供給にも優れる。定期的な水分補給と温め直す土壌など農
学的に適している。

## 3）ブドウ品種

### 🍇 ピノ・ノワール

　果皮が黒紫系のブドウだが、急速圧搾法により赤みを呈しない果汁を得るこ
とができる。主にモンターニュ・ド・ランスとコート・デ・バールの一帯で栽
培されており、カシスなど赤い果実の香りのする、ボディのしっかりした力強
いワインができる。骨格と力強さと芳醇なブーケを生む。総植え付けの38％。

### 🍇 ピノ・ムニエ

　これもやはり果皮が黒紫系のブドウだが、圧搾法により赤みを呈しない果汁
を得ることができる。粘土質のヴァレ・ド・ラ・マルヌで多く栽培され、バラ
ンスのとれた飲み口のよさが特徴。熟成が早く、アッサンブラージュしたワイ
ンにまろやかさと熟成香、果実の風味を与える。総植え付けの32％。

### 🍇 シャルドネ

　白ワイン用ブドウで、繊細さを特徴とし、主にコート・デ・ブランで栽培さ
れている。花の香りを生み、ときとしてミネラルの香りがある。エレガントな
繊細さと軽快さをもたらす。総植え付けの30％。

　法的にはプティ・メリエ、アルバンヌ、ピノ・ブラン、アンフュメ（ピノ・
ムニエ系）、フロモントー（ピノ・グリ系）も認可されているが、わずか0.3％
しか栽培されていない。

# （5）シャンパーニュの分類

## ①ノン・ヴィンテージ（収穫年表記なし）Non Millésimé

　収穫年をまたがり、異なるブドウ品種の異なるクリュのワインを調合した二次醸酵用原酒を用いたもの。ティラージュの後15ヶ月以上熟成させる。生産量が多く一般的で、なおかつシャンパン・ハウスを代表し、そのスタイルを反映させ、個性を最もよく表現する（略して NV）。

## ②ヴィンテージ（収穫年表記）Millésimé

　例外的に天候に恵まれた年は、その収穫年のワインだけを調合し、二次醸酵用原酒としたもの。毎年造るわけではない。ティラージュの後3年以上熟成させる。多くのハウスが5年寝かせている。スタイルとしては、ノン・ヴィンテージよりもボディがあり、果実の風味が強い。当該年の生産量の80％を超えてはならない。すなわち、20％以上はヴァン・ド・レゼルヴとして保存することになる。

## ③キュヴェ・ド・プレスティージュ Cuvée de Préstige

　最上質のワインを二次醸酵用の原酒として造られるシャンパーニュ。トップクラスの村のテート・ド・キュヴェを用い、細心の配慮とともに調合し、二次醸酵など一連の工程を経て6〜10年熟成される。ほとんどは収穫年が表記されている。

## ④ロゼ Rosé

　独特の美しい色合いとコクのある味わいを持つ。シャンパーニュ全体の10％〜12％しか造られていない。3つの造り方がある。1つはマセラシオン、圧搾の前に除梗した黒ブドウを希望の色が出るまでタンクに漬け込む。次に果皮が黒紫系のブドウのみを用いて醸造する過程で、ほどよく色づいた醗酵果汁と果帽とを分離するセニエ法（瀉血法）がある。さらに最も多く利用されているのが調合方式。ベースとなる白ワインにシャンパーニュ地方非発泡生赤ワインを10〜20％加えて色を付けて造る。

## ⑤ブラン・ド・ブラン Blanc de Blancs

　シャルドネ種だけから造られたシャンパーニュ。若いブラン・ド・ブランはきりっとした爽やかさが夏のアペリティフ向き。一方、熟成したものは驚くほど複雑でふくよか。高級な和食やスパイシーなフュージョン料理との組み合わせの冒険も楽しい。

## ⑥ブラン・ド・ノワール Blanc de Noirs

　黒ブドウだけから造られたシャンパーニュ。ひとつはブドウの果皮の色がつ

かないように造った琥珀色のブラン・ド・ノワールで、もうひとつはブドウの
果皮を漬け込んでロゼ色を出したもの。

# （6）その他特記事項

## 1）畑の格付け

　シャンパーニュのブドウ畑は、パーセント表示でその品質が格付けされてい
る。最上の 100％は下記の 17 村が認定され、それだけで造ったシャンパーニュ
はグラン・クリュと称される。90 ～ 99％はおよそ 42 村があり、そのシャン
パーニュはプルミエ・クリュといわれる。最も低い格付けは 80％。

グラン・クリュ 17 村

モンターニュ・ド・ランス地方：ボーモン・シュル・ヴェール、ヴェルズネ、
マイイ、シルリ、ヴェルジ、ピュイジュ、アンボネ、ルーボワ、ブージ

ヴァレ・ド・ラ・マルヌ地方：アイ、トゥール・シュル・マルヌ

コート・デ・ブラン地方：クラマン、アヴィズ、シュイイ、オジェ、メニル・
シュル・オジェ、オイリ

単独畑名を名乗ることが認められているのは、次の 3 つの畑だけである。

クロ・デ・ゴワセ、クロ・デュ・メニル、クロ・ダンボネ

## 2）シャンパーニュのラベル表記

　シャンパーニュは、ラベルに Appellation Contrôlée という字句を書き入れる
必要のないフランスで唯一の A.O.C. のワインである。シャンパーニュ委員会
（C.I.V.C.）認可済みを証明する頭文字と業務認識登録番号が表示されていなけ
ればならない。頭文字は登録を申請する生産者の業態を表し、7 種ある。

N.M.（Négociant-Manipulant ネゴシアン・マニピュラン）
　　シャンパーニュを生産する会社または個人で、必要とするブドウ、果汁、原
　　酒を一部あるいは全量を外部から購入する。生産量の 70％を占める。

R.M.（Récoltant-Manipulant レコルタン・マニピュラン）
　　自家栽培ブドウからの原酒でつくる生産者で、小規模が多い。

C.M.（Coopérative de Manipulant コーペラティヴ・ド・マニピュラン）
　　組合員が栽培したブドウから協同組合名でシャンパーニュを生産販売する。

M.A.（Marque d'Acheteur マルク・ダシュトゥール）
　　プライベート・ブランドなど買い手の所有する銘柄。

R.C.（Récoltant-Coopérateur レコルタン・コーペラトゥール）
　栽培家が加盟している組合から醸造過程の原酒あるいは製品を買い取り生産する。

S.R.（Société de Récoltants ソシエテ・ド・レコルタン）
　同じ団体に属する会員の畑で収穫されたブドウからの原酒で生産する。

N.D.（Négociant-Distributeur ネゴシアン・ディストリビュトゥール）
　壜詰めされた完成品を購入して、自社のラベルを貼る。

## 3）シャンパーニュの甘辛度

　1L あたりの加糖度により、シャンパーニュは下記のカテゴリーに分けられる。この規定には ± 3g/L の許容範囲が認められている。

　　Doux（ドゥー）：50g/L 以上
　　Demi-Sec（ドゥミ・セック）：32 〜 50g/L
　　Sec（セック）：17 〜 32g/L
　　Extra Dry（エクストラ・ドライ）：12 〜 17g/L
　　Brut（ブリュット）：12g/L 以下
　　Extra Brut（エクストラ・ブリュット）：0 〜 6g/L

　3g/L 未満もしくはドザージュのときに糖分を全く加えない場合、ブリュット・ナチュール Brut Nature、パ・ドゼ Pas dosé、ドザージュ・ゼロ Dosage zéro と記載される。

## 4）ボトルの容量と呼称

　　カールもしくはスピット 200mL
　　ドゥミ 375mL
　　ディアムまたはパイントボトル 500mL
　　ブテイユ Bouteille 750mL（通常のボトル）
　　マグナム 1,500mL
　　ジェロボアム 3,000mL
　　レオボアム 4,500mL
　　マテュザレム 6,000mL
　　サルマナザール 9,000mL
　　バルタザール 12,000mL
　　ノブコドノゾール 15,000mL

サロモン 18,000mL
スーヴェラン 26,250mL
プリマ 27,000mL
メルシゼックまたはミダス 30,000mL

（佐藤秀良）

シャンパーニュ・ランス

# 南西地方　*Sud-Ouest*

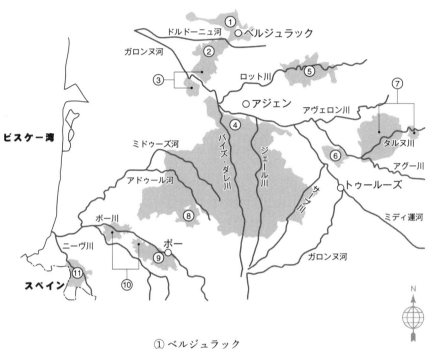

① ベルジュラック
② コート・ド・デュラス
③ コート・デュ・マルマンデ
④ ビュゼ
⑤ カオール
⑥ フロントン
⑦ ガイヤック
⑧ マディラン/パシュラン・デュ・ヴィク・ビル
⑨ ジュランソン
⑩ ベアルン
⑪ イルレギ

　ガロンヌ河両岸から、バスク地方、ピレネー山脈、ガスコーニュ地方からトゥールーズ近辺まで、広範囲にブドウ畑が点在する。4地区に分けられる。

**ガロンヌ地区**：ブリュロワからガロンヌ河沿いにトゥールーズまで伸びる。

**トゥールーズ／アヴェイロネ／マッシフ・サントラル地区**：ロット川沿いに広がるカオール、アヴェイロン川に沿うマルシヤック、タルン川沿いの街アルビの近郊にあるガイヤック。

**ピレネー地区**：ピレネー山脈を望むところからその麓までに散在する。気候、土壌も多様であり、白辛口・甘口、ロゼ、赤、スパークリング・ワインを産する。

**ベルジュラック地区**：ボルドーの内陸部、サン・テミリオンの東に位置し、大西洋に流れ込むジロンド河の上流のドルドーニュ河岸に広がる。

## （1）歴史

　ブドウ畑の誕生は、281年ガロ・ロマン文化の到来と交錯している。最初に植えられたのは現在のカベルネの祖先といわれるビチュリカというブドウ品種。ブドウ畑に関する最古の記録は12世紀に記されたもので、ブドウを植える土地の決定の重要性や修道院でブドウが栽培されていたことが記載されている。1152年アキテーヌ公妃アリエノールが、後に英国王ヘンリー2世となるアンリ・プランタジュネと結婚し、ジロンド河口までのワインの流通の自由を得、輸出への扉を開いた。その後、次第に領主たちが主要ブドウ畑を所有するようになる。

　1936年ベルジュラック、モンバジャック、ジュランソンがはじめにAOCとして認定される。近年コトー・デュ・ケルシーはじめ、かつてのVDQSから昇格したところも多い。

## （2）栽培面積と生産量

　栽培面積は47,000haに達し、12県に広がる。29 AOPと13 IGPを産み出す。年間生産量は240万hL。その内訳はAOC 30％、IGP 45％、地理的表示のないワイン25％となっている。色別では白41％、ロゼ13％、赤46％。

## （3）テロワールとブドウ品種

　フランス中央山塊の南西部に位置し、ベルジュラック、アヴェイロンとバスク地方の間、北はボルドー、南はピレネー山脈、西は中央山塊に接する。

　大陸性の傾向も含む安定した海洋性気候のもとで生産される。常に暑い夏、小春日和のような温暖で天気のよい秋、涼しく雨が多い冬と春。バスク地方の近くを除いて降雨量はあまり多くない。秋は過熟したブドウや貴腐ブドウから甘口ワインを造ることができる位暖かくなる。

　ブドウ畑はモザイクのように 300km の三角地帯を覆っている。生産地区が散在している関係でカオールの栄養に乏しい石灰岩、マディランの珪土、ベルジュラックの粘土石灰岩や礫質と土壌はとても多様である。

　主なブドウ品種は以下のとおり。

### 🍇 白ブドウ

アルフィアック、バロック、シュナン、コロンバール、クールビュ・ブラン、プティ・クールビュ、グロ・マンサン、プティ・マンサン、ロワン・ド・ルイユ（ラン・ド・レル）、モーザック、オンダンク、ソーヴィニヨン・ブラン、セミヨン、ミュスカデル

### 🍇 黒皮ブドウ

カベルネ・フラン、カベルネ・ソーヴィニヨン、メルロー、コット（別名マルベック）、デュラス、フェル・セルヴァドゥ、ガメイ、ネグレット、プリュヌラール、シラー、タナ

# (4) 生産地区 AOC とワインの特徴

## 1）ガロンヌ地区

　白ワインの辛口は緑を帯びた淡い色合い。上品で酸が際立ち、デリケートで果実の風味にあふれる。半甘口は輝く黄金の色調を呈し、香りは果実の砂糖漬けの特徴を持つ。バランスがよい。

　ロゼワインは木苺とドロップスのアロマを放つ。果実の風味が基調となり、さっぱりして口あたりがよい。

　赤ワインは一般的に赤い果実や甘草の香りが特徴的。樽熟成したものは、桑の実やスミレの香りを持ち、よりタニックでがっしりとした酒肉のものもある。豊かでバランスのとれた味わいで、まろやかでしっかりとしたストラクチャーがある。以下に AOC を栽培面積とともに挙げる。

　コート・デュ・マルマンデ（白・ロゼ・赤）　1,314ha

　ビュゼ（白・ロゼ・赤）　2,091ha

　ブリュロワ（ロゼ・赤）　124ha

　サン・サルド（ロゼ・赤）　77ha

フロントン（ロゼ・赤）　1,400ha

## 2）トゥールーズ／アヴェイロネ／マッシフ・サントラル地区

白ワインの辛口は上品な果実の風味を持ち、爽やかな味わい。やや甘口のものは洋梨、桃、杏、花梨の実などの香りが特徴。

ロゼワインは輝きのあるピンク色を呈し、軽やかで心地よい。ときに苺やドロップスのアロマを感じさせる。

赤ワインはルビー色に輝き、カシス、桑の実、ブルーベリーなどさまざまな果実にスパイスのアロマが加わる。口あたりはまろやかで力強い。「黒いワイン」と呼ばれるカオールは色調非常に濃く、力強く、肉づきよく、タニックで熟成にときを要する。心地よい果実の風味を感じる。

スパークリングワインは溌剌とした果実の風味があり、生き生きとしている。以下にAOCを栽培面積とともに挙げる。

ガイヤック（白・白甘・ロゼ・赤・泡）、

ガイヤック・プルミエール・コート（白）　併せて3,059ha

カオール（赤）　3,434ha

コトー・デュ・ケルシー（ロゼ・赤）　182ha

マルシヤック（ロゼ・赤）　196ha

アントレイグ・エ・ル・フェル（白・ロゼ・赤）　19ha

エスタン（白・ロゼ・赤）　13ha

コート・ド・ミロー（白・ロゼ・赤）　51ha

## 3）ピレネー地区

白ワインの辛口は透明感ある淡い黄色。柑橘系や白い花の芳香高く、ときに蜂蜜のニュアンスがある。溌剌としてフルーティ。甘口は麦藁から黄金の色合い。果実の砂糖漬け、トロピカルフルーツ、柑橘系、過熟した果実の香りが高い。酸味とまろやかさと甘味とのバランスがよい。コクのあるフィニッシュ。

ロゼワインは淡いバラ色から深みのあるピンク色まで多様な色調。木苺などの赤い果実や柑橘系の繊細なアロマを持ち、生き生きとした果実の風味がある。

赤ワインは色合いは深みのあるガーネット。赤い果実のジャムにスパイスの香りやなめし皮のニュアンスが加わることがある。ボディが豊かで、ヴォリュームのあるタンニンを具えている。以下にAOCを栽培面積とともに挙げ

る。

　サン・モン（白・ロゼ・赤）　977ha

　マディラン（赤）　1,169ha

　パシュランク・デュ・ヴィク・ビル（白・白甘）　282ha

　トゥルサン（白・ロゼ・赤）　319ha

　ジュランソン（白・白甘）　1,266ha

　ベアルン（白・ロゼ・赤）　194ha

　イルレギ（白・ロゼ・赤）　228ha

## 4）ベルジュラック地区 Bergerac

　白ワインの辛口は白い花ときに百合の香りを思わせるアロマがあり、芳醇で表現豊か。甘口は蜂蜜やアカシアなど複雑なアロマを有し、心地よい凝縮感がある。ロゼワインは木苺のような果実の風味を持ち、溌剌としたアロマを併せ持つ。赤ワインは柔らかくフルーティ、口腔内で心地よく広がるものから、力強く骨組みがしっかりして熟成に耐えるものまで幅がある。以下に AOC を栽培面積とともに下記に挙げる。

　ベルジュラック（白・ロゼ・赤）　5,758ha

　コート・ド・ベルジュラック（白・赤）　1,389ha

　ペシャルマン（赤）　420ha

　ロゼット（白甘）　44ha

　モンバジヤック（白甘）　2,360ha

　ソーシニャック（白甘）　33ha

　モンラヴェル（白・赤）　90ha

　オー・モンラヴェル（白甘）　2ha

　コート・ド・モンラヴェル（白甘）　29ha

　コート・ド・デュラス（白・ロゼ・赤）　1,367ha

（佐藤秀良）

# ロワール *Val de Loire*

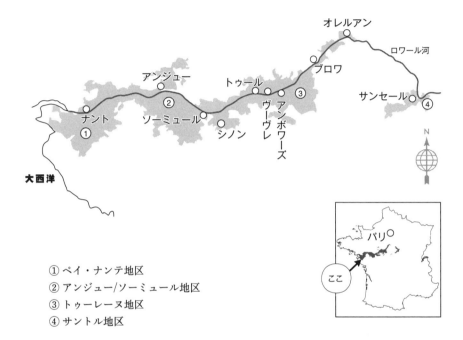

① ペイ・ナンテ地区
② アンジュー/ソーミュール地区
③ トゥーレーヌ地区
④ サントル地区

　フランス最長 1,012km に伸びるロワール河岸の流域に、多くのブドウ畑がある。ロワール河の源流はリヨン市を通るローヌ河のすぐ西手にまで遡るが、ふたつの巨河流域の気候は全く異なる。広大なロワール地域の地勢と気候は、ナントからロアンヌまでの長い流域のなかで、海の近くは海の影響を受け、内陸は大陸の影響を受ける。その結果、多様に異なる風景のなかから、赤、ロゼ、白の辛口、甘口、スパークリング・ワインと多様なワインの数々が生まれる。ロワールは、フランスの AOC で白ワイン第 1 位、ロゼワイン第 2 位、全体で第 3 位の生産地域となっている。

　この地方の気候は果実や家畜を育てるのに適している。フランス王がここに城を建て、洗練と豊かな生活の伝統を生み出した。多くのフランスの歴史的事件はロワールで起こった。そして今日もなお、この地方は洗練された生活の質を誇っている。

# （1）歴史

　ロワール河口地域ではブドウ栽培はローマ時代から始まっていたが、上流のサンセールでは、580 年頃から栽培記録が残っている。

　畑は王候と修道院の管理のもとに開拓され、栽培においては修道僧が重要な役割を果たしてきた。アンジュー伯であったプランタジュネ家のアンリ 2 世が1154 年にイギリス国王となり南西フランスを併合していたときに、アンジュー地域のワインが英国でも知られ、一躍その名は広まった。

　その後、ロワール河流域はフランス王朝における地方の社交場の中心となり、王候貴族によってワインの発展が推進されていった。1552 年にはフランソワ 1 世により海外貿易の許可が与えられたので、アンジューやソーミュール地域では一層質のよいワインが生産されるようになった。17 世紀に入ると、日常的なワインも求められるようになり、ロワール河流域全体の村々にまでブドウ畑が広まり、栽培者も増えていくこととなった。

　その発展は、19 世紀後半のフィロキセラ禍によって一時中断されたが、その後の努力により、1936 年以降に品質の証といえる初の AOC がナント、アンジュー、ソーミュール、トゥーレーヌ、サントルのワインに認められた。「フランスの庭園」と呼ばれる美しい景観は、2000 年に UNESCO の世界遺産として登録された。

# （2）栽培面積と生産量

　2018 年の AOC 栽培面積は 57,200ha で、14 県に広がる。AOC 年間生産量は約 240 万 hL を数え、その内訳は白 41％、ロゼ 24％、赤 21％、スパークリング 14％となっている。21％が 160 カ国へ輸出される。6,200 軒の生産者、16協同組合、250 軒のネゴシアンからなる。

# （3）生産地域

　ロワール河流域のブドウ畑は、ペイ・ナンテ、アンジューとソーミュール、トゥーレーヌ、サントルの 4 地域に大別される。

　フランスのブドウ生産地のなかでも北にあるが、河口から内陸へ、平均してどの地域も四季豊かな温暖な気候である。温暖な冬、そしてその後は雨と湿気をもたらす大西洋低気圧の影響を受ける。適度な陽あたりと高い湿度があり、夏は適度に暖かく、暑過ぎたりはしない。生産地区それぞれに異なった気象条件の影響を受けている。ナント地区とアンジュー地区は海洋性気候であるのに

対し、ソーミュール地区からトゥーレーヌ地区は大陸性気候に近づく。トゥーレーヌ地区からサントル地区にかけては、さらに大陸性気候になる。

## 1) ペイ・ナンテ

　ロワールの河口からわずか50km。このロワール河流域の北岸台地とナント市の東南にあたる地域が生産地帯であり、気候でいえば大西洋に臨む関係でナント地域は海洋性気候の影響を受ける。一般に秋冬は穏やかで、夏は暑くそしてよく雨も降る。しかし、その地区別にみるとそれぞれ気温も雨量も著しい違いがある。

　土壌は古代のブルターニュ山地からの花崗岩と片麻岩を含む片岩質土壌にある。砂岩やそのほかの沖積岩、噴出岩でできたアルモリック山塊の上に広がっている。

　ブドウ品種はミュスカデ（ムロン・ド・ブルゴーニュ）中心である。17世紀に修道士によってナント地域にもたらされ、ここで根づき、ミュスカデと呼ばれるようになった。早熟タイプの白ワイン用ブドウ品種。

　ミュスカデを中心とする溌剌とした辛口の白ワインの産地であり、繊細で生き生きとして香りが豊かである。シュル・リー Sur Lie（「澱の上」という意味）と呼ばれるナント地域では古くから行われてきた伝統的なワイン造りの技法が特色となっている。白ワインの醗酵終了後、醗酵槽または樽の底に酵母菌体などが澱となって沈澱する。これを澱引きせずに、翌春までワインと澱を低温で接触させる。これにより自己消化された酵母菌体からアミノ酸やペプチドなどの旨味が溶け出すとともに、酵母の産成するエステル香により、ワインは香り高くコクを持つようになる。また醗酵中に生じた二酸化炭素がワインにフレッシュ感も与え、この二酸化炭素がワインの酸化を防ぎ、新鮮さを保つという効果も生んでいる。

　栽培面積12,600ha、生産量約49万hL、白82％、ロゼ12％、赤6％。

### ① AOC と栽培面積
　ミュスカデ（白）　1,600ha
　ミュスカデ・セーヴル・エ・メイヌ（白）　6,430ha
　　クリッソン、ル・パレ、ゴルジュなど10のクリュの表記が認められた。
　ミュスカデ・コトー・ド・ラ・ロワール（白）　160ha
　ミュスカデ・コート・ド・グランリュー（白）　240ha

　　グロ・プラン・デュ・ペイ・ナンテ（白）　610ha
　　コトー・ダンスニ（白甘・ロゼ・赤）　150ha
　　フィエフ・ヴァンデアン（白・ロゼ・赤）　412ha

## 2）アンジューとソーミュール

　アンジュー地区は、15世紀善王ルイの時代より花と芸術の都といわれてきたアンジェ市と河の流域沿いと周辺部にあり、ソーミュールはアンジェ市からロワール河の約40km上流に位置する。

　栽培面積21,400ha、生産量約108万hL、白16％、ロゼ44％、赤18％、泡22％。

　気候でみるとアンジューは海洋性気候で、温暖な冬、快適な夏、気候の変化は少なく、日照時間に恵まれている。穏やかで日照に恵まれた秋には朝霧が発生し貴腐を促し、甘口、極甘口のワインを造り出す理想の条件をもたらす。ソーミュールの方は準海洋性気候で、丘陵が西風の影響を遮り、豊かな四季をもたらしている。縦横に流れる大河と支流がミクロクリマ（微気候）を生みだしている。

　アンジュー地区は土壌の半分はナントと同じだが、この地区の東部、パリ盆地の端になる部分では石灰岩質になる。ソーミュール地区では石灰質が主である。ここの石灰質の岩はテュフォーと呼ばれる河岸の崖に洞窟を掘って住居やシャトーに使われ、また長く掘られた地下道はカーヴ（酒倉）として利用されている。

### ①ブドウ品種
　ブドウ品種は以下のように多様である。
　シュナン（別名ピノー・ド・ラ・ロワール）
　　辛口、半甘口、甘口の白ワインを造る代表的な品種。早めに収穫されたものは辛口の白とスパークリングワインになる。遅摘みのものは半甘口と豊醇な甘口の白になる。
　カベルネ・フラン（別名ブルトン）
　　ロワール地方では歴史的事情からブルトンと呼ばれる。
　　最も重要な赤ワイン用の品種で、ロゼワインにも使われる。
　カベルネ・ソーヴィニヨン
　　カベルネ・フランとアッサンブラージュして、ワインにタンニンと深い色調

をもたらす黒ブドウ。アンジュー・ヴィラージュとアンジュー・ヴィラージュ・ブリサックのワインは土壌中の片岩のおかげでその特徴が良く出る。

🍇 ガメイ

単一ではフルーティで軽いワインができる黒ブドウ。カベルネ・フランまたはコットとアッサンブラージュすると、より肉づきのよいワインとなる（ボジョレの主要品種だが最近はロワールでも使われるようになった）。

🍇 グロロー

ロゼ・ダンジューやロゼ・ド・ロワールなどに使われ、軽くてフルーティな半甘口のロゼになる黒ブドウ。

🍇 ピノー・ドーニス（別名シュナン・ノワール）

②ワインの特徴と AOC

　ロワール河中流地帯は大きく見て西のアンジュー地区（アンジェ市周辺）と東のトゥーレーヌ（トゥール市周辺）とに二分される。アンジュー地区はまず中心になる AOC アンジューとその東のソーミュールに分けられる。他方、この地区の南西にロワール本流と並行して流れるレイヨン川があり、さらにその支流のローバンス川がある。そのため AOC はそうした河川の流域と地勢によって分けられている。なお、アンジェ市のすぐ西南にサヴニエールの小地区がある。

　アンジュー地区はロゼで有名であったが、いまは赤に力を入れている。ソーミュールは現在スパークリングワイン生産の中心になっている。かつてはお隣のトゥーレーヌのヴーヴレイが知られていた。また、ソーミュールの東端はソーミュール・シャンピニーの小 AOC になっているが、近年この赤に人気がある。レイヨン川流域のコトー・デュ・レイヨンは甘口のワインが異彩を放っている。サヴニエールは小地区だが出色の辛口と甘口を産む。

辛口白ワイン

　際立つ黄色、生き生きとして香りが豊かである。蜂蜜と、片岩に由来する香、ソーヴィニョンやシャルドネ由来の白い花のアロマがある。

　アンジュー（白・赤・スパークリング）　1,500ha
　　〈うち白 500ha、赤 860ha、ガメイ 60ha、スパークリング 80ha〉
　ソーミュール　2,232ha
　　〈うち白 373ha、ロゼ 75ha、赤 524ha、スパークリング 1,260ha〉
　サヴニエール（白・白甘）　130ha

サヴニエール・ロッシュ・オー・モワンヌ（白・白甘）　22ha

クーレ・ド・セラン（白・白甘）　7ha

オー・ポワトゥ（白・ロゼ・赤）　90ha

## 甘口白ワイン

深い色調、緑を帯びた黄金色。豊かで複雑な芳香を持ち、アカシアの蜂蜜、白い花、菩提樹、レモンのアロマを伴う。口あたりはなめらかで、それが複雑でなく素直な生気とうまく溶け合っている。

コトー・デュ・レイヨン（白甘）　1,200ha

コトー・デュ・レイヨン＋村名（白甘）　420ha

コトー・デュ・レイヨン・プルミエ・クリュ・ショーム（白甘）　70ha

カール・ド・ショーム・グラン・クリュ（白甘）　25ha

ボヌゾー（白甘）　80ha

コトー・ド・ローバンス（白甘）　160ha

アンジュー・コトー・ド・ラ・ロワール（白甘）　30ha

コトー・ド・ソーミュール（白甘）　12ha

## ロゼワイン

ローヌのタヴェルなどと比べると明るいピンクが鮮やか。苺やすぐりなどの果実のアロマを持つ。フルーティで、バランスのとれた半甘口で、後味が爽やか。

ロゼ・ダンジュー（ロゼ）　1,890ha

カベルネ・ダンジュー（ロゼ）　5,710ha

ロゼ・ド・ロワール（ロゼ）　900ha

## 赤ワイン

輝きのあるルビー色、赤い果実とスミレの花に共通したアロマがあり、生き生きとし飲み口がよい。若いうちはフルーティで軽やかなチャーミング。熟成を経て赤い果実の香りとスパイシーな香りを持つコクのあるワインになる。ソーミュールでは"Tuffeau"（石灰土、多孔質で柔らかい石灰堆積物。テュフォーはトゥファと発音）がフィネスと軽さをもたらし、バランスがとれている。しなやかで、しばしば柔らかなタンニンを持つ。

アンジュー・ヴィラージュ（赤）　167ha

アンジュー・ヴィラージュ・ブリサック（赤）　85ha

ソーミュール・シャンピニー（赤）　1,502ha

ソーミュール・ピュイ・ノートル・ダム（赤）　60ha

**スパークリング・ワイン**

　繊細な泡立ち、白は透明で黄金のニュアンスをもつ麦藁色黄色、ロゼはチェリーの色調を呈す。白は白い果実やアーモンド香、ロゼは小さな赤い果実のアロマを放ち、生き生きとし、ときに刺激的。総体的にシャンパーニュに比べソフトで口あたりがよく飲みやすい。

　クレマン・ド・ロワール　2,050ha

## 3）トゥーレーヌ

　海洋性気候と大陸性気候の影響を受けるまさに「フランスの庭園」。ブドウ畑は陽あたりがよい。この地域を横断する河川はブドウ栽培に最適な微気候をつくりだしている。

　栽培面積16,300ha、生産量約82万hL、白35％、ロゼ13％、赤36％、泡16％、土壌は堆積岩、粘土珪土質、白亜質石灰岩、砂の多い土である。

### ①ブドウ品種

　ブドウ品種は多彩である。

🍇 **シュナン（別名ピノー・ド・ラ・ロワール）**

　トゥーレーヌのワインの性格をよく現わす代表的品種。バランスがとれ、ソフトで飲みやすいワインに仕上がる。

🍇 **ソーヴィニヨン**

　繊細で芳香性に富む溌剌とした辛口の白ワインになる。

🍇 **シャルドネ（別名オーヴェルナ）**

　他の品種とアッサンブラージュすると非常にすばらしいワインに仕上がる。

🍇 **ロモランタン**

　クール・シェヴェルニィで用いられ、生成したワインは若いうちは溌剌としているが、熟成を経ると蜂蜜、レモンや蜜蝋のアロマが現われる。

🍇 **カベルネ・フラン（別名ブルトン Breton）**

🍇 **ガメイ**

🍇 **コット（別名マルベック）**

　かつてボルドーの主要品種だったが、トゥーレーヌではシェールからモンルイまでの谷でわずかに栽培されている。

🍇 **ピノー・ドーニス（別名シュナン・ノワール）**

　生成したワインはアクセントのきいた味わいと、胡椒のようなアロマがあ

り、コトー・デュ・ロワールのオリジナリティを造りあげる。

## ②ワインの特徴と AOC

　華麗な城郭が緑したたる河岸を鮮やかに彩るこの地区はロワールの首都トゥール市を取り巻いている。ほとんどのワインは風土を反映して飲みやすく、多くの観光客の喉を潤しているシュナン・ブランの故郷である。ただふたつだけ頭角を現しているワインがある。白はヴーヴレイでトゥール市の東北の小地区でトゥーレーヌの代表といえる優れたワインを産む。もうひとつは赤のシノンで、フランソワ・ラブレーの生まれ故郷シノン地域周辺のワインだが、ここではカベルネ・フランが出色のユニークなワインを産出している。なお。シノンの対岸のブルグイユの赤も近年優れたものになりつつある。

### 白ワイン

　辛口、半甘口、甘口が造られている。新鮮な果実や柑橘系のアロマを伴ったミネラル風味に、花梨や杏の香りが加わる。フルーティでバランスがよく、まろやか、しばしば豊満なボディを呈する。一般にソフトな口あたりで飲みやすい。

　　トゥーレーヌ（白・ロゼ・赤・スパークリング）　4,400ha
　　トゥーレーヌ・シュノンソー（白・赤）　100ha
　　トゥーレーヌ・オワリ（白）　35ha
　　トゥーレーヌ・アンボワーズ（白・ロゼ・赤）　185ha
　　トゥーレーヌ・アゼイ・ル・リドー（白・ロゼ）　40ha
　　トゥーレーヌ・メラン（白・ロゼ・赤）　90ha
　　ヴーヴレイ（白・スパークリング）　2,210ha
　　シェヴェルニィ（白・ロゼ・赤）　574ha
　　クール・シェヴェルニィ（白）　60ha
　　ジャニエール（白）　70ha

### ロゼワイン

　辛口、生き生きとしてフルーティ。明るく輝きがあり、微かに紫を帯びる美しい色調。芳香高く、バラやすぐりのアロマを持つ。

　　トゥーレーヌ・ノーブル・ジュエ（ロゼ）　35ha
　　コトー・デュ・ロワール（白・ロゼ・赤）　70ha

### 赤ワイン

　カベルネ・フランを用いるため、カベルネ・ソーヴィニヨン主体のワインに

比して味わいがソフトで穏やかな飲みやすいものになる。香り豊かでフルーティ、味わいはしなやかで、しばしば濃密。スミレの香りを伴う。きめ細やかなタンニン、後味のバランスがよい。注目すべきは、近年ガメイを使った軽快なワインが増えていることである。

　シノン（白・ロゼ・赤）　2,310ha

　ブルグイユ（ロゼ・赤）　1,405ha

　サン・ニコラ・ド・ブルグイユ（ロゼ・赤）　1,080ha

　コトー・デュ・ヴァンドモワ（白・ロゼ・赤）　120ha

　オルレアン（白・ロゼ・赤）　88ha

　オルレアン・クレリ（赤）　35ha

　ヴァランセイ（白・ロゼ・赤）　155ha

スパークリングワイン

　白、ロゼが造られている。シュナン種から造られたものは、ブリオッシュ、青りんごや蜂蜜の上品な香気が現われる。

　モンルイ・シュル・ロワール（スパークリング・白を含む）　450ha


## 4）サントル地区

　ロワール河はオルレアン市のところで大きくカーヴを描いて流れを南北に変える。陶器で有名なジアンを越え、フランス王国の古都ブールジュの東を通り、さらにかつてブルゴーニュ公領だったヌヴェールとロアンヌを過ぎてリヨンの東手まで遡上する。

　この長い流域のなかでブールジュを中心とするあたりがフランスの中央部ともいえるサントルのワイン生産地区である。サンセールとプイィ・フュメは、ボルドー品種だったソーヴィニヨン・ブランを主体とするようになってから重要な地区に飛躍した。ここでの成功が注目され、同品種はシャルドネに次ぐ世界の人気者になった。

　栽培面積5,910ha、生産量約36万hL、白82％、赤13％、ロゼ5％。

　大陸性気候で、冬は平均－1℃、夏は平均26℃と気温の変化が著しい。周囲の丘陵と北西からの風の影響を受けてさまざまな微気候が生まれている。ブドウ畑は最も日照がよい丘陵を占める。降水量は600～800mm。

　土壌はほとんどは石灰質で、それに少量の粘土珪土質が交じっている。石灰質と泥灰質の土壌で、砂や川石の台地の土地を使用しているところもある。

　ブドウ品種は単一で用いられることが多い。ソーヴィニヨン・ブラン、シャ

スラ、ピノ・ノワールなど。

## ①ワインの特徴と主なAOC

　白ワインは、青草を連想させるグリーニッシュと表現される香り、アカシアや柑橘系の芳香高く、アタックは柔らかい。生き生きとした果実の風味が豊か、エレガントで気品がある。赤ワインは、チェリー、桑の実や甘草のアロマが豊か。しっかりとした骨格を持ち、引き締まった味わい。

### 白ワインだけのAOC

　プイィ・シュル・ロワール　27ha

　プイィ・フュメ（別名ブラン・フュメ・ド・プイィ）　1,339ha

　カンシー　Quincy　308ha

### ロゼ・赤ワインのAOC

　シャトーメイヤン　82ha

### 白・ロゼ・赤ワインのAOC

　サンセール　Sancerre　3,003ha

　メヌトゥー・サロン　586ha

　ルイィ　274ha

　コトー・デュ・ジェノワ　202ha

　このほかロワール河最上流、オーヴェルニュ地方に行くと4つのAOCがある。

　コート・ロアネーズ（ロゼ・赤）　215ha

　コート・ド・フォレ（ロゼ・赤）　147ha

　サン・プルサン（白・ロゼ・赤）　557ha

　コート・ドーヴェルニュ（白・ロゼ・赤）　260ha

（佐藤秀良）

# アルザス *Alsace*

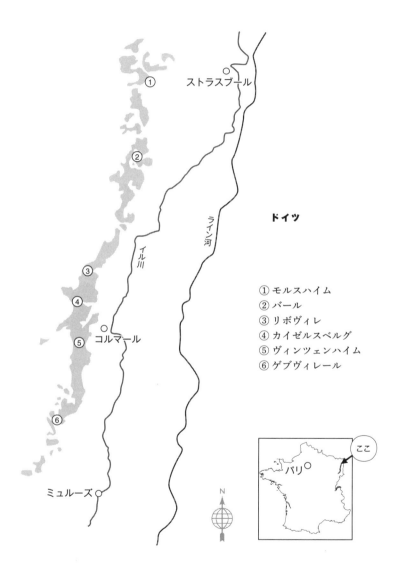

ドイツ

① モルスハイム
② バール
③ リボヴィレ
④ カイゼルスベルグ
⑤ ヴィンツェンハイム
⑥ ゲブヴィレール

ストラスブール

ライン河

イル川

コルマール

ミュルーズ

ここ

パリ

N

　ドイツ国境に近く、フランス、ドイツ双方の影響を同時に受ける地域で、両方の文化が言葉や伝統、そしてワインまでにも作用している。使用するブドウ品種名をつけたワインを産み出すのは、フランスではアルザスだけ。人口密度が高く、重要な経済地域であるだけでなく、ワインの生産でも有名である。アルザスはフランスで北方の地域であるが、夏は暑く、陽光に恵まれ、かつ最も乾燥した地域でもある。ワインはアルザス農業生産の40％を占め最も重要な産業である。

# （1）歴史

　乾燥した気候、恵まれた太陽、ブドウの樹に特別適した地質があり、これらの例外的な条件は、アルザス地方へワイン造りを持ち込んだローマ人によってすでに評価されていた。ゲルマンとローマの両方の影響を受ける場所に位置したアルザスの歴史は、紀元後すぐにローマ人がブドウ栽培をもたらしたことから始まった。その後メロヴィング朝やカロリング朝の時代に、この「人々を元気にしてくれる」ワインが大量に消費され、再生した。A.D.900 年代には、150 軒を超す生産者がブドウを栽培していた。中世には、すでにアルザスはヨーロッパの銘醸ワインの一つとして数えられていた。

　アルザスのブドウ栽培は 16 世紀に最盛期を迎える。しかし 30 年戦争（1618年〜 1648 年）でこの繁栄は突然中断され、略奪が行われ、災害や病気により人口が減少し、あらゆる商業活動が衰退してしまった。

　第一次世界大戦後、アルザスのブドウ畑は甦る。生産者は、アルザスの典型的なブドウ品種から高品質のワインを生産することを選んだ。1945 年以降、この考え方は、生産地域の限定や生産と醸造方法の厳しい規定を生み出す。こうしてついに、1962 年 AOC アルザスが認定され、続いて 1975 年 AOC アルザス・グラン・クリュ、1976 年 AOC クレマン・ダルザスが認定された。

# （2）栽培面積と生産量

　AOC の栽培面積は 119 の村に広がる 15,621ha、AOC 年間生産量は約 91万 hL で、白が 90 ％を占める。その内訳は AOC アルザスが約 63 万 hL で、69％、AOC アルザス・グラン・クリュが 38,241hL で 4 ％、AOC クレマン・ダルザスが約 24 万 hL で 27％となっている。

　ブドウ栽培農家は 3,908 軒、年間に約 94 万 hL を販売し、その 26％にあたる約 24 万 hL は 130 を超える国へ輸出される。

# （3）テロワールとブドウ品種

　ブドウ畑は、ヴォージュ山脈の麓、東側の斜面を北から南へ 120km に渡っている。幅 2 〜 15km の帯状の斜面で、標高 200 〜 400m。

　気候をみると、アルザスは北欧の国のような地方と思われているが、実際には夏の気温は 30℃を超える。また、日照時間は国内平均を超えている。この気候はヴォージュ山脈のおかげで、海洋性気候の影響を受けずにすみ、ライン渓谷を偏西風から守ってくれている。実際、アルザス西部は標高によってかなりの雨量があり、乾いた大気は山の東側を降りるにしたがって温度は上昇する。降水量はフランスで最も少なく、年間平均 500 〜 600mm。日照量が多く、暑く乾燥した半大陸性気候に恵まれている。この気候が秋まで続き、ブドウを過熟の状態にまですることができる。そしてボトリティス・シネレア菌により貴腐が発生する。これはヴァンダージュ・タルディヴそしてセレクション・ド・グラン・ノーブルという甘口ワインを造るためには欠かせない。このアルザス固有の恵まれた気候は、ブドウがゆっくりと時間をかけて熟すのに適していて、繊細なアロマを生み出す。

　ライン河岸の豊かな沖積土の土壌に恵まれた広いアルザス平原は、少なくとも 5000 万年前、ヴォージュ山脈と黒い森の陥没によって生まれた。ブドウ畑は、ヴォージュ断層に沿った平原の端にある。地域の土地は大きく 3 種類に分けられる。

　まずは、最も標高が高く、急勾配で、水はけのよい花崗岩と砂の混じった酸性土壌がある。ここではグラン・クリュと最も特徴の明確なテロワールが見られる。次が 200 〜 300m の標高にある、水はけのよい石灰岩もしくは泥灰土の丘で、ワイン生産の中心エリア。第三が河の石、砂、砂利の堆積台地である。

　その地質はモザイクのように多様で、花崗岩質から粘土質、頁岩質、砂岩質、石灰質まで幅広い地質である。土壌の多様性により、多くの品種を生み出すことができる。それぞれのテロワールが、アルザスワインに、他のワインにはない個性と複雑さをもたらす。

## ブドウ品種

　ブドウ品種とその割合、特徴は次のとおり。

🍇 リースリング　20％

澄み切った色調、果実のアロマに花やミネラル感を伴う。繊細で優雅な辛口、長熟。初めは生き生きとして、気品とバランスの良さが現われ、余韻が

長く続く。

🍇 ピノ・ブラン　25％

やわらかく繊細で、フレッシュさとしなやかさがうまく調和している。

🍇 ゲヴュルツトラミネール　12％

強く複雑な香りを生むのがこの品種の特徴。ライチ、花梨、グレープフルーツなどの果実や、バラやアカシアなどの花、シナモン、丁子、胡椒などスパイス（Gewurz はスパイスの意味）のアロマが豊か。コクがあって活力にあふれる。魅惑的なこのワインは、半甘口に仕上がることもあり、長熟。

🍇 ピノ・グリ　17％

深い色合い、しっかりした骨格があり、まろやか、後味が長く続く。森の腐葉土を連想させるアロマは複雑。力強く豊満、特徴的な味わいのワイン。

🍇 ピノ・ノワール　12％

アルザスで唯一認められている黒ブドウで、ロゼや赤ワインに仕立てられる。木苺やチェリーなどの赤い果実のアロマを感じさせる。木樽で熟成されると、しっかりとした骨格が加わり、複雑なワインとなる。

🍇 シルヴァネール　8％

とてもフレッシュで、わずかに花のアロマがあり、果実の風味はあまりない。心地よく、のどの渇きを癒してくれる、生き生きとしたワイン。

🍇 ミュスカ・ダルザス

ブドウのアロマが豊かで、他のワインに見られない特異な果実の風味を見事に表現しているワイン。南のミュスカ種のワインとは違い辛口。生のフルーツに最適。

🍇 シャルドネとクレヴネ・ド・ハイリゲンシュタイン

🍇 シャスラ

# (4) AOC

全体で 53 の AOC があるが、AOC アルザス、AOC アルザス・グラン・クリュ 51、AOC クレマン・ダルザスに大別される。

## [AOC アルザス Alsace]

ラベルには品種名のほか、ブランド名や、複数白品種のアッサンブラージュの場合は、ジャンティ（Gentil）もしくはエーデルツヴィッカー（Edelzwicker）と表示する。ジャンティは、リースリング、ゲヴュルツトラミネール、ピノ・グ

リ、ミュスカのいずれかが 50％以上占めていなければならない。また、地理的表示（伝統的呼称のリュー・ディやコミューン名など）も記載することができる。

　また、以下のデノミナシオンも表示できる。

« Bergheim » « Blienschwiller » « Côtes de Barr » « Côte de Rouffach »
« Coteanx du Haut-Koenigsbourg » « Klevener de Heiligenstein » « Ottrott »
« Rodern » « Saint-Hippolyte » « Scherwiller » « Vallée Noble » « Val Saint Grégoire »
« Wolxheim »

## ［AOC アルザス・グラン・クリュ］

　厳しく限定されたテロワール、厳しい収量規制、ブドウ栽培方法の規定、最低アルコール度、官能検査などの多くの基準を遵守したワイン。ラベルには原料ブドウ品種名、ヴィテージ、規定された 51 のリュー・ディ（区画）のひとつの名前が記載される。アルザスのブドウ品種のなかで、グラン・クリュに認可されているのは、リースリング、ゲヴュルツトラミネール、ピノ・グリ、ミュスカ・ダルザスの 4 品種、例外を除き単一品種。

　アルザス・グラン・クリュは、2011 年まで、51 のリュー・ディの名前を付記していたが、それぞれのリュー・ディが独立した AOC として認められた。すなわち、51 の AOC が存在する。有名なものは以下のとおり。

Kastelber, Frankstein, Altenberg de Bergheim, Osterberg, Schoenenbourg, Furstentum, Schlossberg, Brand, Hengst, Goldert, Steinert

## ［AOC クレマン・ダルザス］

　壜内二次醗酵によるトラディショナル方式で造られるスパークリング・ワイン。主にピノ・ブランが使われるが、ピノ・グリ、ピノ・ノワール、シャルドネも用いられる。数が少ないロゼはピノ・ノワールだけから造られる。

## ヴァンダンジュ・タルディヴ

　グラン・クリュで認可されている品種と同じものから造るが、収穫公示日より数週間遅れ完全に熟したブドウを収穫する。ブドウ果実の風味が凝縮しているうえ、貴腐菌が繁殖しているため、ブドウのアロマティックな特徴が加わる。

## セレクション・ド・グラン・ノーブル

　貴腐菌がついた果実だけを選び摘んでいくもの。ブドウが凝縮していて、ワインは強く、複雑で余韻がすばらしく長いため、品種本来の個性の表現は控えめとなる。秀逸なワインといえる。

アルザスの西側に広がるロレーヌ地方には二つの AOC と一つの IGP がある。
AOC Côtes de Tour コート・ド・トゥール　（白・ロゼ・赤）90ha
AOC Moselle モーゼル　（白・ロゼ・赤）70ha
IGP Côtes de Meuse コート・ド・ムーズ　（白・ロゼ・赤）

（佐藤秀良）

アルザス

# ローヌ *Vallée du Rhône*

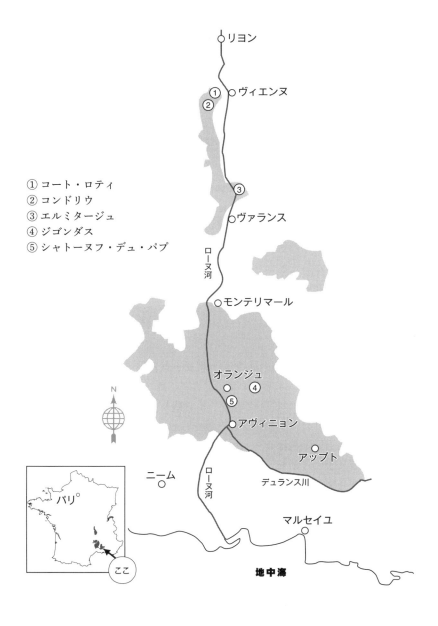

リヨン

ヴィエンヌ

① コート・ロティ
② コンドリウ
③ エルミタージュ
④ ジゴンダス
⑤ シャトーヌフ・デュ・パプ

③

ヴァランス

ローヌ河

モンテリマール

オランジュ

N

⑤

アヴィニョン

アップト

ニーム

ローヌ河

デュランス川

パリ

ここ

マルセイユ

地中海

73

　フランス南東部、リヨンから地中海まで南北200kmに渡るローヌ河の両岸に位置するが、ブドウ畑が始まるのはヴィエンヌ付近からである。北緯45度に位置し、日照とほとんど理想的ともいえる降雨量の恵みに浴している。アルプスから流れるローヌ河はリヨン市のところで急に地中海に向けて南に曲がる。北の霧や寒く、曇天や雨の多い気候が、南の太陽と暖かい田舎の匂いとブドウ畑にとって代わる。この南へ向かう河は、地理的な道程になっている。リヨンからはTGVや幹線道路が通り、旅行者が太陽を求め南に向かう。北部のブドウ畑では大陸の影響があるが、ローヌ河流域の大部分は、地中海の太陽がふりそそぎ、ミストラル（冬から春にかけて南仏、ローヌ河や地中海沿岸で海に向かって吹く烈しい北風、北西風）が吹く。だれもが楽しめるすばらしいワインを生む。

　観光地も多い。アヴィニョンとオランジュでは歴史的に、お祭りや活気のある街の生活が日常的である。この地域には、ツール・ド・フランスのルートにもなる高く聳えるヴァントゥー山、トリカスタンの低地、ヴェゾン・ラ・ロメヌやシャトーヌフのような古典的な村もある。ピーター・メイルの「プロヴァンス物語」の舞台となったリュベロンの黄土色の台地、アルデッシュの魅惑的な峡谷も言うまでもない。ミストラルが強い地域では木は強い風で曲がり、南仏特融の糸杉はバカンスの訪れを感じさせる。

# （1）歴史

　ローヌ地方は、古くから地中海世界と北ヨーロッパを結ぶ重要な通路だった。紀元前6世紀にギリシャ系フォカイア人が、ローヌ河口のマッサリア（現マルセイユ）に到達し、ブドウ栽培とワイン造りを教えた。フォカイア人はローヌ河を使ってガリア人とワインの交易をはじめた。後に新興したローマ帝国と争い、地中海沿岸地帯はローマの植民地（プロヴァンキア）となり、プロヴァンスと呼ばれるようになった。

　ローマ人はローヌを辿り勢力を伸ばしたが、今日のリヨン辺りはガリアとの抗争地だったので、少し下流のヴィエンヌが最前線基地となり、美しい都市が建設され、街の対岸にブドウ畑を開発した。これが令名の高いコート・ロティの畑である。

　彼らは非常に大規模な工事（土地の掘り返し、ブドウの植付け、段丘を保護する石塀の建設）をおこなって、ヴィエンヌを開墾した。ローヌ河右岸の非常に起伏に富んだブドウ畑（コート・ロティ～サン・ジョゼフ）はローマ人を魅

了し、彼らはさらに西に向かって畑を広げ属州ガリア・ナルボネーズとして商業的なブドウ畑とワイン造りを発展させた。後に引退した十字軍騎士が少し下流左岸に隠遁所（エルミタージュ）を建てブドウ畑を開墾した。

14 世紀に教皇庁がローマからヴィニョンに移った。これが歴史上有名な「アヴィニョンの幽囚」である。7 人の教皇のうち 2 番目のヨハネス 22 世が、少し北のオランジュの近くに夏の別荘を建て、その周辺でブドウを栽培しワインを造ったが、それが優れていたためシャトーヌフ・デュ・パプ（教皇の新しい城の意）と呼ばれるようになった。3 番目のベネディクト 12 世が教皇庁宮殿を建設した。

17・18 世紀には、ローヌ河流域のブドウ栽培は著しく発展した。1650 年、ワインが間違いなくこの地域で造られたものであることと、その品質を保証するための規定が策定された。何世紀にも渡りこの土地の生産者は、自らのワインをラ・コート・デュ・ローヌ "La Côste du Rhône" と名付けようとしてきた。1737 年、フランス国王の勅令により、すべての販売・運搬用の樽に "C.D.R." の烙印を押すことが義務付けられた。

19 世紀の半ばになってようやく、ラ・コート・デュ・ローヌのワイン生産地区は、ローヌ河左岸のブドウ畑まで広がり、レ・コート・デュ・ローヌ "les Côtes du Rhône"（ローヌ河両岸）となった。

20 世紀に入り、1930 年代にシャトーヌフ・デュ・パプに領地を持つルロワ男爵がワイン生産地の不正表示を防止する法制を提案し、それが今日の AOC（原産地統制名称）の誕生になった。それに伴い 1937 年にコート・デュ・ローヌの AOC が認定された。

## （2）栽培面積と生産量

特異な位置にあるヴァン・ド・ディー地区を除くと、AOC 栽培面積は 68,132ha で、7 県に広がる。AOC 年間生産量は約 276 万 hL を数え、その内訳は　赤 74％、ロゼ 16％、白 10％となっている。うち約 23 万 hL が有機栽培ワインである。5,318 軒の栽培農家、1,525 軒のドメーヌ、91 軒の協同組合、390 軒のネゴシアンからなる。

約 274 万 hL、3 億 6,500 万本が販売され、うち約 90 万 hL、1 億 2,000 万本金額にして約 5 億 € が 205 か国へ輸出されている。

# （3）テロワールとブドウ品種

コート・デュ・ローヌ地方は、北部と南部にはっきり分かれ、対照的な気候、土壌、ブドウ品種がみられる。北部は小生産地で秀逸なワインを生み、南部はシャトーヌフ・デュ・パプやジゴンダスのようなクリュと呼ばれる AOCを別にすれば量産地である。

## 1）北部

ヴィエンヌとヴァランスの間、ローヌ河右岸にブドウ畑が集中する。左岸ではタン・レルミタージュ村周辺が畑となっている。この狭い地域には多くの有名なクリュが集中している。気候は地中海の影響を受けた、寒い冬と暑い夏による穏やかな大陸性気候に恵まれている。土壌は、中央山地からの花崗岩と片岩からなる急斜面の台地にあり、粘土石灰質もある。

ブドウ品種は単一品種で醸されることが多く、以下を主体に南北で 27 種が認められている。

🍇 **シラー（黒）**

濃い色調を呈し、酸化に強く、タンニンを多く含む。アルコールが高く、酒肉も厚い。スパイス、木苺、カシス、スミレ、青ピーマンなどの香り高い赤ワインを造る。北部では黒ブドウとして唯一認可されている。

🍇 **ヴィオニエ（白）**

アルコールに富み、まろやか。スミレ、西洋サンザシ、フローラルな香り、熟成が進むにつれ、蜂蜜、麝香、桃、干し杏など特有の香りを放つ。

🍇 **ルーサンヌ（白）**

スイカズラ、アイリスなどフローラルな香りを持つ。エレガントで、繊細、複雑、フィネスがある。

🍇 **マルサンヌ（白）**

力強く、中庸の酸味のワインを造る。スイカズラの花とヘーゼルナッツの特徴的なアロマは、熟成を経て現われる。

ワインの特徴としては、白ワインは淡い金色を帯び、光沢があり、スミレ、杏のアロマに溢れ、まろやかでなめらか。爽やかで、余韻が残る。

赤ワインここではシラーがフランスでも出色のワインを生む。カシスと木苺の香りを放ち、スパイシー。酸とタンニンのバランスがよく、しなやか。豊かなボディがある。熟成が進むと甘草のニュアンスを帯びる。

## 2）南部

　　モンテリマールから地中海近くまで南へ行くと、ローヌ河両岸に再びブドウ
畑が広がる。アルデッシュ県やガール県など右岸の畑もあるが、主体はドロー
ム盆地からヴォクリューズ県南部までの左岸に広がっている。気候はミストラ
ルが吹き、気温が高く、並外れた日照量を誇る地中海性気候。土壌は沖積土が
ローヌ河に近いことを想わせる。石灰質の下層土の上に粘土、砂、丸い小石、
アルプスからの大きい丸い石や石灰質青砂岩の砂礫層など多彩。
　　ブドウ品種は以下の品種が複数でアッサンブラージュされる。

### 🍇 グルナッシュ・ノワール（黒）
アルコール度が高く、酸は控えめ、まろやかで、フルーティでスパイシーな
アロマのワインを造る。現在の主力品種。

### 🍇 シラー（黒）
北部と異なり、南部ではシラーの使用が増え主にアッサンブラージュに用い
られる。

### 🍇 ムールヴェードル（黒）
シラーに比べ動物的な香りが特徴で、しなやかでボディがある。熟成ととも
にアロマの強さと質が高まる。

### 🍇 サンソー（黒）
中庸の色合い、フルーティなアロマ、低い酸味、しなやかなタンニンなどが
特徴。

### 🍇 カリニャン（黒）
美しい色合いで構造がしっかりした、タンニンの強いワインを生む。マセラ
シオン・カルボニックを行う醸造方法で最大限のアロマを引き出すことがで
きる。かつては量産種であった。

### 🍇 グルナッシュ・ブラン（白）
かなりコクがあり酸味が控えめ、まろやかで長い余韻をもたらす。

### 🍇 クレレット・ブランシュ（白）
酸化に敏感でフローラル、複雑なアロマのオイリーなワインを生む。

### 🍇 ブールブラン（白）
フローラルな香りでアルコール度が低め、若いうちに飲む爽やかなワインを
造る。

🍇 ヴィオニエ（白）、ルーサンヌ（白）、マルサンヌ（白）

　ワインの特徴でみると、白ワインはきれいな黄色を呈し、フローラルなアロマを漂わせ、爽やか。ロゼワインはピンク色から濃い橙色まで帯びる。花、赤い果実と新鮮なアーモンド風味がある。熟成にしたがって、熟れた核果実と炒ったアーモンドの芳香を供えるようになる。まろやかな口あたりで、芳醇。赤ワインは色調深く、熟した果実、ブラックチェリーのアロマを放ち、甘草香も帯びる。肉厚でオイリー、逞しい。生き生きとした果実とスパイスのバランスが絶妙。凝縮感があり、アルコール度は高い。低価格帯のワインは特におすすめ。

# （4）AOC の品質等級

　AOC としては地域名のコート・デュ・ローヌをベースにして、限定された村において造られるコート・デュ・ローヌ・ヴィラージュおよびその村名を表示したものが続き、クリュが頂点に立つ。天然甘口ワイン（VDN：Vins Doux Naturels）はクリュに含まれる。そのほかにヴァレ・デュ・ローヌ地区のアペラシオンがある。

## ［コート・デュ・ローヌ］

Côtes du Rhône Régionale（地域名 白・ロゼ・赤）

　ヴィエンヌからヴァランス、そしてアヴィニョンに至るローヌ河の両岸に広がるコート・デュ・ローヌ全域からなるアペラシオン。主に南部で生産される。6 県 171 村から変化に富み、率直で豊か、しっかりとしたワイン。栽培面積 30,212ha、生産量約 118 万 hL と、全体の生産量の 46％を占める。

## ［コート・デュ・ローヌ・ヴィラージュ］

Côtes du Rhône Villages（村名 白・ロゼ・赤）

　4 県 95 村に広がっている。品種、ブドウの栽培方法、収量、醸造方法などについて厳しい規定を遵守しているため 1966 年の認定以来、品質は絶えず向上している。栽培面積 9,213ha、生産量約 31 万 hL。村名付きと併せて全体の 11％を占める。

# ［コート・デュ・ローヌ・ヴィラージュ＋村名］
Côtes du Rhône Villages Communaux

　ラベルに、上記コート・デュ・ローヌ・ヴィラージュの後ろに、特徴のあるワインを生む村名が表示されている。村名が付かないものより凝縮感がある。21村あるが、ヴィザン、セギュレ、サブレ、シャスクラン、サン・モーリスなどがよく知られている。

コート・デュ・ローヌのクリュ Crus des Côtes du Rhône

　18のクリュにはそれぞれ個性があり、その品質によりヒエラルキーの頂点に君臨している。栽培面積 14,816ha、生産量約 43 万 hL に達する。

①北部（ヴィエンヌからヴァランスまで）のクリュ
　　コート・ロティ（赤）　308ha（秀逸）
　　コンドリウ（白）　197ha（特異）
　　シャトー・グリエ（白）　3ha（ごく小地区だが歴史的に有名）
　　サン・ジョゼフ（赤・白）　1,296ha
　　クローズ・エルミタージュ（赤・白）　1,696ha
　　エルミタージュ（赤・白）　136ha（歴史的に有名優秀）
　　コルナス（赤）　145ha
　　サン・ペレイ（白・泡）　95ha

②南部（モンテリマールからアヴィニヨンまで）のクリュ
　　ヴァンソーブル（赤）　614ha
　　ラストー（赤）　941ha、同（VDN）　11ha
　　ケランヌ（白・赤）　864ha
　　ジゴンダス（赤・ロゼ）　1,194ha（優秀）
　　ヴァケイラス（白・ロゼ・赤）　1,419ha
　　ボーム・ド・ヴニーズ（赤）　649ha、同（VDN）　377ha
　　シャトーヌフ・デュ・パプ（赤・白）　3,128ha（有名、特異）
　　リラック（白・ロゼ・赤）　848ha
　　タヴェル（ロゼ）　895ha（ロゼではフランスのトップ級）

# ［ヴァレ・デュ・ローヌ］
　そのほか以下のヴァレ・デュ・ローヌの 7 アペラシオンが北から南へ広がる。

　　グリニャン・レ・ザデマール（白・ロゼ・赤）　1,368ha
　　コート・デュ・ヴィヴァレ（白・ロゼ・赤）　244ha
　　デュシェ・デュゼス（白・ロゼ・赤）　317ha
　　ヴァントゥー（白・ロゼ・赤）　5,810ha
　　リュベロン（白・ロゼ・赤）　3,405ha
　　クレレット・ド・ベルガルド（白）　8ha
　　コスティエール・ド・ニーム（白・ロゼ・赤）　4,181ha

## ［ヴァン・ド・ディー］

　北部と南部の中間にフランスアルプスから流れてローヌ河に合流するディー川がある。この流域は第二紀に形成されたアルプスの前山地帯の中央にある中生代ジュラ紀の片岩質泥灰土になっていて「黒い土地」として評価されてきた。ここはスパークリングワインで知られているが、白・ロゼ・赤のスティル・ワインもある。4 AOC があり、栽培面積 1,539ha、年間生産量 90,748hL を数える。

　　クレレット・ド・ディー（泡白・メトード・アンセストラル）
　　クレマン・ド・ディー（泡白）
　　コトー・ド・ディー（白）
　　シャティヨン・アン・ディオワ（白・ロゼ・赤）

　北をボジョレ、南をローヌに挟まれたところにコトー・デュ・リヨネ（白・ロゼ・赤）　357ha がリヨンの西に広がる。

（佐藤秀良）

# ラングドック・ルーシヨン *Languedoc Roussillon*

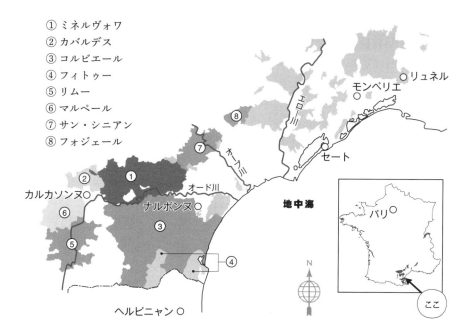

① ミネルヴォワ
② カバルデス
③ コルビエール
④ フィトゥー
⑤ リムー
⑥ マルペール
⑦ サン・シニアン
⑧ フォジェール

リュネル
モンペリエ
セート
カルカソンヌ
オード川
ナルボンヌ
地中海
ヘルピニャン
N
パリ
ここ

　世界で最大規模のワインの産地。フランスのブドウ栽培面積の1/3を占める。1970年代のワイン生産危機を契機に品質重視への変革が始まり、ブドウ畑は整備し直され、ブドウ品種は高貴品種に植え替えられた。30年後国際市場に進出し、フランス最新のワイン生産成功物語となっている。AOCのほか、多くのIGPヴァン・ド・ペイ（Vin de Pays）、天然甘口ワイン（VDN：Vins Doux Naturels）、ヴァン・ド・リキュール（VDL：Vins de Liqueur）がある。

## (1) 歴史

　ブドウ栽培の歴史は古く、紀元前6世紀ローマ人がナルボンヌ州に最初のブドウ園をつくった。アルルの円形闘技場やニームに過去の遺跡が数多く残っている。1659年ピレネ条約によりルーシヨン地方がフランスに編入された。
　リムーで最初のスパークリング・ワインが誕生したのは1531年。1938年にAOCブランケット・ド・リムーとそのメトード・アンセストラルが認定

された。その前の 1936 年最初の AOC は VDN と VDL であった。1948 年フィトゥー、そして 1971 年コリウール、1982 年 AOC フォジェールとサン・シニアン、1985 年には AOC コルビエール、ミネルヴォワなど AOC が拡大した。

# （2）栽培面積と生産量

　ブドウ畑は 4 県に広がり、栽培面積は 171,161ha、うち AOC が 51,365ha、IGP が 117,124ha と広大である。年間生産量は約 1,120 万 hL、うち AOC が約 167 万 hL、IGP が約 873 万 hL、地理的表示のないワインが約 80 万 hL となっている。主体は赤で 65％、次いで白 20％、ロゼ 15％からなる。フランスで首位、世界全体の 5％の生産数量を占める。栽培農家は 22,500 軒を数え 36AOC と 22IGP を産み出す。年間 1,391 万 hL の AOC を販売し、そのうち約 340 万 hL が 166 か国へ輸出される。

　ラングドックだけをみれば、AOC 栽培面積 35,182ha に 23AOC と 19IGP が散在し、AOC 年間生産量は約 141 万 hL となっている。主体は赤で 76％、次いでロゼ 14％、白 10％となっている。AOC 栽培農家 6,000 軒、ドメーヌ 1,198 軒、協同組合 152 軒、ネゴシアン 150 軒からなる。1 億 8300 万本、金額にして 4 億 5 千万 € が販売され、AOC のうち 58 万 hL が輸出向けとなる。

　一方、ルーシヨンでは栽培面積は 20,656ha で、うち AOC が 69％を占め、14AOC と 2IGP を産み出す。年間生産量は 755,484hL、そのうち AOC 辛口が最も多く 305,227hL、IGP が 263,537hL、VDN が 131,782hL となっている。栽培農家 2,535 軒、協同組合 29 軒、ドメーヌ 421 軒からなる。AOC 辛口が 222,289hL、IGP が 160,022hL、VDN が 145,347hL 販売される。

# （3）テロワールとブドウ品種

　ローヌ河からスペイン国境まで地中海沿岸に広がる。ラングドックはローヌ河口から地中海沿岸に沿って、モンペリエからナルボンヌとカルカッソンヌまで伸びている。ルーシヨンはペルピニャンが県庁所在地であるピレネー・ゾリアンタル県に属し、南部と西部はピレネー山脈に接する。

　地中海性気候で、ブドウ栽培に適している。乾燥した、風の強い冬、春と秋の収穫後の雨、最大限の日照など。この地方はミストラルと、山の向こうから来る風トラモンタヌがかわるがわる吹き荒れ、ブドウ畑を乾燥させるため病気のリスクが最小限となる。沿岸性の気候は、アロマが豊かなワインを造る。一方、中央山地の麓に近い丘にある内陸のブドウ畑は、構成のしっかりした、力

強いワインを生む。

　多様な土壌がある。ルーションの粘土石灰質の丘と台地と片岩の堆積は、ピレネー山脈が地中海と出会う海岸の台地と隣り合っている。丸い川の石や石灰石が交ざった多様な土壌は、ひとつのアペラシオンの中でさえ多くのさまざまなアロマを持つ多彩なワインを生み出す。一般に沈殿した砂と石灰石の土壌は地域の海岸沿い、片岩の土壌は山側にある。

　ブドウ品種も多様である。

### 🍇 白ブドウ

ルーサンヌ、マルサンヌ、ブールブーラン、グルナッシュ・ブラン、クレレット、ピクプール、マカブー、ロール（別名ヴェルマンティノ）、ヴィオニエ、トゥルバ（別名マルヴォワジー・ド・ルーション）、シャルドネ、シュナン、モーザック、ミュスカ・ア・プティ・グラン、ミュスカ・ダレクサンドリ

### 🍇 黒ブドウ

シラー、グルナッシュ・ノワール、ムールヴェドル、カリニャン、サンソー、カベルネ・ソーヴィニヨン、カベルネ・フラン、メルロー、ピノ・ノワール、ラドネ・ペリュ

## （4）ワインの特徴

### ①白ワイン

　軽い白は柑橘系のアロマを漂わせ、まるみと酸味のよいバランスを誇り、ボディが厚いものは蜜のある白い花や熟した果実、甘味のあるスパイスの香りを放ち、ミネラル豊富で、力強く豊満。

### ②ロゼワイン

　淡いピンク色を呈し、小さな赤い果実や花のようなアロマがあり、爽やかで生き生きしているものから、グレナディン・シロップのような色合いを有し、花や苦味のないスパイスやミネラル香が昇り、肉づきがよく、味わい深いものまで幅広い。

### ③赤ワイン

　軽い風味のワインは赤や黒の果実、ガリーグ（松、月桂樹の葉）、胡椒の香りを放ち、調和のとれた味わいで、飲みやすい。中庸な赤は紫紅色を帯びたルビー色を纏い、果実の砂糖漬け、スパイス、ガリーグ香を放つ。味わい深く、タンニンもやや強い。しっかりした赤は紫紅色を帯びたガーネット色を呈し、

カシスなどの黒い果実や花の複雑な香りは皮革のニュアンスをもつ。味わいは力強く、タンニンはまるみにより包み込まれている。ミネラル感がある。

④天然甘ロワイン（VDN）

　若いうちは緑を帯びた琥珀色。白い花や柑橘系、ミュスカ種生ブドウの香りが高い。しだいに蜂蜜、干果実の香りが現われる。口あたりはオイリーでビロードのよう。伝統的な造りは乾果実のアロマを持ち、コクがあり、現代的な造りは柑橘系とパッションフルーツの香りが融け合い、爽やか。

# （5）AOC
## 1）ラングドック

　ラングドックの AOC は階層化が進んでいる。

## ［クリュ・デュ・ラングドック全体］

　年間生産量 92,890hL

　　コルビエール・ブトナック（赤）　184ha

　　ラ・クラプ（白・赤）　735ha

　　ミネルヴォワ・ラ・リヴィニエール（赤）　350ha

　　ピク・サン・ルー（ロゼ・赤）　1,000ha

　　テラス・デュ・ラルザック（赤）　568ha

## ［グラン・ヴァン・ド・ラングドック全体］

　年間生産量 872,500hL

　　カバルデス（ロゼ・赤）　540ha

　　クレレット・デュ・ラングドック（白・VDL）　87ha

　　コルビエール（白・ロゼ・赤）　10,600ha

　　フォジェール（白・ロゼ・赤）　1,900ha

　　フィトゥー（赤）　2,200ha

　　リムー（白・赤）　316ha

　　リムー（泡）　1,484ha

　　　ブランケット・ド・リムー

　　　ブランケット・ド・リムー・メトード・アンセストラル

　　　クレマン・ド・リムーマルペール（ロゼ・赤）

　　マルペール（ロゼ・赤）　204ha

ミネルヴォワ（白・ロゼ・赤）　3,400ha

ピクプール・ド・ピネ（白）　1,348ha

サン・シニアン（白・ロゼ・赤）　2,900ha

サン・シニアン・ベルルー（赤）　61ha

サン・シニアン・ロックブルン（赤）　160ha

## ［ラングドック＋デノミナシオン］

ラングドック・カブリエール（ロゼ・赤）　192ha

ラングドック・グレ・ド・モンプリエ（赤）　201ha

ラングドック・ラ・メジャネル（赤）　33ha

ラングドック・モンペイルー（赤）　239ha

ラングドック・ペゼナ（赤）　177ha

ラングドック・カトゥールズ（ロゼ・赤）　29ha

ラングドック・サン・クリストル（赤）　145ha

ラングドック・サン・ドレゼリィ（赤）　43ha

ラングドック・サン・ジョルジュ・ドルク（赤）　115ha

ラングドック・サン・サテュルナン（ロゼ・赤）　213ha

ラングドック・ソミエール（赤）　27ha

ミュスカ・ド・フロンティニャン（VDN、VDL）　797ha

ミュスカ・ド・リュネル（VDN）　321ha

ミュスカ・ド・ミルヴァル（VDN）　260ha

ミュスカ・ド・サン・ジャン・ド・ミネルヴォワ（VDN）　195ha

## ［地域名アペラシオン］

◎ラングドック（白・ロゼ・赤）

栽培面積 43,300ha、年間生産量 232,164hL

（2007 年のデクレにより、AOC コトー・デュ・ラングドックをルーシヨンまで拡大したもので、フランスでも有数の面積）

◎ IGP ペイ・ドック Pay d'Oc

白 23％、ロゼ 20％、赤 57％

ラングドック・ルーシヨン全域の地方名 IGP。ヴァン・ド・ペイの 65％、フランスの品種名 IGP ワインの 90％を占め、代表的な存在となっている。

栽培面積 107,400ha、年間生産量はおよそ 688 万 hL に達し、その 64％が

170 カ国へ輸出されている。

## 2）ルーシヨン
## ［ルーシヨンの AOC］

◎辛口タイプ

コート・デュ・ルーシヨン（白・ロゼ・赤）　4,274ha

コート・デュ・ルーシヨン・ヴィラージュ（赤）　1,822ha

コート・デュ・ルーシヨン・ヴィラージュ＋村名の 5 アペラシオン

　レ・ザスプル（赤）　167ha

　カラマニ（赤）　248ha

　レケルド（赤）　59ha

　ラトゥール・ド・フランス（赤）　186ha

　トータヴェル（赤）　354ha

コリウール（白・ロゼ・赤）　483ha

モリィ（赤）　298ha

◎天然甘口ワイン（VDN）

ルーシヨンはフランスの VDN の 80％を占める。

リヴザルト　1,341ha

　（アンブレ、グルナ、テュイレ、ロゼ、オル・ダージュ、ランシオ）

ミュスカ・ド・リヴザルト（白）　3,504ha、

バニュルスおよびバニュルス・グラン・クリュ　890ha

　（白、ロゼ、リマージュ、アンブレ、テュイレ、オル・ダージュ、ランシオ）

モリィ　269ha

　（白、アンブレ、グルナ、テュイレ、オル・ダージュ、ランシオ）

◎ IGP

コート・カタラン（白・ロゼ・赤）　3,777ha

コート・ヴェルメイユ（白・ロゼ・赤）　28ha

（佐藤秀良）

# プロヴァンスとコルシカ島 *Provence Corse*

① コート・ド・プロヴァンス
② コトー・ヴァロワ・アン・プロヴァンス
③ コトー・デクス・アン・プロヴァンス
④ レ・ボー・ド・プロヴァンス
⑤ カシス
⑥ バンドール
⑦ ベレ

　アルルからニースまでの地中海沿岸がプロヴァンスであり、ここには海浜リゾートが広がり、歴史と文化があふれている。フランス国内で第１位（39％）のロゼの産地で、世界のロゼの生産量の5.6％に相当する。

　プロヴァンス南東の地中海に二つの島がある。その北の方の島がナポレオンの生まれた、フランス語でコルスと呼ばれるコルシカ島であり、南側の島はイタリア領サルデーニャである。島の平均海抜は586mに達する。

　コルシカ島全体がマキ（地中海沿岸の潅木林）の藪に覆われているが、その潅木地帯を開拓してブドウ畑が造られた。温暖な島だが夜は涼しい。夜の潮風が日中受けた太陽の熱を和らげる。白、ロゼ、赤、天然甘口ワインが造られるが、その多くは赤ワインである。

# （1）歴史

　プロヴァンスは、紀元前6世紀にギリシャ系フォカイア人が、マッサリア（現マルセイユ）、ニース、サン・トロペなどに、ブドウ栽培とワイン醸造を持ち込んだ。紀元前2世紀になるとローマ人がプロヴァンスのブドウ栽培も発展させた。この時、フレジュスの軍港とエクス・アン・プロヴァンスの街が造られた。

　ワイン造りはローマ帝国の終焉後はやや停滞したが、6〜12世紀の間に教会の影響のもとに発展した。14世紀に大貴族や王室軍隊の将校がプロヴァンスの多くのブドウ園を獲得運営し、近代ワイン産業の礎を築いた。セヴィニェ侯爵夫人は、ルイ14世の宮廷においてプロヴァンスを「すばらしい」ワインと称賛し、17〜18世紀には、フランス宮廷が最も評価するワインのひとつとなった。

　19世紀後半にはウドンコ病とベト病に襲われ、1860年代からフィロキセラによって、ヨーロッパのブドウ畑が壊滅的被害を被ったが、プロヴァンスの一部のワイン畑が蘇った。

　コルシカ島では、紀元前6世紀からフォカイア人によってワインが造られていた。ピサやジェノヴァの支配を経て1769年にフランス領となっても途絶えなかったワイン造りが危機に瀕したのは、フィロキセラの侵攻と第一次大戦の際である。だが1960年代にアルジェリア独立戦争で大量の引揚者が島へ移住すると、ブドウの作付面積は飛躍的に拡大した。規模は再び縮小するが、質の向上に努め現在に至っている。人々は今も独自性を強くもっているが、ワインにも本土にはない品種を使っている。

# （2）栽培面積と生産量

　プロヴァンスの畑は4県に広がり、AOC栽培面積は29,400ha、AOC年間生産量は約132万hLに達する。ロゼが88.5％と大半を占め、赤は8％　白は3.5％に過ぎない。栽培農家926軒、協同組合72軒、ネゴシアン48軒からなる。販売は量にして約115万hL、金額にして7,100万€、うち18％が輸出される。

　コルシカの畑は2県に跨り、AOC栽培面積は2,740ha、AOC年間生産量は116,596hLで、その割合はロゼ54.7％、赤33.1％、白10.5％、VDN1.6％となっている、うち15％が輸出されている。栽培農家450軒、ドメーヌ124軒、協同組合8軒、ネゴシアン1軒がある。

# （3） テロワールとブドウ品種

　プロヴァンスの気候は地中海性気候で、青い空で知られているが、年間150日も吹くミストラルは空気を乾燥させ、ブドウを健康で病気のないように保つ。そして雲を追い払い、フランスで記録的な、年間2,700～2,800時間の日照をもたらす。ミストラルはエステレルの丘陵群で阻まれ、ニースの入り口で衰える。この地中海の気候でも、所によって違いがある。内陸の特に標高の高い所では、夜涼しく、爽やかな気候となる。沿岸部では、太陽がさらに強く輝く。

　1月の平均気温は、高地のデュランスで0℃、ヴォクリューズ平野で4℃、丘陵で6～7℃と多様である。冬は穏やかだが、氷点下にもなる。夏は暑く、7月の平均気温は丘陵で23℃を超え、内陸部では35℃以上の酷暑。年間降水量は、沿岸の山岳地帯では800mm近くにまで達する。夏は乾燥し、6～8月で年間降水量の9～15％しかない。

　コルシカも気候に恵まれている。少なくとも沿岸部では年間日照日が300日を超える。夜は涼しく、日中の太陽の熱を和らげる。冬は温暖。

　プロヴァンスの多様な起伏のある土壌をみると、結晶岩と石灰岩に大別され、地中海地方の地質。石灰岩土壌はガリーグ（地中海沿岸の荒地）になり、結晶岩土壌ではマキが育っている。痩せて水はけがよく、侵食に弱い。過剰な湿度のない浅い土地は地中海ブドウ品種に適する。エクスやカシス、バンドールに近い地域の西部では、石灰岩が多くなる。アルプスからの片岩、砂岩が混じる。東部はガリーグと森に覆われた緩やかな傾斜の丘と小山からなり、サン・トロペとカンヌ間では結晶岩がエステレル火山塊の斑岩の噴火跡に貫かれている。地中海に張り出す西側の石灰岩台地は、カランク（入江）と呼ばれる、狭い峡谷で起伏のある白い断崖が浮き出ている。西部と北部は侵食で彫られた石灰質の丘陵と山系が交互に現われる。北と海に面する東は石の多い石灰質の台地からなる。標高2,000m近いアルプス前山は、海岸沿いの丘を支える南の褶曲にあるニースやマントンまで大きく広がる。

　コルシカの土壌のタイプは、花崗岩と片岩から成り立つ濃い色の栄養に乏しい土壌。パトリモニオに近い北部と島の最南端は石灰石からなる。

　主なブドウ品種は以下のとおり。

🍇 白ブドウ

　ユニ・ブラン、クレレット、ロール（別名ヴェルマンティノ）、セミヨン、グルナッシュ・ブラン

ほかに、ソーヴィニヨン・ブラン、ルーサンヌ、マルサンヌ、ブールブーランも栽培されている。

### 🍇 黒ブドウ

グルナッシュ・ノワール、シラー、サンソー、ムールヴェドル、ティブラン・ノワール

ほかに、カリニャン、カベルネ・ソーヴィニヨン、ブラケット、フォル・ノワール、クノワーズ、ニエルキオ（別名サンジョヴェーゼ）、スキアカレロ、バルバロッサも栽培されている。

# （4）ワインの特徴

　白ワインは若いうちは緑を帯びた淡い黄色を呈す。アカシアやエニシダ、柑橘系の香りを放ち、溌剌としている。沿岸のワインは優しく、香り高く、内陸部のワインはよりふくよか。

　ロゼワインは淡いバラ色、純粋な、オレンジを帯びたバラ色、サーモンピンクと多彩な色調。タイム、アニス、煙草、火打石の芳香がある。生き生きとした酸は舌を刺すようではなく、まるくしなやか。構造はしっかりしているが、収斂性はない。

　赤ワインは紫紅色のローブ。赤色から黒い果実、ローズマリーの香りが高い。若いワインは生き生きとしてフルーティ。生産者の選択により、フレッシュに造るか、熟成向きにするかが決まる。前者は赤い果実もしくは花の香りがして、ソフトで飲みやすい。後者は豊満で腰があり、オークの大樽または小樽で数ヶ月寝かせる。熟成させたワインは年とともに、ビロードのような喉越しと深い味わいが生まれる。

# （5）AOC

　AOCを栽培面積とともに挙げる。

### ①プロヴァンス

コート・ド・プロヴァンス（白・ロゼ・赤）　20,100ha
　サント・ヴィクトワール、フレジュス、ラ・ロンド、ピエールフーといういずれもロゼ・赤を産する地区名を伴うことがある。
コトー・ヴァロワ・アン・プロヴァンス（白・ロゼ・赤）　2,633ha
コトー・デクス・アン・プロヴァンス（白・ロゼ・赤）　4,127ha
パレット（白・ロゼ・赤）　46ha

　　レ・ボー・ド・プロヴァンス（白・ロゼ・赤）　243ha

　　カシス（白・ロゼ・赤）　215ha

　　バンドール（白・ロゼ・赤）　1,560ha

　　ピエールヴェール（白・ロゼ・赤）　450ha

　　ベレ（白・ロゼ・赤）　43ha

②コルシカ

　　ヴァン・ド・コルス（白・ロゼ・赤）　1,297ha

　　コルス＋地区名（白・ロゼ・赤）

　　　サルテーヌ　224ha、カルヴィ　236ha、

　　　コトー・デュ・カップ・コルス　27ha、フィガリ　126ha、ポルト・ヴェッ

　　　キオ　86ha という地区名を伴うことがある。

　　アジャクシオ（白・ロゼ・赤）　258ha

　　パトリモニオ（白・ロゼ・赤）　458ha

　　ミュスカ・デュ・カップ・コルス（VDN）　71ha

（佐藤秀良）

プロヴァンス

# ジュラとサヴォワ *Jura Savoie*

　ジュラには、白、ロゼ、赤、スパークリングワインがあるが、6 年間熟成させた辛口の黄ワイン「ヴァン・ジョーヌ」と、藁の上で乾燥させ、糖度を高めたブドウから造る甘口の藁ワイン「ヴァン・ド・パイユ」が有名である。ヴァン・ド・リクール（VDL）と呼ばれる、マックヴァン・デュ・ジュラもある。

　サヴォワは、雄大なアルプス山脈や、美しい森と湖といった自然が豊かな地方。スイス、イタリアと国境を接し、オート・サヴォワ県は標高 4,810m、ヨーロッパ最高峰のモンブランを擁する。白・ロゼ・赤・スパークリングワインが産出されるが、生産量の多くはフルーティな白ワインである。

## （1）歴史

　ジュラでは、まだフランシュ・コンテと呼ばれる前のセクアニーの地とそのワインは、紀元前 80 年に書かれた小プリニウスの自然史の本にも記述がある。その後、フランス革命から 19 世紀末までの間、ブドウ畑は貴族や教会が所有し着実に発展する。

　サヴォワは、1032 年神聖ローマ帝国に統合され、長い期間イタリアのサヴォィア家（後のイタリア王家）の領土として栄えたため、イタリアとのつながりが深い。フランスに併合されたのは 1860 年。フォロキセラ害の危機後も、生産者はブドウを蘇らせ、その優美さと繊細さを誇る。

## （2）栽培面積と生産量

　ジュラの栽培面積は 2,414ha、そのうち AOC が 2,123ha を占める。年間生産量は 89,683hL で、白 68 ％、赤・ロゼ 32 ％と白が主体となる。栽培農家 480軒、生産の 37 ％を担うドメーヌ 230 軒、生産の 24 ％を担う協同組合 4 軒、生産の 39 ％を担うネゴシアンからなる。

　4 県に広がるサヴォワの栽培面積は 2,100ha あり、うち AOC が 2,689ha。年間生産量は 125,000hL、白 70 ％、赤 20 ％、ロゼ 6 ％、スパークリング 4 ％の割合となっている。

　アン県 65 カ村にはビュジェイがセイセルの西に広がる。栽培面積 460ha、年間生産量 24,000hL。スパークリングが 60 ％を占め、白・ロゼ・赤のスティル・ワインも産する。

# （3）テロワールとブドウ品種

　ジュラはブルゴーニュの東側に広がる産地で、ディジョンから90kmほど南東にある。ジュラ高原から平野に下る標高250〜500mの陽当たりの良い丘の斜面にブドウ畑が広がる。

　サヴォワは、スイス国境にあるレマン湖からサヴォワ公国のかつての首都シャンベリー近郊まで南北に伸びていて、ジュラとは隣接していない。

　山のブドウ畑では、ブドウが完熟するのに充分な日照がある限り、雪や霜は問題とはならない。フランス東部の2つの大陸地帯サヴォワとジュラは半大陸性気候で、冬はかなり厳しいが、過ごしやすい夏、天気のよい日が多く長い秋となる。ジュラの年間平均気温は11〜13℃、平均日照時間は1700〜1900時間。サヴォワのブドウは最高の日照と暖かさが確かな場所にだけ植えられている。南部と南東部の山腹の、太陽光線を最大限に受けられる傾斜地に畑が造られる。

　ジュラでは、泥灰土石灰質土壌に白ブドウ、80kmに伸びる細長い丘の粘土石灰質の土壌で黒ブドウが栽培される。さまざまな頁岩（青、灰、赤、黒がリアス層の中間から上にかけて）、三畳紀層の粘土、石灰堆積が混ざり合い、この頁岩群がバジョシアン階の絶壁の堆積、リアス層の粘土と結びつく。サヴォワのブドウ畑はアルプスの最初の麓の谷にあり、ここでも土壌は粘土石灰質で、ブドウ畑は南東もしくは南西向きで、太陽のエネルギーを最も吸収できるように造られている。


　主なブドウ品種は次のとおり。
【ジュラ】
🍇 白ブドウ：シャルドネ（別名ナチュレ）、サヴァニャン（別名ムロン・ダルボワ）、ピノ・ブラン
🍇 黒ブドウ：プールサール、ピノ・ノワール（別名グロ・ノワリアン）、トゥルソー
【サヴォワ】
🍇 白ブドウ：シャスラ、アルテス（別名ルーセット）、ジャケール、モレット、グランジェ、シャルドネ、アリゴテ、ルーサンヌ
🍇 黒ブドウ：モンデューズ、ガメイ、ピノ・ノワール

# （4）ワインの特徴
## 1）ジュラ

　白ワインは黄金を帯びた深みのある黄色。ヘーゼルナッツやアーモンド、火打石の香りを持つ。フルーティでバランスがよく、しっかりとした辛口ワイン。

　ロゼワインは、オレンジを帯びた淡いピンクから鮮やかなピンクまでさまざま。プールサール種を主体にしたワインがほとんどだが、一般的に率直な赤い果実のアロマで、軽やかな口あたりが特徴。

　プールサール種を主体にした赤ワインは、淡いルビーの色合いになる。非常に芳香高いアロマを持ち、生のカシス、木苺などの果実の風味が特徴。樽熟成した場合は、爽やかさにヴァニラのニュアンスが加わる。すっきりした味わいで、タンニンと酸味のバランスがよい。

　「ヴァン・ジョーヌ」は黄金を帯びた黄色のローブ。胡桃やアーモンドの香りが特徴的。アルコール度を感じつつ、乾果実、スパイス、蜂蜜のニュアンスが広がる。非常にしっかりしたボディを持ち、まろやかで余韻が長い。

　「ヴァン・ド・パイユ」は琥珀色に輝き、なめらか。香りは、ドライフルーツ、蜂蜜、柑橘系果実の砂糖漬け、ヴァニラのニュアンス。自然な甘味があり、豊満で芳醇、心地よい余韻が続く。

## 2）サヴォワ

　白ワインはハーブなどの植物系、フローラル系のアロマが主体で、しばしば微発泡を含む、軽やかで生き生きとした辛口ワイン。特にジャケール種、ルーサンヌ種主体のワインは、軽く爽やかでで、果実の風味のある飲みやすいワインになる。ルーセット種は蜂蜜と黄桃、杏など黄色い果実の香りが特徴のふくらみのあるワインを生む。

　ロゼワインは淡い色合いが一般的、ブドウ品種によってさまざまなロゼの色調を呈する。果実の風味があふれるすっきりした軽やかなワイン。

　赤ワインでは、ガメイ種主体のワインは、果実の風味あふれる、飲みやすいワインとなり、モンデューズ種主体のワインは色調も濃く、スパイシーな味わいとしっかりしたタンニンをもった良質の赤となる。

　発泡および微発泡は壜内二次醗酵、9ヵ月以上の熟成が義務付けられている。しばしばやや甘口に仕上がっており、軽やかで溌剌とした手軽に楽しめるスパークリングワイン。

# (5) AOC

AOC を栽培面積とともに挙げる。

## ［ジュラ］

アルボワ（白・ロゼ・赤・黄・藁）　766ha

アルボワ・ピュピラン（白・ロゼ・赤・黄・藁）

シャトー・シャロン（黄）　60ha

エトワール（白・黄・藁）　67ha

コート・デュ・ジュラ（白・ロゼ・赤・黄・藁）　551ha

クレマン・ド・ジュラ（泡）　282ha

マックヴァン・デュ・ジュラ（VDL）

## ［サヴォワ］

ヴァン・ド・サヴォワ（白・ロゼ・赤）

ヴァン・ド・サヴォワ＋クリュVin de Savoie + Cru（16）以下の地区名を伴う。

北から南へ、リパイユ（白）　15ha、マラン（白）　14ha、マリニャン
（白）　6ha、クレピィ（白）　35ha、アイズ（白・泡）　2ha、ショターニュ
（白・赤）　93ha、ジョンジュー（白・赤）　92ha、サン・ジョワン・ド・
ラ・ポルト（赤）　12ha、クリュエ（白）　8ha、サン・ジョワレ・デュ・
プリウレ（白）　7ha、シニャン（白・赤）　95ha、アルバン（赤）　39ha、
アプルモン（白）　378ha、シニャン・ベルジュロン（白）　92ha、モンメ
リアン（白）　1ha、レ・ザビム（白）　261ha

ヴァン・ド・サヴォワ・ムスー（泡）　51ha

ルーセット・ド・サヴォワ（白）

ルーセット・ド・サヴォワ＋クリュ（4）以下の地区名を伴う。

フランジィ（白）　17ha、マレステル（白）　25ha、モントー（白）　4ha、
モンテルミノ（白）　6ha

セイセル（白）　55ha

セイセル・ムスー（泡）　17ha

ビュジェイ（白・ロゼ・赤・泡）　306ha

以下の地区名をビュジェイの後ろに伴う。

　　マニクル（白・赤）　8ha、モンタニュー（赤・泡）　40ha、
　　セルドン（泡・メトード・アンセストラル）　136ha
ルーセット・デュ・ビュジェイ（白）　13ha
以下の地区名を後ろに伴う。
　　モンタニュー（白）　8ha、ヴィリュー・ル・グラン（白）　1ha

（佐藤秀良）

ジュラ

# Italy

オーストリア

⑤

スイス

③

⑥

⑦

アディジェ川

スロヴェニア

① ヴェネツィア

トリノ ミラノ

ポー川

② ジェノヴァ ⑧

フランス

フィレンツェ

④ ⑨ ⑫

⑬

アドリア海

⑩

テベレ川

ローマ

⑪ ⑯

⑰

⑭

サルデーニャ諸島

⑳ ナポリ

ティオニア海

⑮

⑱ イオニア海

マルサラ ⑲

N

**イタリア北西部地方**
① ヴァッレ・ダオスタ州
② ピエモンテ州
③ ロンバルディア州
④ リグーリア州

**イタリア北東部地方**
⑤ トレンティーノ・アルト・アディジェ州
⑥ ヴェネト州
⑦ フリウリ・ヴェネツィア・ジュリア州
⑧ エミリア・ロマーニャ州

**イタリア中部地方**
⑨ トスカーナ州
⑩ ウンブリア州
⑪ ラツィオ州
⑫ マルケ州
⑬ アブルッツォ州

**イタリア南部地方**
⑭ カンパーニア州
⑮ バジリカータ州
⑯ モリーゼ州
⑰ プーリア州
⑱ カラブリア州

**諸島部**
⑲ シチリア州
⑳ サルデーニャ州

　イタリアは古代より優れたワイン産地としての名声を誇り、現在でもフランス、スペインと並ぶ最大のワイン生産国の一つである。

　ヨーロッパ大陸南部にあるイタリアは、南北に長く地中海に突き出した長靴型のイタリア半島とシチリア島、サルデーニャ島などの島々からなる。総面積30.1万km$^2$で、日本の約80％に当たるが、人口は6,000万人強なので、人口密度は日本と比べると60％ほどである。

　温暖な気候と豊かな太陽に恵まれ、ブドウの生育期にはほとんど雨が降らないという、まさにブドウ栽培には理想的な環境で、ほぼ全土がワイン産地といえる。しかも気候、土壌、標高、地形の変化に富んでいるので、非常に多様なワインが生まれる。600種類以上といわれる固有品種も非常に魅力的である。

　第1次大戦以降、大量生産に走り、品質が低下して、評判を落とした時期もあったが、1970年代後半から始まった急速な近代化により、品質は劇的に向上した。現在イタリアワインは世界的にも高い評価を得て、輸出も非常に好調である。

# （1）歴史

　イタリアでは原始的なワイン造りはすでに紀元前2000年以上前から行われていたが、本格的なブドウ栽培の基礎を作ったのはエトルリア人とギリシャ人である。紀元前8世紀頃からイタリア中部の広い範囲を支配していたエトルリア人は、起源がいまだに分からない神秘的な民族。建築・製鉄・農業などに高い技術を持ち、ローマに段階的に併合されてしまう前の紀元前1世紀までに、独自の洗練された文明を繁栄させていた。ワインでも本格的な栽培、醸造も行っており、通商に優れた民族だったので地中海の広い範囲でワインの通商を行っていた。

　紀元前8世紀からイタリア南部のシチリア、カンパーニア、カラブリア、プーリアなどを植民地化したギリシャ人は、今日でも栽培されている多くのブドウ品種を持ち込み、優れた栽培法、醸造技術も持ち込んだ。現在のアルベレッロの原型となった低い一株仕立ての栽培法もギリシャ人が普及させたものである。

　初期の古代ローマ人は、最初はワインにはあまり興味を示さなかったが、ポエニ戦争に勝利して国力が伸び、生活が豊かになった頃から徐々にワインを楽しむようになる。他の文明の優れたところを導入するのが得意だった古代ローマは、ワイン造りにおいてもギリシャ、エトルリアの両文明の優れた点をうま

くミックスして、確かな栽培、醸造法を確立した。何よりも最大の功績はローマ帝国の拡大とともにブドウ栽培、ワイン造りをヨーロッパ中に普及させたことで、その範囲は今日のドイツ、フランス、スペインはもちろん、北アフリカ、イギリスの一部にも及んでいる。それによってワインはヨーロッパの食卓で重要な位置を占めるようになったのである。

　ワイン文化も発展し、大プリニウスの有名な「博物誌」にもブドウ・ワインについての詳細な記述があり、貴重な文献となっている。しかし、古代ローマのワインは現在私たちが飲んでいるワインとは全く異なるもので、甘口が多く、スパイス・ハーブ・蜂蜜・松脂・海水などを加えて飲まれることが多かった。当時名声を誇ったワインとしてはファレルヌム、カエクブム、マメルティヌムなどが知られているが、実際どのようなワインであったかは想像するしかない。ワインの通商も盛んで、アンフォラに詰めて船で地中海全域に運ばれた。北イタリアや北ヨーロッパでは木樽の使用も始まっていた。

　古代ローマの円熟したワイン文化は、4世紀以降のゲルマン民族の侵入、西ローマ帝国の崩壊（紀元476年）により、突然終焉を迎える。治安の悪化によりワイン生産は一時的に衰退するが、9世紀に入るとフランク王国のカール大帝がワインを保護したこともあり、徐々に回復し始める。

　中世のワイン文化を支えたのは修道院である。最後の晩餐でキリストの血を象徴するものとして位置付けられたワインは、ミサで使われるだけでなく、キリスト教徒にとって重要な象徴的意味を持つようになる。古代ローマ時代は単なる楽しみだったワインが、宗教的な意味を帯びるようになったのである。中世の知識と技術の独占をしていた修道院で徐々に高品質のワインが造られるようになった。

　中世末期になると、経済も発展し、ワインが庶民レベルにも普及した。農民でも品質はともかく、ワインを飲む習慣が根付き、ワインは食事の一部と考えられるようになり、それは現在まで続いている。

　近世に入るとワインはますます生活に根付いたものとなり、特に貴族は高品質のワインを求めるようになる。1716年にトスカーナ大公コジモ3世がキアンティ、ポミーノ、カルミニャーノ、ヴァルダルノ・ディ・ソプラの生産地の線引きを行った。これは原産地呼称制度の最初の例で、これらの産地のワインがこの時代に既に高く評価されていたことがわかる。

　いくつもの国家に分かれていたイタリアは、サヴォイア王家のもと1861年にイアリア統一を遂げ、近代国家イタリア王国が誕生する。その前後にイタリ

アワイン界にも品質向上への動きが出てくる。

　まず19世紀半ばに、イタリア王国初代首相となるカミッロ・カヴール伯爵がフランスの醸造家ルイ・オウダールを招聘し、それまでは甘口であったバローロを長期熟成辛口赤ワインとして生まれ変わらせる。それによりバローロは高い名声を得て、「ワインの王、王のワイン」と讃えられるようになる。トスカーナのキアンティ地方で、ベッティーノ・リカーゾリ男爵が今日のキアンティ・ワインのベースとなる品種構成、有名なフォルムラ（サンジョヴェーゼ70％、カナイオーロ20％、マルヴァジア・デル・キアンティ10％）を定めたのも1870年前後だ。イタリア統一の功労者にして、イタリア王国2代目首相を務めたベッティーノは政界引退後に近代的な農園経営に尽力し、キアンティ・ワインの名声を大いに高めた。1988年には、トスカーナ州モンタルチーノ村のグレッポ農園でフェッルッチョ・ビオンディ・サンティにより長期熟成赤ワインのブルネッロが誕生した。

　また、19世紀半ばには、カルロ・ガンチャがピエモンテ州でモスカートによる壜内二次醗酵スパークリングワイン造りを始め大人気になる。同じくスパークリングワインの分野では、ヴェネト州のアントニオ・カルペネも成功を収め、現在のプロセッコ興隆への道を開いた。このように19世紀末のイタリアワインは非常に活動的で、そのレベルが高く、当時ヨーロッパでよく行われていた博覧会などでイタリアワインがしばしば賞を得ていた。

　1863年に始まったフィロキセラ禍によりフランスなどのワイン産地が壊滅的打撃を受ける。極端なワイン不足に陥った欧州は、この害虫にまだ襲われていなかったイタリアに殺到した。多くのワイン商がイタリアから大量のバルクワインを購入し、イタリアワイン界は好景気に沸いた。ただ、フィロキセラ対策が発見されフランスなどのワイン生産が徐々に回復すると、バルクワインのにわか好景気は急速に終焉を迎えたし、20世紀に入ると今度はフィロキセラがイタリアの畑を襲い始めた。

　第一次世界大戦に大きな犠牲を払って勝利したにもかかわらず、大した成果を得られなかったイタリアは景気が悪化、ブドウ栽培で十分な生活ができなくなった農民は大都市や外国に働きに出た。イタリア人が大量に北南米に移民したのもこの頃である。そのために、フィロキセラで壊滅的な被害を受けたイタリアのブドウ畑は見捨てられ、荒廃した。残念ながらこの時代に多くの固有品種が失われ、長年の伝統も忘れ去られてしまった。

　第二次世界大戦後、イタリアは奇跡の経済成長を遂げる。この時代には手頃

な価格でそれなりに美味しいワインへの需要が急増した。イタリアはもともと
ブドウ栽培に恵まれた土地なので、大量生産してもそれなりの果実味をもって
いてちゃんと飲めるワインができる。それに甘んじて大量生産に走ったのがこ
の時代で、この頃イタリアはフランスを追い越して、世界最大のワイン生産国
となる。この時代の象徴は、菰に巻かれたボトルのキアンティ、フルーティー
でそれなりに美味しいが平凡なソアーヴェ、軽めの飲みやすいバルドリーノ、
ヴァルポリチェッラなどで、イタリアワインはピザ屋で飲む安酒というイメー
ジが出来てしまった。シチリア、プーリアなど南部を中心にバルクワインの輸
出も相変わらず盛んであった。

　ようやく大きく事態が変化したのは1970年代末で、意欲的な生産者の一団
が、従来の「安くてそれなりに美味しいワイン」という範疇から抜け出して、
世界に通用する高品質ワインを生産しようとし始めた。アンティノーリ、ガ
イアなどが進めたイタリアワインの急速な近代化は、後にイタリアワイン・ル
ネッサンスと呼ばれる動きへと広がっていく。具体的には畑での密植、摘房、
低収穫量、フランスの最先端の栽培方法、近代的醸造技術の導入、小樽熟成、
外国品種の導入などで、従来の伝統の殻を破った革新的ワインが1980年代に
次々とリリースされて世界の注目を集めた。その象徴がスーパータスカンであ
る。サッシカイア、アッパリータ、マッセートなどのワインがブラインド試飲
でボルドーの著名シャトーを破ったりしたことも、イタリアワインのイメージ
を向上させた。

　あまりにも急だったイタリアワイン・ルネッサンスの動向に対する反動が
2000年代後半から始まり、今は固有品種、伝統的栽培・醸造が大いに見直さ
れている。

# （2）気候、地形、土壌

　イタリアは北緯35度から47度の間とかなり北に位置している。首都ロー
マが釧路と同じ北緯42度で、イタリア最南端のランペドゥーサ島が東京と同
じ北緯35度である。それにもかかわらず温暖な気候であるのは、他の西ヨー
ロッパ諸国と同じく、北大西洋海流（暖流）の影響によるものである。また、
北に屏風のようにそそり立つアルプス山脈が北からの冷たい風を防いでくれる
ので、イタリアの気候は基本的に温暖だ。特に中南部は日差しも強く、非常に
温かい。半島部は典型的な地中海性気候で、雨は春と秋に集中しているため
に、ブドウの生育期は乾燥している。

　北はアルプスチロル地方から南はアフリカ近くまで、イタリアは1300km近く延びているので、アルプス気候、大陸性気候、地中海性気候など非常に多様な気候が存在していて、それがワインの多様性を生んでいる。

　地形に目を向けると、北側にはアルプス山脈が東西に延び、フランス、スイス、オーストリアとの国境となっている。その南にはプレアルプス、丘陵地帯が続き、さらに南にはポー平野が広がっている。最も重要なのは、イタリア半島の真ん中をアペニン山脈が貫いていることである。そのため東のアドリア海側と西のティレニア海側の気候がまったく異なるものとなる。それでなくても東西の幅が狭いイタリア半島（最大で240km）の真ん中に山脈があることにより、地形は海から平野、そしてすぐに丘陵地帯、山岳地帯と目まぐるしく変化する。そして狭い範囲に非常に多様なテロワールが生まれる。半島を取り囲むリグーリア海、ティレニア海、アドリア海、イオニア海、シチリア海峡などそれぞれの海が独自の影響を気候に与える。

　イタリアもブドウ産地は石灰質土壌のところが多いが、砂、粘土などの割合は地方により異なる。火山性土壌が多いのもイタリアの特徴で、ソアーヴェ、タウラージ、エトナなどはその代表。北イタリアの氷河湖の南には氷堆石土壌が広がっている（フランチャコルタ、ルガーナ、バルドリーノなど）。

# (3) 州別ワインの特徴
## 1) ピエモンテ州

　ピエモンテとは「山の麓」を意味し、その名の通りアルプス山脈の南側に広がっている州だ。イタリア北西部にあたり、北はスイス、西はフランスと国境を接している。フランスに隣接する地理的条件からも、長年この地を支配したサヴォイア王家がフランスのサヴォァ地方出身であったことからも、その慣習、文化にはフランスの影響が色濃く見られ、食文化、ワインも例外ではない。

　ピエモンテはイタリアを代表する高級ワイン産地で、特に偉大な赤ワインで知られる。特にネッビオーロ品種を使った**バローロ、バルバレスコ、ガッティナーラ、ゲンメ**などのワインは高貴なアロマを持ち、非常に深遠で複雑な味わいで、破格の長期熟成能力を持つ。ただ、分かりやすい果実の風味が少なく、タンニンと酸が強いので、誰もが飲んですぐに美味しいと思うワインではなく、どちらかと言えば渋い通好みのワインである。ピエモンテワイン全体に共通するこのある種の「難解さ」は、ライバルであるトスカーナワインの「分

かりやすさ」と好対照である。固有品種による単一品種ワインが多く、ネッビオーロ以外にも、バルベーラ、ドルチェット、アルネイス、コルテーゼ（ガーヴィ）などの品種で幅広いタイプのワインが造られている。イタリアでは珍しく単一畑文化の根付いている土地でもある。

　**ランゲ地方**、**ロエーロ地方**、**モンフェッラート地方**などの丘陵地帯でブドウ栽培が盛んである。温帯、亜寒帯の大陸性気候で、冬は寒く、湿気が多く、しばしば深い霧になる。一方、夏は暑くて、湿気があり、しばしば嵐に襲われる。雨は春と秋に集中している。

　基本的に赤ワイン産地として有名で、ネッビオーロ、バルベーラ、ドルチェットの３品種が有名だ。ドルチェットは酸が少なめで、タンニンはしっかりしている。ブドウの風味をストレートに感じさせる若々しい果実の風味を持ち、幅広い料理にマッチするので、地元ではデイリーワインとしてとても好まれている。バルベーラは歓迎できる果実の風味を持っている点は同じだが、ドルチェットと対照的にタンニンはほとんどなく、酸が強い。一昔前までは酸っぱすぎて、地元以外では受け入れられなかったワインだったが、1980年代初めからマロラクティック醗酵を適切に行うようになり、国際的にも受け入れられるようになった。バルベーラはピエモンテでは珍しく小樽による熟成と相性の良い品種でもある。ドルチェットとバルベーラは後に産地名が付いたDOCが多い（**ドルチェット・ダルバ**＝アルバ地区のドルチェット、**バルベーラ・ダスティ**＝アスティ地区のバルベーラなど）。

　それぞれ魅力的なワインではあるが、なんといってもピエモンテ最高の赤ワインといえばネッビオーロで造られたものになるだろう。ネッビオーロは不思議な品種で、ピエモンテでは各地で高品質なワインを生むが、州外ではロンバルディア州の**ヴァルテッリーナ**とヴァッレ・ダオスタ州の**ドンナス**を例外とすれば、ほとんど目立った成果が見られない。アントシアニンが少ないため色が淡く、タンニンと酸が強いというかなり個性の強い品種で、少し前までは国際的には全く受け入れられなかったが、1990年代から徐々に他にはないその特徴が評価されるようになってきた。ネッビオーロの魅力はなんと言ってもその高貴なアロマであろう。シンプルで分かりやすい果実のアロマではなく、バラなどを感じさせるフラワリーなアロマがあり、それにスパイス、なめし革などのニュアンスが複雑に混ざる。大きめのグラスでゆっくりと時間をかけてアロマの複雑さを楽しみたいワインだ。ワインだけを飲むと、酸とタンニンが強すぎるように思えるが、脂っこい肉料理などと楽しむと見事に口中をリフレッ

シュしてくれて、ワインも非常に美味しく感じられる。まさに食卓で真価を発揮するワインと言えるだろう。

　またネッビオーロは土地の特徴をよく反映する品種で、産地によってそれぞれ異なる特徴を持つ。最も有名な産地はピエモンテ州南東部にある**ランゲ地方**で、ここで造られるバローロは最も力強く雄大なネッビオーロだ。同じくランゲ地方で造られるバルバレスコは、タンニンがシルキーで、バローロと比べるとより優美で女性的である。ランゲ地方とタナロ川を隔てて対岸にある**ロエーロ地方**は、ランゲ地方の泥灰土に対して、砂の多い土壌で、より軽やかで早くから楽しめるチャーミングなネッビオーロが生まれる。北ピエモンテではランゲ地方と比べるとアルコール度数もやや低めで、酸がみずみずしく、フレッシュで、洗練されたネッビオーロが造られていて、厳しくて取りつきにくいガッティナーラ、優美なゲンメ、繊細なレッソーナなどが知られている。

　ピエモンテは赤ワイン産地として知られているが、最近は白ワインでも良いものが出てきている。リグーリアとの州境に近い丘陵地帯で造られる高貴なガーヴィ、トリノ北で造られる酸がしっかりとした清らかなエルバルーチェ・ディ・カルーソ、ロエーロ地方で造られる酸が少なくチャーミングで飲みやすいアルネイスなど興味深いワインが多くある。

　**モンフェッラート地方**を中心にモスカート・ビアンコで造られる微発泡のモスカート・ダスティ、スパークリングワインのアスティは香り高い甘口ワインだ。一時期は大量生産に走って品質が落ちたが、近年は品質の高いものが増えている。

　ピエモンテは家族経営の小さなヴィニュロン生産者が多く、その意味ではブルゴーニュに似ている。比較的規模の大きなワイナリーが多いトスカーナがボルドーに似ているのと対照的である。

## 2）ロンバルディア州

　経済の都ミラノを州都とするロンバルディア州は、イタリアで最も豊かな州であるが、ワイン生産地としても重要だ。厳格な「山のネッビオーロ」が生まれるスイス国境に近い**ヴァルテッリーナ**、ミラノに大量にワインを供給してきた産地で、近年はピノ・ネーロによる壜内二次醗酵スパークリングが注目を集めている**オルトレポ・パヴェーゼ**など重要な産地がいくつかあるが、何といっても近年注目を集めているのはイタリアを代表する壜内二次醗酵スパークリング産地フランチャコルタだろう。

　フランチャコルタの産地は、ミラノの東70kmにあるイゼオ湖の南に広がる氷河が運んだ氷堆石丘陵だ。湖が生み出す温暖な気候と水はけの良い氷堆石土壌のおかげでシャルドネ、ピノ・ネーロ、ピノ・ビアンコは完璧に成熟する。ただ、夜になるとイゼオ湖の北にあるプレアルプスのカモニカ谷からの冷涼な風が流れ込むので、ブドウのアロマと酸が保持され、ワインが重くなることはない。フランチャコルタは誰もが好きになる楽しくなる様な果実の風味があり、ワインが持たなければならない生来の純粋な味わいが魅力的。壜内2次醗酵スパークリングワイン産地としての歴史は60年という新しい産地であるにもかかわらず、世界的名声を確立することに成功した。

## 3）トレンティーノ・アルト・アディジェ州

　イタリアで最も北に位置する州で、北のドイツ語圏アルト・アディジェ地方（南チロル地方）と、南のイタリア語圏トレンティーノ地方に分かれる。州の真ん中を北から南にアディジェ川が流れ、その両側には世界遺産ドロミーティ山塊が連なっている。

　石灰岩、斑岩が混ざる土壌と昼夜の温度差が激しい冷涼な気候から、フレッシュで適度なミネラル分を持つ白ワインが生まれる。昔は赤ワイン産地であったが、今ではイタリアを代表する白ワイン産地として知られている。ピノ・ビアンコ、ピノ・グリージョ、ソーヴィニヨン・ブラン、シャルドネなども素晴らしいが、ミュラー・トゥルガウ、ケルナー、シルヴァナー、リースリング、ゲヴュルツトラミネルなども卓越している。

　トレンティーノで近年成長が著しいのが、壜内二次醗酵によるスパークリングワインのトレントである。シャルドネを中心に造られるトレントは、鮮やかなアロマと、ミネラル分に富んだ味わいを持つ。フランチャコルタと並んで、イタリアの壜内二次醗酵スパークリングワインを代表する呼称であるが、果実の風味中心のフランチャコルタ、ミネラル中心のトレントとその個性は対照的である。

## 4）ヴェネト州

　イタリアの20州でも常に生産量1位を競う大ワイン産地であるが、量だけでなく品質も非常に高く、ソアーヴェ、ヴァルポリチェッラ、アマローネ、バルドリーノ、コネリアーノ・ヴァルドッビアデネ・プロセッコなど世界的知名度を誇る有名ワインがずらりと並んでいる。大生産地であるだけでなく、ヴェ

ネトはワインの消費量も非常に多く、一緒にワインを飲むということが社会的にも非常に重要である州だ。保守的な風土で、素朴な農民文化が色濃く残っているせいか、ワインも王道を行く古典的なものが多く、安心して楽しめる。シンプルなデイリーワインから、長期に渡り熟成させることにより酒質が向上する複雑なワインまで、幅広いレンジのワインが揃うこともこの州の強みである。

　イタリアの北東部に位置するヴェネト州は、北部にはドロミーティ山岳地帯があり、南部にはアドリア海が広がっていて、その間にある丘陵地帯やイタリアにしては広い平野部でブドウが栽培されている。

　西部ヴェローナ周辺では、**バルドリーノ、ヴァルポリチェッラ、ソアーヴェ**が質でも量でも圧倒的存在感を示している。

　**バルドリーノ**は、コルヴィーナ、ロンディネッラ、モリナーラといった固有品種で造られる軽やかな赤ワインで、香しく優美な果実の風味があり、後口にほのかな苦みと塩っぽいトーンがある。非常に飲みやすく魅力的なワインで、幅広い料理にマッチする。一時期、人気に甘えて安易に大量生産をして品質が低下したり、野心的で力強いワインを目指すという過ちを犯し、スタイルが混乱したりして、低迷した時期もあったが、今はようやく自分のアイデンティティーを見出し、復活しつつある。ガルダ湖畔のバルドリーノの産地は、基本的には小石が多く、水はけの良い典型的な氷堆積土壌で、香り高く、軽めのワインが生まれやすい。キアレットと呼ばれるロゼにも実に魅力的なものが多く、再評価されつつある。

　バルドリーノからアディジェ川を越えて東側にあるヴァルポリチェッラ丘陵地帯では、同じ品種で赤ワインが造られるが、こちらは主に石灰質、凝灰岩土壌で、気候もより冷涼なため、タンニンがしっかりとした赤ワインとなる。**ヴァルポリチェッラ**地区では4種類の赤ワインが造られる。ヴァルポリチェッラは、辛口赤ワインで、魅力的なチェリーのアロマがあり、ミディアム・ボディーで、非常にバランスが良い。前菜から肉料理まで幅広くマッチするワインで、キアンティと並んでイタリアを代表する食卓ワインである。ヴァルポリチェッラ・リパッソはヴァルポリチェッラのワインにレチョート・デッラ・ヴァルポリチェッラ、アマローネ・デッラ・ヴァルポリチェッラのヴィナッチャ（ブドウの搾りかす）を入れて、再醗酵させて造られる。ボディーのしっかりした深みのある味わいのあるワインで、地元肉料理（特に煮込み）によく合う。

レチョート・デッラ・ヴァルポリチェッラとアマローネ・デッラ・ヴァルポリチェッラは、両方ともブドウを陰干しして造られる。残糖を残したものが甘口ワインのレチョートで、ほとんど残糖を残さずに辛口に仕上げたアルコール分の高いワインがアマローネである。両方とも深み、複雑さ、官能的な魅力を持つ偉大なワインであるが、アマローネが世界中で大人気なのに対して、レチョートは非常に限られた愛好家の間で消費されているだけだ。アマローネはプラムやダークチェリーの深みのあるブーケと、ビロードのようなタンニン、包み込むような味わいを持つ雄大なワインで、伝統的にはジビエなどの重い肉料理と楽しまれてきたが、今は北米、北欧を中心に、食事外で飲むワインバー・ワインとして大ブレークしている。需要に供給が追い付かない状態で、以前はヴァルポリチェッラに使われていたブドウがどんどん陰干しに回され、アマローネの生産本数が急上昇中である。

ヴェローナの町から東に行った丘陵地帯にソアーヴェ生産地区がある。ここではガルガネガという固有品種に、トレッビアーノ・ディ・ソアーヴェなどをブレンドして、フレッシュで優美な白ワインが造られている。石灰質土壌と火山性土壌が混ざる産地でだ。ソアーヴェは、感じの良い香りと、良質の果実の風味、生き生きとした酸、複雑なミネラルのトーンを持つ高貴な白ワインである。世界的人気が高すぎたために生産地区を平野部にまで拡大したので、シンプルなソアーヴェも多いが、それはそれで価格も安く、非常にチャーミングなワインである。一方ソアーヴェ村とモンテフォルテ・ダルポーネ村の背後に広がる丘陵地帯（クラッシコ地区）では、鮮やかなアロマを持つ、非常に優美なワインランク上のソアーヴェが生まれ、驚くほどの長期熟成能力を発揮する。

東部のトレヴィーゾ周辺は、世界的に大人気のプロセッコの故郷である。プロセッコはグレーラと呼ばれる白ブドウ（以前はプロセッコと呼ばれていた）で造られる爽やかな白ワインで、ほとんどは発泡性のスプマンテだ。白桃、白い花などの喜ばしい香りがあり、フレッシュな味わいと、かすかにほろ苦い後口は、食前酒に最高で、価格が手頃であることもあり世界中で大人気である。DOC プロセッコはヴェネト州、フリウリ・ヴェネツィア・ジュリア州の広範囲で造られるシンプルだが喜ばしいワインで、増え続ける世界的需要に対応している。一方ヴァルドッビアーデネ村とコネリアーノ村の間に広がる美しい丘陵地帯の厳しい傾斜で生まれるプロセッコは、ヴェネトの通常のワインよりワンランク上の切れ味を持つ。ヴァルドッビアーデネ村にあるカルティッツェの丘はプロセッコのグランクリュと言われ、清冽なアロマとしっかりした味わい

をもつプロセッコが生まれる。

## 5) フリウリ・ヴェネツィア・ジュリア州

　イタリアの北東部に位置するフリウリ・ヴェネツィア・ジュリア州は、イタリアきっての白ワイン産地として知られている。特に東のスロヴェニアとの国境に近いコッリオやフリウリ・コッリ・オリエンターリの丘陵地帯は、泥灰土と砂岩の混ざる水はけの良い石灰質土壌で、強いミネラル分を持つ、複雑な白ワインが生まれる。小規模のヴィニュロン生産者が多いこともあり、ブドウ栽培のレベルの高さは名高い。

　フリウラーノ（以前はトカイと呼ばれていた）、リボッラ・ジアッラなどの固有品種が素晴らしいが、ピノ・グリージョ、ピノ・ビアンコ、シャルドネ、ソーヴィニヨン・ブランなどでも個性的なワインが造られる。

　コッリ・オリエンターリはピコリット、ヴェルドゥッツォなどの甘口ワインでも知られていて、スキオッペッティーノ、レフォスコ、タッツェレンゲなどの個性的な固有品種で興味深い赤ワインも造られている。

　近年この地区の生産者が、果皮と共に醗酵、マセラシオンするスタイルのいわゆるオレンジワインを造るようになり、ちょっとしたブームを巻き起こした。しかし同時にオレンジ色をした、酸化が進んでタンニンが強いワインに対しては、強く反発する消費者もいて、大いに論議を醸し出している。

## 6) エミリア・ロマーニャ州

　美食の都ボローニャを州都とするエミリア・ロマーニャ州では、微発泡性の心地よい赤ワイン、ランブルスコの地が生産・販売の両面で絶好調だ。一昔前までは甘口のシンプルなものが大量にアメリカに輸出され、愛好家からは敬遠されていたが、近年では意欲的な生産者が辛口の喜ばしいランブルスコを造るようになり品質が向上し、フレッシュで、フードフレンドリーなワインとして再び注目を集めている。ランブルスコにはソルバーラ、グラスパロッサ、サラミーノなどいくつかの品種があり、かなり異なるタイプのワインができる。

　ボローニャとピアチェンツァを結ぶエミリア街道北側のポー河に向かって広がる平野の沖積土壌で造られる**ランブルスコ・ディ・ソルバーラ**は、ほとんどロゼに近い薄い色で、酸とミネラルが強く、厳格な個性を持った優美なランブルスコである。エミリア街道の南の石灰砂質土壌の丘陵で造られる**ランブルスコ・グラスパロッサ・ディ・カステルヴェートロ**は対照的に濃いルビー紫色を

していて、果実の風味が豊かなワインだ。**ランブルスコ・サラミーノ・ディ・サンタ・クローチェ**は心地よい果実の風味を持ち、調和がとれた味わいだ。辛口のランブルスコは地元名産であるパルマの生ハムやサラミとの相性が抜群であるだけでなく、幅広くパスタや肉料理にマッチするので、地元で深く愛され続けてきた。一見シンプルだが、平凡ではなく、心地よい味わいで、気軽に楽しめるという現在の消費者が求めるタイプのワインなので、国内外で大成功を収めている。

## 7) トスカーナ州

イタリア中部に位置するトスカーナは、北と東をアペニン山脈に囲まれて、西は地中海に開けていて、いくつもの丘陵地帯が続き、ルネッサンス絵画のような美しい風景が広がっている。サンジョヴェーゼ品種を使った赤ワインが優れていて、キアンティ、キアンティ・クラッシコ、ブルネッロ・ディ・モンタルチーノ、ヴィーノ・ノビレ・ディ・モンテプルチャーノなどの有名なワインが数多く造られる。1970年代から始まった「イタリアワイン・ルネッサンス」と呼ばれる、イタリアワイン近代化の牽引役を果たしたのはトスカーナの生産者で、彼らが規則に囚われず、自由な発想で生み出した近代的スタイルのワインは「スーパータスカン」と呼ばれ、アメリカ市場で受け入れられた結果、国際的に大成功を収め、イタリアワインが世界的に躍進するのに大いに貢献した。

気候は地域により大きく異なり、大陸性気候の内陸部は、夏は暑く、冬は非常に寒い。地中海性気候の海岸部は温暖で雨も少ない。

サンジョヴェーゼはチェリーやスミレの上品なアロマを持ち、酸とタンニンがしっかりとしていて、調和のとれた優美なワインを生む。ほとんどピエモンテでしか栽培されていないネッビオーロと違って、中部イタリアから南イタリアにかけて幅広く栽培されている品種だ。トスカーナにおいて特別に際立った個性を持つ優れたワインとなる。

最も優れた産地は**キアンティ・クラッシコ**地区だろう。これはフィレンツェとシエナの間に広がる美しい丘陵地帯で、香り高く、酸がしっかりとしていて、ミネラルのトーンがあり、非常に優美なワインが生まれる。サンジョヴェーゼをベースにしたワイン（キアンティ・クラッシコではサンジョヴェーゼが最低80％）だが、伝統的に他の品種がブレンドされる。この地域はイタリアワイン・ルネッサンスを牽引した産地でもあり、知名度の高い優れた生産

者が多い。

　キアンティ・クラッシコ地区からシエナを超して、さらに南に行くと**モンタルチーノ**がある。そこでサンジョヴェーゼ100％で造られる**ブルネッロ・ディ・モンタルチーノ**は力強い赤ワインだ。それほど歴史の古いワインではないが、19世紀末にビオンディ・サンティが造り始めた長期熟成赤ワインが徐々に成功を収め、現在はイタリアを代表する赤ワイン産地となった。最良のブルネッロは、リキュール漬けのチェリーなどを思わすような果実の風味を持ち、力強く、満ち足りた味わいで、複雑だ。ブルネッロは、サンジョヴェーゼの中でも最もスケールの大きなワインである。国内外でも知名度は抜群で、高級ブランドとしてのイメージの確立に成功した呼称でもある。

　**ヴィーノ・ノビレ・ディ・モンテプルチャーノ**は、ブルネッロ・ディ・モンタルチーノとキアンティ・クラッシコの間で知名度の確立に苦闘している呼称であるが、歴史は古く名声も高かった。タンニンが厳格になりがちだが、それをうまくコントロールできた時には、深みのある堅固なワインが生まれる。

　近年見直されているのがキアンティだ。これはフィレンツェ、シエナ、プラート、ピストイア、ピサ、アレッツォの6県に渡る広い範囲で、サンジョヴェーゼをベースに造られ、イタリアでも最も知名度の高いワインである。一時期はフィアスコと呼ばれる菰を巻いた独特な形のボトルで知られ「イタリア移民がピッツァ屋で飲む安酒」という有難くない評判に苦しんでいたが、本来キアンティは非常にチャーミングな日常消費用のワインである。生き生きとしたチェリーやスミレの香りを持ち、口中では果実のような風味、酸、タンニンのバランスが良く、心地よい飲み口だ。幅広い食事にマッチする親しみ易いワインで、飲み飽きることがない。

　西側のティレニア海沿いの海岸地帯にはボルドーブレンドのワインで有名な**ボルゲリ**がある。昔はシンプルなロゼの産地であったが、1968年に誕生したサッシカイアの成功により、続々と新しい生産者が誕生し、ボルゲリは一気にボルドーブレンドワイン※のメッカとなった。ボルゲリは独自の卓越したテロワールを持ち、ここで造られるワインは、濃厚な果実を持つものであっても、感じの良い酸が失われることはない。みずみずしい味わいがボルゲリのワインの最大の魅力である。

　※注：ボルドーブレンドとは、ボルドーの著名シャトーが採用しているブレンド方式で、カベルネ・ソーヴィニヨンを主体にメルローを混ぜ、場合によってはプティ・ヴェルドも加える。比率は生産者により違い一様ではない。「メリタージュ」とも

呼ぶ。

　世界遺産である美しい「百の塔の町」サン・ジミニャーノで造られるヴェルナッチャ・ディ・サン・ジミャーノは、強い個性を持った白ワインだ。アロマは比較的ニュートラルだが、酸とミネラルが強く、3〜5年熟成させると非常に複雑なワインとなる。フレッシュ＆フルーティーな白ワインとは対極にある力強く男性的な白ワインで、ようやく最近になってその真価が理解されるようになってきた。

　基本的にトスカーナのワインは調和がとれて優美なものが多く、イタリアワインを飲みなれていない愛好家にもすぐに気に入られるある種の「分かりやすさ」がある。ワインのスタイルも味わいもどこか垢抜けしたものを感じさせ、それがトスカーナワインの世界的成功に大いに寄与している。

## 8）ウンブリア州

　イタリア半島の中央部に位置するウンブリアは、イタリアの「緑の心臓」と褒め称えられている美しい州で、緑の丘陵地帯でブドウ栽培が行われている。

　最も有名なワインは南部でラツィオ州にまたがって造られる白ワイン、オルヴィエートで、中世から甘口ワインとして讃えられ、教皇庁御用達でもあったが、今は親しみやすい辛口白ワインとして商業的成功を収めているが、際立った個性を持つワインは残念ながらない。

　ウンブリアで最も個性的で興味深いのはモンテファルコ村周辺で作られるサグランティーノだ。サグランティーノの起源はいまだに分かっていないが、非常に特殊な品種で、ポリフェノールの含有量が異常に多く、色が濃く、タンニンが極端に強く、濃厚な味わいを持つパワフルな赤ワインが生まれる。長期熟成能力も高いワインであるが、すべての要素が過剰な品種で、それをいかにコントロールして、調和のとれた飲みやすいワインを造るかが生産者の課題である。昔は陰干し甘口ワインのパッシートが中心だったが、1980年代頃から辛口赤ワインに転換して、世界的名声を得た。

　モンテファルコに近いトルジャーノ村でサンジョヴェーゼを中心に造られるトルジャーノ・ロッソ・リゼルヴァは優美な赤ワインである。

## 9)　マルケ州

　東のアドリア海、西のアペニン山脈に挟まれた州で、その間に広がる緑美しい丘陵地帯でブドウが栽培されている。山岳地帯が多いアブルッツォの険しい風景と比べると、マルケはなだらかな丘陵が続くトスカーナに近い調和のとれた風景である。

　マルケでは、何といってもヴェルディッキオが重要だ。ヴェルディッキオはイタリアの固有白ブドウ品種の中でも最も興味深いものの一つである。刈り取った草、白い花などのアロマがあり、酸がしっかりしていて、ミネラルを感じさせる。早飲みのシンプルなデイリーワインから、長期熟成能力を持つ複雑なワインまで幅広いタイプのワインを生む品種である。重要な産地は2つあり、アンコーナ周辺の丘陵地帯で造られる**ヴェルディッキオ・デイ・カステッリ・ディ・イエージ**は海の影響を受け、温暖な気候に恵まれ、飲むと嬉しくなるような果実の風味、適度の酸、心地よいミネラル分を持つバランスのよい白ワインだ。一方、内陸部でアペニン山脈に近い渓谷で造られる**ヴェルディッキオ・ディ・マテリカ**は昼夜の温度が激しく、冷涼な気候を持つ産地の影響を受け、酸とミネラルが強烈なワインで、最低2〜3年熟成させる必要がある。ヴェルディッキオは国際品種にはない独自の個性を持っていて、ソアーヴェなどとともにイタリアを代表する白ワインである。

　白ワイン産地だと思われがちなマルケだが、白ワインと赤ワインの生産量はほぼ同じで、モンテプルチャーノとサンジョヴェーゼのブレンドによる赤ワインが、コネロ、**ロッソ・コネロ、ロッソ・ピチェーノ**などの呼称で流通している。

## 10)　アブルッツォ州

　手ごろな価格でしっかりとした濃厚なワインが楽しめることで日本でも人気が出ているモンテプルチャーノを生むアブルッツォ州は、昔から質の良いワインが生まれることで知られていた。マルケと同じく東のアドリア海と西のアペニン山脈に挟まれていて、その間に広がる丘陵地帯でブドウが栽培されている。海と山の両方の影響を受ける産地で、地中海性の温暖な気候と、日当たりのよい丘陵地帯でブドウはすくすくと育ち、山からの冷涼な風により良質のアロマが形成される。非常に恵まれた州で、それほど努力しなくてもそれなりに良いブドウが栽培できるため、昔は質より量を重視したブドウ栽培が行われていて、モンテプルチャーノが州外にバルクワインとして大量に売られ、イタリ

ア北中部のワインの補強に使われていた。バルクワインの需要が減少したために、1990年代頃から独自に壜詰めを始めたところ、濃厚な果実の風味が高く評価されるようになった。

モンテプルチャーノは比較的簡単に豊かで濃いワインができるが、やや荒々しいところがあるので、それをいかにうまく制御して、優美さをもったワインにするかが生産者の課題である。近年は海岸部、丘陵地帯、山岳部などのモンテプルチャーノの個性の違いにも明確になってきていて、それぞれのテロワールを生かしたワイン造りが行われるようになってきている。

## 11）カンパーニア州

イタリア半島の南西部に位置するカンパーニアは今イタリアで最も活気のある産地だろう。古代ローマの時代からカンパーニア・フェリックス（幸多きカンパーニア）と讃えられる農業地で、古代ローマで最も名声が高かったファレルヌムは現在の**ファレルノ・デル・マッシコ地区**で造られていたし、カプリ島、イスキア島のワインも昔から人気があった。

カンパーニアは、温暖な気候と豊かな火山性土壌に恵まれ、ワイン造りに理想的な環境である。それに甘えて怠惰な眠りを貪っていると非難された停滞期もあったが、ここ15年ぐらいは、意欲的で想像力に富んだ生産者が次々と出てきて、カンパーニア・ワインの躍進には目を見張るものがある。

その躍進を牽引しているのが内陸部で、アペニン山脈に近いイルピニア地方（アヴェッリーノ県）、**タウラージ、フィアーノ・ディ・アヴェッリーノ、グレーコ・ディ・トゥーフォ**という3つのDOCGワインが素晴らしい。大手の生産者と、小規模のヴィニュロン生産者たちとの間の格差があまり無く、現在イタリアでも最も活動的な地区の一つだろう。カンパーニア州都ナポリのイメージとは全く異なる産地で、標高も400〜700mと高く、大陸性気候で夏は暑いが、冬の寒さは厳しく雪も降る。収穫も非常に遅く、アリアニコは11月になることも珍しくない。そのアリアニコで造られるタウラージは、長期熟成能力が高い、厳しい性格の赤ワインで、酸とタンニンがしっかりしていて、白胡椒のアロマが特徴的である。昔から「南のバローロ」として、高い評価を得てきたワインだが、近年はワインのスタイルも非常に多様になり、それぞれの村のテロワールも明確になってきている。フィアーノ・ディ・アヴェッリーノは、フラワリーな香りを持ち、非常に繊細で優美な味わいを持つ白ワインだ。若くして飲んでも美味しいが、驚くほどの長期熟成能力がある。調和のとれた

フレッシュな味わいは、イタリア南部の白ワインのイメージとは全く異なるもので、むしろ北のワインを想起させる。凝灰岩土壌（トゥーフォ）でグレーコ種を使って造られるグレーコ・ディ・トゥーフォは凝縮した味わいを持つ力強い白ワインだ。グレーコは非常に酸が強い品種で、熟成すると蜂蜜のトーンが明確に出てくる。女性的で優美なフィアーノとは対照的に、男性的で力強いワインで、肉料理にも見事にマッチする。

　ナポリ湾の黒い火山性土壌で造られるヴェズーヴィオは、赤ワインはピエディロッソ、シャシノーゾ品種で、白ワインはコーダ・ディ・ヴォルペ、ヴェルデーカ品種で造られ、親しみやすい味わいの早飲みワインがほとんどであるが、非常に心地よいワインもある。この呼称に含まれるヴェスヴィオ・ラクリマ・クリスティは「キリストの涙」を意味し、根強い人気がある。

　アマルフィ海岸、ソレント海岸の絶壁の段々畑でも、個性的なワインが造られている。生産量が非常に少ないが、印象深いものが多く、近年徐々に生産量が増えている。

　イスキア島では土着品種ビアンコレッラによる爽やかでほのかな塩味を感じさせる白ワインが造られ、魚介類料理に理想的なデリケートなワインだ。

## 12）バジリカータ州

　イタリア南部にあり、プーリア、カラブリア、カンパーニアの3州に囲まれたバジリカータは山岳地帯が多く、ワインの生産量は少ない。ヴルトゥレ山麓の標高300〜700mの丘陵地帯で造られるアリアニコ・デル・ヴルトゥレは、同じアリアニコで造られるカンパーニア州のタウラージと並んで南部を代表する長期熟成型赤ワインである。濃厚で厳格なワインだが、味わいはみずみずしく、火山性土壌からくる深いミネラル分とスパイシーさが特徴的だ。

## 13）プーリア州

　イタリア半島の南東部、長靴の踵の部分に位置するプーリアは、南北に細長く伸びていて、東はアドリア海、南はイオニア海に挟まれ、広い平野を持ち、温暖な気候に恵まれた大農業州だ。ワイン生産量も、常にイタリアのトップの座をヴェネト、シチリアと争ってきた。一昔前まではヨーロッパ最大のバルクワイン供給地だったが、バルクワインの需要は1980年代以降激減したので、今は自分達で壜詰めして販売するために、量から質への転換を進めている。

　興味深い固有品種の宝庫で、すでに有名なパンパヌート、ヴェルデーカ、ボ

ンビーノ・ビアンコ、ネグロアマーロ、プリミティーヴォ、マルヴァジア・ネーラ、ネーロ・ディ・トロイアなどの他にも、ススマニエッロなど将来その真価を発揮していくであろう品種も多い。

州の中央に位置する石灰台地のムルジェで造られる**カステル・デル・モンテ**はエレガントなワインだ。白はパンパヌート、赤とロゼはネーロ・ディ・トロイアが中心だが、標高300〜600mで造られるこれらのワインは、プーリアのワインには珍しいみずみずしいトーンがあり、食事に合わせやすくしかも飲みやすい。

それと対照的にアルコール度数が高く、非常に濃いワインが生まれるのが、南に突き出している**サレント**半島である。赤茶色をした粘土の多い石灰質土壌で生まれる赤ワインは、力みなぎり、高い長期熟成能力を持つ。まさにバルクワインの宝庫で、昔はアルコールが弱い北のワインを補強するのに大量に使われ、プーリアはヨーロッパのワイン庫と呼ばれていた。半島東のアドリア海側ではネグロアマーロ種を中心にした**サリチェ・サレンティーノ、コペルティーノ、スクインツァーノ、リヴェラーノ**などのワインが造られる。チェリーやプラムのアロマを持つパワフルなワインで、タンニンが厳格なので、最低2〜3年は熟成させて、少しやわらかくなってからリリースされることが多い。ネグロアマーロで造られるロゼワインは、チェリーなどのしっかりとした果実の風味があり、昔から非常に人気がある

半島西のイオニア海側では**プリミティーヴォ・ディ・マンドゥリア**が大人気である。プリミティーヴォはカリフォルニアのジンファンデルと同じ品種であるが、プーリアでは高いアルコール度数と濃厚な果実の風味にも関わらず、みずみずしいビロードのような味わいを持つワインとなる。全く陰干しをしていないにも関わらず、少しアマローネを想起させるような味わいで、国際的に人気急上昇中だ。

同じプリミティーヴォでも、州中央のバーリ近くの丘陵地帯で造られる**ジョイア・デル・コッレ**のものは、マンドゥリアのものと比べると、アルコールも低めで、よりエレガントで飲みやすいものだ。

## 14）シチリア州

　イタリア最南端に位置していて、地中海のど真ん中に浮かぶシチリアは地中海最大の島にして、イタリア最大の州である。周りにエオリエ諸島、エガディ諸島、ペラジエ諸島、ウスティカ島、パンテッレリア島があり、これらもシチリア州に含まれる。場所によってはチュニジアの首都チュニスより南に位置する所もあり、かなりアフリカに近い風土である。基本的には地中海気候で、夏は暑く、冬も温暖だ。島の南西部はアフリカの影響を受け非常に暑い。サハラ砂漠からの風シロッコも吹く。ティレニア海に面している北側の海岸沿いは暑さが比較的穏やかだ。全体的に降雨量は非常に少なく、旱魃が深刻な問題である。エトナは他とは全く異なりアルプス気候で冷涼だ。

　非常に大きな島なので、全く異なる気候、テロワールが多く混在している。畑の標高も海抜レベルから、標高 1,200m まであり、土壌も真っ白い石灰土壌、鉄分を含んだ赤い砂土壌、火山性土壌など多様である。収穫も 7 月後半から 11 月半ばと 3 か月半にも及ぶ。シチリアは「大きな島」というより「小さな大陸」と考えた方が適切だろう。

　ヴェネト、プーリアなどと並ぶワイン大生産地で、19 世紀以降大量のバルクワインを供給すると同時に、戦後高度成長期には 4 〜 5 社の有名ブランドのフルーティーで親しみやすいワインが国内外市場を席巻した。1990 年代後半からは中規模で高品質を目指す意欲的な生産者がどんどん出てきて、ニューワールド的スタイルのワインで、世界中でシチリアワイン・ブームを巻き起こした。2000 年以降は、徐々に国際的スタイルのワインから脱却して、テロワールを表現するワインにシフトしている。その文脈においてエトナ、パキーノ、ヴィットリア、パンテッレリアなど個性的なテロワールに注目が集まっている。

　豊富な固有品種も魅力である。西アジア原産のヴィティス・ヴィニフェラはギリシャを経て、シチリアに到着し、古代ローマ帝国領土拡大とともに北上して行ったことを考えると、ほとんどの品種が一度シチリア島を通過したと考えることもできる。実際シチリアは固有品種の宝庫であり、白ブドウではインツォリア、カッリカンテ、グリッロ、グレカニコ、カタッラットなど、黒ブドウではネーロ・ダヴォラ、ネレッロ・マスカレーゼ、ネレッロ・カップッチョ、フラッパート、ペッリコーネなど数えきれないほどの品種がある。

　産地に目を向けると、今最も注目を集めているのは島の東北部にあるエトナだろう。ヨーロッパ最大の活火山であるエトナ山（3,343m）の麓の標高 300

～ 1,200m の火山性土壌の畑から生まれるワインは、非常にフレッシュで、ミネラル分に富んでいて、エレガントである。白ワインのベースとなるカッリカンテは非常に酸が強い個性的な品種で、長期熟成させるとリースリングのようなニュアンスが出てくる。赤ワインのベースはネレッロ・マスカレーゼとネレッロ・カップッチョである。ネレッロ・マスカレーゼは厳格なタンニンを持ち色はそれほど濃くない。ネレッロ・カップッチョは色が濃く、直截な果実の風味を持つ。エトナの赤ワインは非常にみずみずしく、繊細で、長期熟成能力を持つ。シチリア島内外から多くの生産者がエトナに進出してきていて、今最も注目されている産地である。

島の東南端には卓越したネーロ・ダヴォラの産地として知られている**パキーノ**がある。ネーロ・ダヴォラはシチリア中で栽培されている最もポピュラーな黒ブドウであるが、パキーノ周辺のものは、凝縮した果実の風味、フレッシュな酸、ほのかに塩っぽい味わいを持つ、品質の優れたワインとなる。アルベレッロ仕立ての老木が多く残っていて、ワインは複雑である。

ラグーサの西では**チェラスオーロ・ディ・ヴィットリア**が造られている。力強い味わいネーロ・ダヴォラに、フラワリーで優美なでフラッパートがブレンドされることにより、優美で軽やかさを持つワインとなり、幅広い料理にマッチする。

シチリア島西部に目を向けると、様々な品種が栽培されていて、果実の風味豊かな、分かりやすい魅力を持つワインが多く造られている。シャルドネ、シラー、カベルネ・ソーヴィニヨン、メルローなどの外国品種も良い成果を出しているが、インツォリア、グリッロ、カタッラット、ネーロ・ダヴォラにも愛すべきものが多い。1990 年代後半のシチリアワイン・ブームを興したのは西部の産地のニューワールド的スタイルのワインであった。

島の西端の**マルサーラ**で造られる高品質な酒精強化ワインのマルサーラも忘れられない。イギリス人ジョン・ウッドハウスが 1773 年にアルコール補強をしてこのワインを生み出してから、世界的人気を得て、イギリスのネルソン提督やガリバルディにも愛された。特に大英帝国ではポート、シェリー、マデイラと並んで高く評価されていた。様々なタイプがあり、生産規則は極めて複雑である。一時期は品質の低いものが大量生産され、イメージを落として、ほとんど料理用ワインに成り下がってしまったが、最良のマルサーラは繊細かつ複雑で傑出したワインで、飲みながら色々な事を思いめぐらされるワインである。近年徐々に品質を回復しつつあることは喜ばしい。

　パレルモに近い**アルカモ**はカッタラットをベースに造られる白ワインが有名だ。フレッシュで、かすかな苦みと塩っぽさを感じさせる爽やかなワインで、非常にシンプルだが、喜ばしく、素朴な魚料理に抜群にマッチする。

　シチリアは高品質な甘口ワインの伝統があり、マルサーラのいくつかのタイプもここに含まれるが、シチリア島以外の小さな島で造られるものにも特筆に値するものがある。シチリア島よりはるか南の地中海に浮かぶ小さなパンテッレリア島で、地元でジビッボと呼ばれるモスカート・ダレッサンドリアで造られる甘口ワインのパッシート・ディ・パンテッレリアは、干したナツメヤシ、イチジクなどの濃厚な香りに、かすかに柑橘類が混ざる、複雑で濃厚な甘口ワインだ。シチリア島の北東にあるエオリエ諸島のリパリ島、サリーナ島でマルヴァジアを使って造られるマルヴァジア・デッレ・リパリも素晴らしい甘口ワインである。アプリコット、柑橘類、ハーブのアロマが混ざる複雑なワインで、デリケートで優美な味わいだ。

## 15）サルデーニャ州

　地中海でシチリアに次いで2番目に大きな島サルデーニャは、地中海の真ん中に位置しているにも関わらず、非常に閉鎖的で、独自の文化を守り続けてきた。ワインにおいても同じで、国際品種の導入は少なく、昔からの固有品種が中心である。カンノナウとカリニャーノによる赤ワインが素晴らしい。地中海にある島の赤ワインというと濃厚で重いワインを想像しがちだが、サルデーニャの赤ワインはタンニンが驚くほど繊細で、味わいもみずみずしく、デリケートなものが多い。一昔前まではバルクワインとして他州のワインの補強に使われていたが、今は自分で壜詰めする生産者が増え、評価が一気に高まっている。

　島の北西部の**ガッルーラ**地方の花崗岩土壌で造られるヴェルメンティーノは、地中海のラテン系民族の様に力強い白ワインだ。

（宮嶋　勲）

# Spain

## 3 スペイン

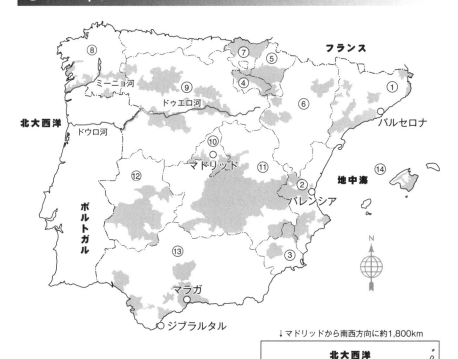

スペイン地中海地方
① カタルーニャ州
② バレンシア州
③ ムルシア州

スペイン北部地方
④ ラ・リオハ州
⑤ ナバーラ州
⑥ アラゴン州
⑦ バスク州

スペイン太西洋地方
⑧ ガリシア州

スペイン内陸部地方
⑨ カスティーリャ・イ・レオン州
⑩ マドリッド州
⑪ カスティーリャ・ラ・マンチャ州
⑫ エクストレマドゥーラ州

スペイン南部地方
⑬ アンダルシア州

諸島部
⑭ バレアレス諸島州
⑮ カナリア諸島州

　ブドウの栽培面積世界第1位、ワインの生産量第3位のワイン大国である
スペイン。ワイン造りの歴史と生産規模がありながら、あまり日本の市場で正
しい評価がされているとは言い切れない。「闘牛とフラメンコの国」「灼熱の太
陽」「情熱の国」という使い古された言い回しが未だに付いて回り、国土、風
土、地方や都市の多様性などについて言及されることは少ない。

　日本では、10年ほど前から多くのスペインバルができたことで、スペイン
ワインも親しまれるようになってきている。しかし、スペインワインは、濃く
てしっかりとした安い赤ワイン、もしくはシャンパーニュよりも手軽なスパー
クリングワインとしてのカバが知られるに留まっている。

　「眠れる獅子」はとっくに目を覚ましているのだ。

# （1）歴史

　スペインワインの今日ある姿は、歴史と大いに関係がある。ワイン造りの歴
史は3000年もあり、紀元前1100年から紀元前500年にかけて古代ギリシア
人やフェニキア人たちによってブドウが栽培されワインが造られていた。長い
歴史を持つ伝統的なワイン生産国でありながら、少し前までスペインワインは
国際社会の中で重きを置かれることは無かった。

　数百年続いたイスラム教による支配の時代、戒律によりブドウ畑は破壊さ
れ、ワイン不毛の地になった。その後、約800年続いた国土回復（レコンキ
スタ）の長い戦乱を経てキリスト教側が勝利した後は、スペイン全土でブドウ
栽培、ワイン造りが復活した。時は大航海時代、いち早く大海に乗り出したス
ペインは新大陸発見、征服などによりワイン貿易も繁栄した。

　近代に入ると王朝時代が終焉し、共和制政治から内戦時代には農業が疲弊し
た。そのうえ、フランコ将軍の独裁体制時代に第二次大戦中の政治的行動が連
合国側の信用を落とし、一時国際的に孤立した。他のヨーロッパ諸国が近代国
家への道を歩む中、スペインは取り残されていた。ワインは大量に生産されて
いたものの輸出は大幅に落ち込み、世界一のブドウ栽培面積を持ちながらもワ
イン生産国としては停滞してしまったのである。1985年にEUへの加盟を果
たし、晴れて西ヨーロッパの一員となった。ワイン造りも近代化が推し進めら
れ、無名の産地から、また忘れられかけた固有品種やその古木から、素晴らし
いワインが生まれるようになり、新世代による新しいスペインワインが今や世
界中の注目の的になっている。

## （2）気候と地勢

　スペインはヨーロッパ大陸の南西に位置し、イベリア半島の大半を占める。「ピレーネー山脈を越えるとその先はアフリカである」と言われたように、ヨーロッパの中でもやや外れの場所というイメージだった。国土は、西ヨーロッパの中ではフランスに次ぐ大きさで、北緯43度～36度に位置し、札幌～東京と同緯度になる。スペインというと南国のイメージがあるようだが、変化のある地勢を反映し気候は地域によって様々に異なる。地中海性気候の影響を受けている所が多いが、北部のバスク州からガリシア州にかけては海洋性気候で雨が多く降る。南部のアンダルシア州は夏場の気温は45℃になる。また、メセタと呼ばれる中央台地は非常に乾燥している。

　平面の地図では解りにくいが、地勢はかなり複雑で、中央台地の砂漠地域は平地といっても標高は高く乾燥しており、その周りを山脈、丘陵地帯、高原地帯などが取り囲んでいる。山脈地帯は山ばかりの荒涼とした景観で、緑は少ない。しかし、北西部は「グリーンスペイン」と呼ばれるように緑が多く、カンタブリア海からの湿った空気が流れ込む雨の多い地域である。また、ブドウ栽培にとって重要な要素となるエブロ河、ドゥエロ河などいくつかの巨大河川が国土を縦横に流れている。

## （3）ワイン法

　国土は約500,000km$^2$（5,000万ha）、そのうちブドウ畑は約100万ha。世界一を誇るブドウ栽培面積で、国土の50分の1にあたり、そのうちの約半分が原産地呼称ワインのブドウ畑となっている。DOP（Denominación de Origen Protegida）保護原産地呼称は、現在合計で90あり、以下のようになっている。

　VP（Vinos de Pago）：単一ブドウ畑限定高級ワイン 14

　DOCa（Denominación de Origen Calificada）：特選原産地呼称ワイン 2

　DO（Denominación de Origen）：原産地呼称ワイン 68

　VCIG（Vino de Calidad con Indicación Geográfica）：地域名称付高級ワイン 6

　このDOPの下に、IGP（Indicación Geográfica Protegida）というカテゴリーがあり、フランスのヴァン・ド・ペイに相当し、VT（Vino de la Tierra）というVP、DO、VCIGの地域外で造られたブドウを使ったその産地の特性を持つ地ワインがある。

　ワイン生産量は、4,517万hL（2018年）で世界第3位。イタリア、そしてフランスに次ぐ。タイプ別販売数量は、赤ワインが約54％、白ワインが

21％、スパークリングワインが 16％、ロゼワインが 5％、シェリーなどの酒精強化ワインが 4％である。販売先は国内が 59％、国外が 41％。輸出先はイギリス、ドイツ、アメリカなどで、日本は EU 圏外ではアメリカ、中国、スイス、カナダに次ぐ。また日本における国別ワインの輸入量でスペインは第 4 位になっている。長らく 3 位だったが、チリに追い抜かれた。スパークリングワインは、カバが健闘している。

　スペインワインには、原産地呼称制度とは別に、ワインの熟成期間によるタイプ別分類があり、その内容はワインのラベルに表示されている。生産量の半分以上を占める赤ワインはボデガ（醸造所）で長く熟成させ、飲み頃になってから出荷されるものが多い。

グラン・レセルバ（Gran Reserva）：赤ワインは 60 ヶ月以上（そのうち 18 ヶ月以上は樽熟成）、白とロゼワインは 48 ヶ月以上（そのうち 6 ヶ月以上は樽熟成）

レセルバ（Reserva）：赤ワインは 36 ヶ月以上（そのうち 12 ヶ月以上は樽熟成）、白とロゼワインは 24 ヶ月以上（そのうち 6 ヶ月以上は樽熟成）

クリアンサ（Crianza）：赤ワインは 24 ヶ月以上（そのうち 6 ヶ月以上は樽熟成）、白とロゼワインは 18 ヶ月以上（そのうち 6 ヶ月以上は樽熟成）

　熟成をほとんど行わない早飲みワインはホーベン（Joven）と呼ばれている。

# （4）ブドウ品種

　ワイン造りには、伝統的に国内各地の固有品種が使われてきた。19 世紀後半のフィロキセラ禍の際にボルドーのブドウ栽培が壊滅的な被害を受け、ワイン生産者やワイン商がスペインのリオハにその代替を求めて以来、フランスや EU 各国への輸出が盛んになり、フランス原産の国際品種カベルネ・ソーヴィニョンなどが植えられるようになった。しかしその後、スペインワインのオリジナリティを追求する流れの中で土着品種への回帰傾向となり、テンプラニーリョやガルナッチャだけでなく、忘れ去られていたような品種にも焦点が当てられ、それらからも優れたワインが造られるようになった。ワイン用ブドウとしては 150 種類ほどがあるが、その中から代表的なものを紹介する。

【黒ブドウ】

　テンプラニーリョ（Tempranillo）

　リオハ・ナバーラ地方原産。最大の栽培面積を誇るスペインを代表する赤ワ

イン用品種。繊細で香りが良く酸度が高い。タンニン分が豊富で長期熟成に耐える。地方によって様々な名称を持つ。

### 🍇 ガルナッチャ（Garnacha）／ガルナッチャ・ティンタ（Garnacha Tinta）

アラゴン州原産。フランスではグルナッシュと呼ばれている。強い品種で、干ばつや直射日光、強風にも耐え、耐病性も高い。土壌を選ばず、糖度の高い房を大量につける。近年になってプリオラートやグレドス山脈周辺で新潮流の造り手に見直されている。

### 🍇 メンシア（Mencía）

北西部で多く栽培されている近年人気の高い品種。DO ビエルソでこの品種からフレッシュさを維持しながらも凝縮感のあるエレガントなワインが造られ注目を集める様になった。

その他、カリニェナ、モナストレル、ボバル、グラシアノ、スモイ。国際品種では、カベルネ・ソーヴィニョン、メルロー、カベルネフラン、シラー、ピノ・ノワール。

## 【白ブドウ】

### 🍇 アイレン（Airén）／ライレン（Lairén）

ラ・マンチャ地方の主要品種。スペインのブドウ栽培面積の三分の一を占める。非常に強い品種であるためラ・マンチャの乾いた大地で生き残った。かつては、安物の酸化した重い白ワインが多く造られていたが、最近はフレッシュな軽い早飲みタイプが造られるようになった。また、ブランデーの原料や、シェリーの酒精強化用のグレープ・スピリッツ用としても使われていた。フランスでコニャックの主原料となっているユニ・ブランに相当する。

### 🍇 アルバリーニョ（Albariño）

ガリシア州原産か、12 世紀にサンティアゴ・デ・コンポステラへ向かう修道士たちによってライン川流域から運ばれて来たという説もある。スペインで最も高貴な白ワイン用品種。ワインは桃の花の様な香りで豊かな酸味、複雑性があり、バランスのとれた辛口の白ワインとなる。DO リアス・バイシャスの全域で栽培され、この DO ワインの主要品種。

### 🍇 ベルデホ（Verdejo）

厳冬や猛暑、干ばつにも耐え、その土地への適応力が高い。ルエダの様に夏冬や昼夜の寒暖差の大きな土地でこそ、この品種の果実味、アロマの豊かさが

発揮される。フレッシュで芳香に富み、コクが強く、酸度にも恵まれたワインとなる。

### 🍇 ビウラ（Viura）／マカベオ（Macabeo）

主にスペイン北部で栽培されており、リオハやナバーラなどではビウラと呼ばれ、小樽醗酵の白ワインとなる。カタルーニャ州ではマカベオと呼ばれ、カバの主要品種として使われる。若飲み用にもなり、長期熟成にも耐える高級品種。豊かな香りがあり、ワインに骨格をあたえる。

その他、マカベオ、ビウラ、チャレッロ、パレリャーダ、モスカテル、パロミノ、ペドロ・ヒメネス、ゴーデーリョ、トレイシャドゥラ、ロウレイラ、トロンテス。国際品種では、シャルドネ、ソーヴィニヨン・ブラン。

# （5）主な産地
## 1）スペイン全域を対象としたDO
### ［DO カバ（Cava）］

カバはスペインを代表するスパークリングワインで、スペイン産のブドウを使い壜内二次醗酵で造られる。その製法と品種、産地により原産地呼称（DO）に認定されているが、産地は一つではない。栽培面積は、現在約33,600ha。DOで指定された産地はカタルーニャ州、アラゴン州、ラ・リオハ州、エストレマドゥーラ州、バレンシア州などに分散しているが、実際にはその97％はカタルーニャの、ペネデス産。

カバの歴史は1870年代に遡る。ペネデスのワイン生産者、ホセ・ラベントスがシャンパーニュ地方を訪れた際に、自国でも同じようなものを造ろうと思い立ち、その醸造技術を研究し地元のブドウでスパークリングワイン造りに取り組んだことに端を発する。今ではメーカーも230社になり、全体で年間生産本数2億本を超える一大産業に発展している。

製法はシャンパーニュと同じ壜内二次醗酵だが、使用するブドウはスペイン独自のものである。固有品種の白ブドウ、マカベオを主体に、同じく白品種のチャレッロ、パレリャーダを使う。マルバシアとシャルドネも使用が認められている。ロゼのカバは、モナストレル、ガルナッチャ、トレパットなどの黒ブドウを使用。白ワインとブレンドするのが一般的。黒ブドウでは、ピノ・ノワールの使用も認められている。カバの熟成については、壜内貯蔵熟成期間は最低9か月が義務付けられており、レセルバで15か月、グラン・レセルバでは30か月となっている。

　シャンパーニュ同様、澱抜き後に同じタイプのワインに蔗糖を加えた少量の
リキュールが添加され、甘味の度合いが調整される。

　グラン・レセルバは、ブリュット・ナトゥーレ、エクストラ・ブリュット、
ブリュットのうち、壜詰から澱抜きまで30か月以上経っていて、なおかつボ
トル替えをしていないカバにのみ認められ、ヴィンテージを表示することが義
務付けられている。また、カバ・デ・パラヘ・カリフィカードという、特定の
土壌および気候条件の区画のブドウを使用して生産される「特選区画カバ」も
ある。

## 2）地中海地方

### ①カタルーニャ州　CATALUÑA

　カタルーニャは中世に黄金期を誇ったスペイン北部の強大な国家。15世紀
半ばには勢力はアラゴン、バレンシア、バレアレス諸島、そしてシチリアやサ
ルディーニャ、南イタリアにまで及んでいた。その後、カスティーリャ国に統
合されスペイン統一により衰退した。現在でも、スペインからの独立を求める
声が根強い。州都のバルセロナは、オリンピックを機に近代的都市に生まれ変
わったが、旧市街やガウディの建築などが残っており、新旧が共存している。
地中海に面し海洋国家であったカタルーニャは、周辺諸国との交易も盛んで開
放的な地中海文化圏であり、ワイン造りにおいても新しい品種や技術の導入な
どに反映されている。州にとってワインは非常に重要な産業となっている。ワ
イン産地は、DOCaプリオラートの他、ペネデス、タラゴナ、モンサン、など
10のDOと、カタルーニャ全域をカバーするDOカタルーニャがある。

## [DO ペネデス（Penedés)]

　バルセロナの南約40kmにあるビラフランカ・デル・ペネデスを中心に広が
るこの産地は、カバの中心的な産地として有名であるが、1970年代から一部
の革新的な生産者が、新しいスタイルと高品質なワイン造りに挑戦し始め、ス
ティルワインの生産も本格的になった。いち早くステンレスタンクや温度調節
装置を導入するなど設備の近代化とともに、低温醗酵、酵母の改良、オークの
新樽による醗酵や熟成、壜熟成の重視など、技術革新も他の産地に先駆けて行
われた。またブドウ畑においても、積極的に外来種や新栽培方法を取り入れる
など、様々な投資が行われた。その結果、多彩なブドウから国際的な品質のワ
インを造る産地として時代をリードしている。

　栽培面積は約 18,000ha で、生産量は 141,703hL（2018）に達する。産地は地中海沿いの平野部バホ・ペネデス、標高 200m～ 400m の中間部メディオ・ペネデス、標高 800m の冷涼地ペネデス・スペリオルの 3 つのゾーンに分かれている。土壌は、沿岸部では砂地で、高度が上がるにつれ石灰岩が多くなる。全体に水はけの良い土壌。気候は地中海性気候のため温暖だが、高地の冬は厳しく、遅霜の危険性もある。

　ワインは赤、白、ロゼで、単一品種、あるいはブレンドされる場合もある。白ワインとロゼは、フレッシュな若飲みタイプ、赤ワインは一般的オークの小樽で熟成される。シャルドネは上質で手ごろな価格で好評、また、テンプラニーリョとカベルネ・ソーヴィニヨンのブレンドは国際的な品質を誇っている。最近は酸味のあるフレッシュでフルーティーな味わいが人気となっているので、シャルドネ、ピノ・ノワール、チャレッロ、テンプラニーリョの栽培が中心となっている。主な生産者にスペイン最大手の一つ、トーレス社がある。

## [DOCa プリオラート（Priorato）]

　この地域では、12 世紀頃からカルトゥジオ会の修道院でワイン造りが行なわれていた。しかし、時の流れとともに急傾斜面の畑という厳しく過酷な労働を嫌って人々は土地を離れ、ワイン生産は衰退の一途を辿る。19 世紀の終わり、他の地域よりも遅れて来たフィロキセラにより産地は壊滅した。それが 1980 年代後半、ワイン革命児の出現によって急速に脚光を浴び始める。タラゴナのネゴシアンの家に育ちリオハの名門ボデガで働いていた「プリオラートのグル」と呼ばれるルネ・バルビエがグラタヨップ村に移住すると、その呼びかけに応じて、リオハ地方の有志が集まって来た。彼らはフィロキセラ禍以降に植えられたガルナッチャとカリニェナの古木に目をつけ、これら固有品種と国際品種のカベルネ・ソーヴィニヨン、メルローやシラーをブレンドした以前のワインとは全くイメージの異なる、濃厚かつ洗練された新しいスタイルのワインを造ろうとした。

　4 人組が共同でブドウを栽培し、醸造した 1989 年ヴィンテージが 1991 年に初めて市場に紹介されると、その卓越性が世界を驚かせ、ロバート・パーカーなどのワイン評論家に絶賛され、一躍国際的なワイン業界で注目を集める様になった。1990 年代初頭には約 15 の生産者しか存在しなかったが、現在畑は約 2,000ha に広がり、2018 年には 11,402hL のワインを生産している。カバの大手生産者のコドルニュウ社やフレシネ社、ペネデス地域のスティルワイン最大

手生産者のミゲル・トーレス社などが進出している。

　現在は4人組のジュニア達の世代に入っている。父親世代は土着品種だけでは優れたワインが出来ないと考え、カベルネ・ソーヴィニヨンやシラー、メルローを植え、ブレンドの比率もそれらを高くしていたが、ジュニア達は国際品種の割合を減らしガルナッチャとカリニェナの比率を上げ、新樽比率も下げてスタイルを変えたりしている。

　2009年には、「ヴィノ・デ・ヴィラ（Vino de Villa）」というブルゴーニュの村名ワインに相当するカテゴリーの表示が認められた。プリオラートにある12の村は、谷や岩山で分断されていて村ごとに畑の土壌が異なるので、ワインの個性も微妙に異なるため、DOよりも細かい区分での表示が必要になったのだ。スペインでは初の試みだが、この村名表記は他の地区にも広がる可能性がある。

## [DO モンサン（Montsant）]

　プリオラートを囲む形になっているモンサンは、DOタラゴナのサブリージョンだった地区が独立して2002年に出来た。地中海からの海風の影響を受けながらも夏暑く冬寒い内陸性の気候である。プリオラートよりも湿度があり涼しく、よりエレガントで冷涼感のあるワインが出来る。スレート土壌はプリオラートと似ているが、その他に粘土質、石灰質、石灰岩質、花崗岩質など様々な土壌がある。白ワインはシャルドネ、ガルナッチャ・ブランカ、マカベオ、モスカテル、パレリャーダなど。赤ワインはカリニェーナ、マスエロ、ガルナッチャ・ネグラ、ガルナッチャ・ペルーダ、モナストレル、ピカポール・ネグロなどの他、カベルネ・ソーヴィニヨンやメルローも栽培されている。生産量は45,876hL（2018）。

## ②バレンシア州　VALENCIA

　地中海沿岸部にあるバレンシア州は、ワインの産地としてよりもオレンジや米の産地、火祭りで良く知られている。地中海性気候の為、年間を通して温暖なこの一帯は「コスタ・デル・アサハール（オレンジの花の海岸）」と呼ばれ、マドリッドから一番近いリゾートとして親しまれている。

　ギリシャ人によって拓かれ、カルタゴの支配、ローマの統治、西ゴート族の支配を経て714年よりイスラム教徒に占領される。その頃にアラブの灌漑技術が導入され、果樹園が広がった。現在でも果樹栽培は盛んで、バレンシアオ

レンジやレモン、モモなどの産地として名高い。また日本の様な広大な水田風景が広がる米どころでもある。スペイン料理の代表とも言えるパエリアは、この地方が発祥。

　東は地中海に面し、平野部は地中海性気候、内陸に連なる山地に入ると大陸性気候になる。夏は暑く乾燥するが、冬の寒さはさほど厳しくない。雨量は年間 600 〜 1,000mm 程度。長らく輸出用バルクワインの大生産地だったが、近年ブドウ畑や醸造所に大規模な投資が行なわれたり、この地方独自の在来種に国際的な評価が加わって洗練度を増してきている。DO は、バレンシア、内陸に入ったウティエル・レケーナと、最南端にあるアリカンテの 3 つ。

## [DO バレンシア（Valencia）]

　地中海沿岸から内陸まで 4 つのサブゾーンに分かれている。栽培面積は約 18,000ha。生産量は 394,748hL（2018）。この土地の在来品種メルセゲラやギリシャ原産のマルバシアなどから辛口の白ワインが、モスカテルからは軽やかな甘口ワインが造られている。赤ワインは、軽い若飲みタイプが主流。最近ではセンシベルへの植え替えや、カベルネ・ソーヴィニヨンなど外来品種の導入も奨励され、しっかりとした熟成タイプが造られている。

### ③ムルシア州　MURCIA

　スペイン南東部、アンダルシアとバレンシアに挟まれた地方。地中海に面しているが、西側にはベティカ山脈があり、州の半分以上が丘陵や山岳地帯。地中海性気候で、降水量が年間 300 〜 350mm と非常に少なく乾燥している。南部は歴史の痕跡とスペインの伝統が色濃く残っている。

　ムルシアの南東約 60km にあるカルタヘナ港は、かつての地中海交易の拠点。ローマ帝国時代には防衛上の要所でもあった。バレンシア同様イスラム時代に大規模な灌漑が導入され農業が発達した。「ムルシアの菜園」と呼ばれる肥沃な平原があり、食文化も豊か。オレンジ栽培も盛んで、米どころでもある。在来品種モナストレルが伝統的に栽培されてきたが、ロバート・パーカーが 2006 年にムルシア州を「世界の中でも偉大な地域」と表現したことから、フミーリャ、イエクラなどの DO が注目されるようになった。

## [DO フミーリャ（Jumilla）]

　州北部にあり、標高 400 〜 1,000m、カリウムを多く含む石灰岩土壌の産

地。夏冬の寒暖差の激しい大陸性気候で、夏は 40℃、冬は氷点下になることもある。年間降水量は 300mm と少なく、日照時間は 3,000 時間で非常に乾燥している。アルコール度数の高いワインをブレンド用として売ることが多かったが、1980 年代末のフィロキセラ禍でブドウ畑の改植を余儀なくされ、ワインの品質向上に向けての取り組みが始まった。生産量は 367,422hL（2018）。

　主要品種は地元原産の黒ブドウ、モナストレル。果皮が厚く、果肉がしっかりしたブドウで、干ばつに強く、強い日照のストレスを受けることで樹勢が抑制され、色濃く香り高い果実になる。完熟が難しいと言われてきたが、近年の栽培管理と醸造技術によって世界的に注目される果実味豊かでモダンなスタイルの高品質ワインが誕生している。また、ガルナッチャやカベルネ・ソーヴィニョン、メルロー、シラーも栽培され、独自のブレンドで個性あるワインが造られている。

## ［DO イエクラ（Yecla）］

　フミーリャの東に隣接し、気候条件や土壌はフミーリャに似ている。スペインで唯一、一つの町の名前が原産地呼称に認められている。主要品種もモナストレルが中心である。1980 年代後半からこの品種への注目が高まり、粗野なスタイルから、よりモダンへと切り替える動きが活発化している。生産量は 80,501hL（2018）。

## 3）北部地方
### ①ラ・リオハ州
## ［DOCa リオハ（Rioja）］

　首都マドリードの北約 250km にあり、ラ・リオハ州、バスク州、ナバーラ州の 3 つの県にまたがっている。名実ともにスペインを代表する産地で、世界でも注目され、最高級赤ワインの産地の一つとして賞賛されてきた。長い歴史と伝統に裏打ちされた安定した品質と、新しい世代が生み出す革新的な味わいとが共存する、一筋縄ではいかない魅力を持ち続ける産地である。リオハ全体のブドウ栽培面積は約 63,000ha。そのうちの約 70％をテンプラニーリョが占める。ワインの生産量は豊作の年で約 300 万 hL。その内の約 90％以上が赤ワインである。ブドウ栽培農家は 17,000 軒以上あり、醸造所が 160 ヶ所ある。リオハのワインはその優れた品質基準と生産管理により、1991 年スペインで最初に DOCa（特選原産地呼称）に認定された。

　地中海から遡ってくるエブロ河の上流とその支流オハ川の沿岸一帯に広がる産地。西の大西洋と東からの暖かい風の影響で、スペインの中では比較的穏やかな気候で、年間の平均降水量は 400mm 程度、四季を通じて平均して雨に恵まれる。リオハは、地理的条件とワインの違いから 3 地区に分かれている。

　エブロ河の最も上流の地区が**リオハ・アルタ**。エブロ河の右岸と左岸の一角にあり、起伏が多く鉄分の多い粘土質や沖積土の土壌。雨量が比較的多く気温は低め。豊かなコクと酸味を持つ熟成に向いた赤ワインが造られる。

　**リオハ・アラベサ**はエブロ河の左岸、バスク州に属するアラバ県にある地区で、ブドウ畑は南向きの高い斜面にある。土壌は粘土質と石灰岩。色が濃く、香りが豊かな赤ワインを産し、果実味が豊かな若飲みから熟成向きまで、様々なタイプが造られている。アルタ同様気温が低く雨量が多い。

　**リオハ・オリエンタル（2018 年リオハ・バハより名称改正）**はリオハの中心都市ログローニョの東側で、エブロ河の両岸にあり山脈から遠いためほとんど平地である。地中海性気候の影響を受けるため高温で乾燥した気候。アルコール度の高いロゼと赤ワインが造られる。

　ブドウ品種の代表格は、黒ブドウはテンプラニーリョである。次いでガルナッチャ、マスエロ、グラシアーノの四品種が従来認定されていたが、2007 年に絶滅しかかっていたマトゥラナ・ティンタ、マトゥラナ・バルダ、そしてモナストレルが認められた。白ブドウは、ビウラ、ガルナッチャ・ブランカ、マルバジアの三種類が従来認定されていたが、同じく 2007 年に、シャルドネ、ソーヴィニヨン・ブラン、固有品種であるマトゥラナ・ブランカ、テンプラニーリョ・ブランコ、トロンテスが追加認証された。

　ワインの特徴は、巧みな樽の扱いであると言われる。19 世紀半ばにボルドーからオークの小樽による熟成方法が伝わった。リオハでは、伝統的にアメリカンオークを使い熟成させてきたが 1980 年代に始まったモダンなリオハワインへの革新では、フレンチオークの小樽と熟成期間の短縮により、果実味と骨格を生かしたまま爆熟させるタイプが見られるようになった。白ワインにおいては、小樽熟成が主流だったが、醸造技術の近代化により樽を使わないフレッシュ＆フルーティなタイプが生まれた。革新が進む一方で伝統的なスタイルにこだわる生産者もおり、伝統と革新両方のスタイルが共存しており、それがリオハの魅力にもなっている。

　リオハではワインの熟成、特に樽熟成の期間について DOP（保護原産地呼称）ワインの規定よりも更に長い独自の熟成期間を次のように定めている。

ビノ・ホーベン（Vino Joven）：熟成させない若飲みタイプのワイン。

クリアンサ（Crianza）：赤ワインは 24 ヶ月以上熟成、うち樽熟成期間は最低 12 ヶ月。白とロゼワインは 18 ヶ月以上熟成、うち樽熟成は 6 ヶ月以上。

レセルバ（Reserva）：赤ワインは 36 ヶ月以上熟成、うち樽熟成期間は最低 12 ヶ月。白とロゼワインは合計 24 ヶ月以上熟成、うち樽熟成は 6 ヶ月以上。

グラン・レセルバ（Gran Reserva）：赤ワインは 60 ヶ月以上熟成、うち樽熟成期間は最低 24 ヶ月以上。白とロゼワインは 48 ヶ月以上熟成、うち 6 ヶ月以上は樽熟成。

②ナバーラ州

DO ナバーラの他に 3 つの VP（ビノ・デ・パゴ）がある。

# [DO ナバーラ（Navarra）]

リオハに隣接していることから、「リオハの弟分」と称されてきた。フランスとの国境近くに位置し、ピレネー山脈からエブロ河沿いまで続くなだらかな平原の産地だ。中心都市のパンプローナは、10 世紀から 16 世紀初頭まで続いたナバーラ王国の首都として栄えた町で、ヘミングウェイの長編小説『日はまた昇る』の舞台となった。また、サン・ティアゴ・デ・コンポステーラの巡礼路にある町の一つとしても知られている。長らくロゼワインの産地と思われていたが、1980 年代に国際品種を積極的に導入し、ワインの国際化を図った。現在では土着品種への回帰も見られ、両者のブレンドも一つのスタイルとなっている。生産量は 395,876hL（2018）。

ピレネー山脈、ビスケー湾、エブロ渓谷からの影響により、北は大西洋性気候、中央部は大陸性気候、南部は地中海性気候となっている。冬はピレネーからの冷たい風が吹き、山がちな北部は降雨量が多い。南に行くにつれて土地がなだらかになり、平野部は夏暑く乾燥する。春と秋は比較的温暖。年間降雨量は 500mm。

また、3 つの「ビノ・デ・パゴ（VP）」（単一ブドウ畑限定高級ワイン）があり、その品質が注目を集めている。VP は、2003 年のワイン法改正の際に新たに誕生した分類で、「地域」ではなく「限定された面積の単一畑」で栽培、収穫されたブドウのみから造られるワインに認められる原産地呼称。現

在スペイン全体で 14 あるうちの 3 つ、VP アリンサーノ（Arinzano）、VP オタス（Otazu）、VP プラド・イラーチェ（Prado de Irache）がナバーラにある。ちなみに、VP プラド・イラーチェは、ボデガス・イラーチェが所有する畑だが、このボデガでは蛇口をひねると赤ワインが出てくる「フェンテ・デル・ビノ（ワインの泉）」を 1991 年に建設し、巡礼者のために無料でワイン（1 ケ月 3,000L。ワインは DO ナバーラ）を提供しており、巡礼路の名物になっている。

### ③アラゴン州　ARAGÓN

スペイン北東部にあり、州都はサラゴサ。その昔、ローマ人たちはピレネー山脈の景観の美しさと水の豊かなアラゴンを気に入り、スペインから撤退した後も多くの人が残った。地勢は南下すると一変して砂漠地帯となる。この地勢の多様性がワインに反映している。19 世紀当時のアラゴンのワイン産地といえばカリニェナで、その畑はフランス国境を越えて広がり、ブドウはフランスでカリニャンと呼ばれた。その後、スペインワインの発展の中で、アラゴンは遅れを取っていたが、革新の先駆けとなったソモンターノやその他のエリアからも優れたワインが産出されるようになった。

## [DO ソモンターノ（Somontano）]

ピレネー山脈の麓に広がる産地。中心都市はバルバストロ。町の周辺に広がるブドウ畑の標高は、350 〜 650m、野菜やアーモンドの畑と共に広がっている。土壌は、砂岩と粘土質で炭酸カルシウムを多く含む。大陸性気候で、夏は 40℃位まで気温が上がり、非常に乾燥している。冬場は 10℃前後でピレネーが冷たい北風を遮るので、比較的過ごしやすいが、時に雹や霰に悩まされる。年間降雨量は 550mm と中央スペイン台地よりはかなり多い。日照時間は、2700 時間。

以前はほとんど知られていなかったが、1988 年に原産地呼称が認められてから活気づき、ワイン造りの中心は古い協同組合から新しいワイナリーへと移り、州内からの投資で最新の設備や技術が導入された。また、スペイン固有品種に加えて外来の国際品種の栽培も盛んに行われ、そのバラエティの豊富さとモダンな味わいから、スペインの中のニューワールドと称されている。もともと栽培されていた地元品種のモリステル、パラレータ、アルカニョンなどに加えテンプラニーリョ、そして外来品種のカベルネ・ソーヴィニヨン、メルロー、ピノ・ノワール、シャルドネ、シュナン・ブラン、ゲヴェルツトラ

ミネールなどが植えられた。栽培面積は 1990 年代から倍以上に増え、現在は 4,750ha に達している。生産量は 110,312hL（2018）。

## [DO カンポ・デ・ボルハ（Campo de Borja）]

　ナバーラとアラゴン州の州境にあり、「ボルハ家の土地」という意味で、名門ボルハ家の所有地だったことを示している。ブドウ畑は標高 300 〜 700m の高地にあり、エブロ河上流の右岸から、イベリコ山系の美しいモンカヨ山の裾野に広がっている。大陸性気候で夏は非常に乾燥し、気温は 40℃位まで上がるが、冬場は寒さが厳しく気温は 0℃以下になることもある。ピレネー山脈からの乾いた冷たい北風が吹き、それが時に春まで残る霜を呼ぶ。土壌は砂岩と石灰岩質で、水はけは良い。ブドウは 4 分の 3 がガルナッチャで、しっかりとしたボディと高いアルコール度のワインが造られている。輸出向けには樽をしっかりと使った濃厚なワインも生み出されている。熟成タイプはテンプラニーリョから造られ、カベルネ・ソーヴィニヨンがブレンドされることもある。また、マスエロやシラー、メルローなども栽培されている。赤ワインとロゼが有名な地域だが、マカベオなどからの白ワインも造られている。1991 年に原産地呼称が認定された。生産量は 194,363hL（2018）。

## [DO カリニェナ（Cariñena）]

　アラゴン州サラゴサの南西から DO カラタユドの東端にまで広がる一帯で、エブロ河の支流であるウエルバ川に面している。ブドウ畑は美しい田園の平野部と小さな丘に連なり、標高は 400 〜 800m。大陸性気候で、夏は 40℃近くまで気温が上がるが、冬は − 8℃くらいまで下がり、雪も降る。比較的乾燥しており、年間の降水量は 300 〜 350mm と少なく、日照量は年間 2800 時間。土壌は石灰岩にスレートが混じっており、沖積土壌も見られる。この土地の名前を持つブドウ品種カリニェナは、この地方が原産地と考えられているが、フィロキセラで壊滅後、栽培の中心はガルナッチャになっている。その他、テンプラニーリョやモナストレルも栽培されており、カベルネ・ソーヴィニヨンやメルローといった外来種も試験的に栽培されている。以前はアルコール度数が高く、パワフルなワインの産地として知られていたが、今では洗練されたワイン造りへと変貌を遂げている。また、赤ワインは早飲みが主流だったが、最近では熟成させる傾向にある。生産量は 439,030hL（2018）。

## ④バスク州　PAÍS VASCO

　スペインの北部、フランス国境のピレネー山脈の西側に位置し、ビスケー湾に面している。バスク人はピレネーを挟んでスペイン側とフランス側に住み、独自の言語と文化を持っている。スペイン内戦中にバスク自治政府が成立したが、フランコ将軍によって抑圧された。フランコがヒットラーと共謀してバスクの町ゲルニカを爆撃した残虐さは、ピカソの絵によって永遠に人々の脳裏に刻みこまれることとなった。フランコの死後、自治権を回復するが、バスクの分離独立派はその後も ETA（バスク祖国と自由）によるテロを繰り返すなど、今でも独立の機運は高い。またバスクは美食でも有名で、フランスとの国境近くにあるサン・セバスチャンにはミシュランの星付きレストランも多く、世界中から「新バスク料理」を求めて人が集まっている。

　ワインは、バスク州にその一部がある DOCa リオハ以外では、微発泡の辛口白ワイン「チャコリ」が伝統的に生産されており、現在 3 つの DO がある。全体的に穏やかな気候で、雨がやや多く湿度が高い。ブドウ畑は、海岸沿いから内陸にかけての丘に広がっており、風通しを良くするためにエンパラードと呼ばれる棚式で栽培されている。

　主要なブドウ品種は、白ブドウがオンダラビ・スリ、黒ブドウがオンダラビ・ベルツァ。伝統的な納屋で木樽で醗酵させるホームメイドタイプは若飲みのワイン。近年では地域外や海外への輸出も増え、本格生産への革新が行われ、酸味とミネラル感を維持しつつもコクのある微発泡でないワインも増えている。

## [DO チャコリ・デ・ゲタリア (Chacoli de Getaria/Getariako Txakolina)]

　3 つの DO の中で最も生産量が多く、25,844hL（2018）。爽やかな酸味とミネラルに富む軽いチャコリが多い。近年、積極的に海外へ輸出している。

## [DO チャコリ・デ・ビスカヤ (Chacoli de Bizkaia/Bizkaiko Txakolina)]

　ブドウ畑はゲルニカとその周辺に広がる。ゲタリアのチャコリよりもアルコール度が高い。生産量はゲタリアより少なく、15,964hL（2018）。

## [DO チャコリ・デ・アラバ (Chacoli de Alava/Arabako Txakolina)]

　ビルバオの南の山間部に位置し、3 つの DO の中で最も小さい産地。唯一海

に面していない。生産量は 2,477hL（2018）。

## 4）大西洋地方
### ①ガリシア州　GALLCIA
　スペインの北西部に位置し、南はポルトガルと接し、大西洋に臨んでいる。森林地帯が多く、「グリーンスペイン」とも呼ばれるこの地域は、灼熱の台地が広がるスペイン内陸部とはかなり趣が異なっている。湿気も多く、雨も良く降る。州都のサンティアゴ・デ・コンポステーラは、巡礼の道の終着地点でもある。スペイン屈指の白ワインの産地で、豊富な海の幸とのマリアージュが楽しまれている。DO は、高級白ワイン産地のリアス・バイシャスを始め 5 つあり、近年特に注目の産地が集まっている。

## ［DO リアス・バイシャス（Rias Baixas）］
　リアス式海岸の語源ともなったリアスは、ガリシア語で「入り江」、バイシャスは「下部」を意味する。その名の通り、入り組んだ岬や入り江で構成される大西洋岸の産地で、スペイン屈指の高級白ワインの産地である。気候は、温暖湿潤で年間降水量は 1,600 ～ 1,700mm とスペインの中では多い。
　ブドウ畑は、海に近い丘陵地やミーニョ河沿いの渓谷に広がっている。品種は白ブドウのアルバリーニョが中心。湿度が高いため伝統的にペルゴラと呼ばれる棚式栽培が多かったが、最近では垣根式で栽培する所も増えてきている。他の地域では大地主が多く農民は小作農だが、ガリシアでは小農家が小さな畑を持つ、「ミニ・フンディオ」と呼ばれる零細小地主農業が中心となっており、リアス・バイシャスにもミニ・フンディオが多数存在している。産地は以下の 5 つのサブゾーンに分かれており、最も重要なのが北にある冷涼で湿潤な地域のバル・ド・サルネス、南のミーニョ河沿いの内陸に広がる温暖な地域コンダード・ド・テア、最南部で酸度の低いワインのオ・ロサル、その他リベイラ・ド・ウリャと、ソウトマヨールがある。生産量は 263,377hL（2018）。

## ［DO バルデオラス（Valdeoras）］
　ガリシア州の最東部、最も内陸に位置し、シル川沿いの渓谷に広がる産地。大陸性気候の影響で、夏は高温になり乾燥している。かつては、ガルナッチャやパロミノから造られる若飲みワインが中心だったが、1890 年代後半から高品質なワイン造りへの取り組みが始まり、その後ゴデーリョから造られる白ワ

インが高く評価されるようになった。赤ワインはメンシアから造られている。スペイン各地でワインを造る著名な醸造家テルモ・ロドリゲスもこの地に注目している。生産量は 32,240hL（2018）。

## [DO リベイラ・サクラ（Ribeira Sacra）]

　ミーニョ河とシル川の流域沿いに細長く伸びた産地で、川沿いの渓谷の急斜面に段々畑が築かれている。かつて 18 もあった修道院を中心に、ブドウ栽培とワイン造りが行われてきた歴史がある。ブドウ品種は、白はゴデーリョ、アルバリーニョ、赤はメンシアで外来品種は認定されていない。スペインを代表する醸造家のラウル・ペレスがこの地で指導して出来たワイン、アガデス・ギマロのエル・ペカド（原罪）がロバート・パーカーの高得点を獲得。以来、急速に注目の産地となってきている。生産量は 21,219hL（2018）。

## [DO モンテレイ（Monterrei）]

　ガリシア州で最も南に位置する小産地。海抜 400 ～ 500m の渓谷の斜面にブドウ畑が広がっている。ボデガは 4 軒しかなく忘れられた産地であったが、近年、トレイシャドゥーラ、ゴデーリョ、ドーニャ・ブランカなどから造られる高品質な白ワイン産地として脚光を浴びるようになった。牽引しているのは、ラウル・ペレスがホセ・ルイス・マテオと共同で設立した「ボデガス・キンタ・ムラデッラ」でメンシアと地元品種とのブレンドで秀逸なワインを生み出している。生産量は 28,987hL（2018）。

## 5）内陸部地方

### ①カスティーリャ・イ・レオン州　CASTILLA Y LEÓN

　スペイン最大の州。州名のカスティーリャ（城）が示す通り城跡が多く、ブルゴスの大聖堂やセゴビアの水道橋など多くの世界遺産があり、またサンティアゴ・デ・コンポステーラの巡礼路が北部を通っている。州の大半は標高の高い中央台地の北部に広がっている。ワイン産地はドゥエロ河を取り囲むように点在しており、リベラ・デル・ドゥエロやトロなど 9 つの DO が認定されている。

## [DO リベラ・デル・ドゥエロ（Robera del Duero）]

　「ドゥエロ河の河岸」という意味の通り、ドゥエロ河の両岸に沿った東西約

120kmの間に広がる産地。マドリードの北方に位置し、中心都市はアランダ・デル・ドゥエロで、1982年に原産地呼称に認定された。ブドウ畑は、河の両側に連なる渓谷の丘陵の斜面や、河に近い平地に広がっている。中央台地の北部に繋がるこの地域は、ブドウ畑の平均海抜が700〜850mと高地にあり、日中の強い日照を受けて成熟し、夜の涼しさで凝縮度を増していく。大陸性気候の影響を強く受け、夏は暑く乾燥するが夜温は下がり、冬は厳しい寒さとなる。春は遅霜が発生するとその年のブドウの出来に影響を及ぼす。雨は秋と春に多いが、暑く乾いた天気の間に育つブドウは、病害にあう事もなく素晴らしく完熟して収穫される。

　土壌は北部が石灰岩が中心、河付近では沖積土と砂質が多くなる。このテロワールが色の濃い、複雑で凝縮されたリベラ・デル・ドゥエロの赤ワインを生み出している。ブドウ栽培面積は、約22,000haで9割以上がティント・フィノまたはティンタ・デル・パイスで、どちらもテンプラニーリョと同種。赤ワインはこの品種を最低75％使用することが義務付けられている。その他、補助品種としてガルナッチャ・ティンタやカベルネ・ソーヴィニヨン、メルロー、マルベック、そしてスペイン固有の白ブドウ品種アルビーリョなどが認定されている。ワイン生産量は388,705hL（2018）。

　特筆すべきボデガは、なんといってもベガ・シシリア。1929年のバルセロナ万博で金賞を獲得して以降、その名を世界に知られるようになり、産地をも世に知らしめた。また、1980年代前半のペスケーラの大成功によって、この地域への関心が更に高まり、外部からの実業家や異業種の企業がリベラ・デル・ドゥエロに進出した。最近では、1995年からベガ・シシリアに隣接する畑で、高品質なワインを生み出しているボデガ、ドミニオ・デ・ピングスも内外で高い評価を受けている。

## [DO ルエダ（Rueda）]

　バリャドリッドの南、ドゥエロ河の左岸に位置する産地で、ブドウ畑は海抜600〜800mの中央台地にある。ドゥエロ河が運んだ沖積土や石灰粘土質、砂岩などの土壌で、典型的な大陸性気候。一帯は穀物畑が広がる平原で、「スペインのパンかご」と呼ばれる地域である。

　1980年に原産地呼称に認定された際には、白ワインだけが認められたが、2008年には赤とロゼもルエダの名称を名乗ることが出来るようになった。最初の赤とロゼの認定は2002年だったが、「白のルエダの評判を損ねる」とし

て認定が撤回され、その後 2008 年に再認定されたという経緯がある。

　ブドウ畑の面積は約 13,000ha で、生産量は 543,307hL（2018）。主なブドウ品種は、白ブドウのベルデホ。現在は、リアス・バイシャスと並んでスペインを代表する白ワインの産地として人気を博している。

　ルエダを名乗るには、ベルデホを 50％以上、ルエダ・ベルデホは 85％以上の使用が義務付けられている。また、ソーヴィニヨン・ブランを 100％使用しているワインは、ルエダ・ソーヴィニヨン・ブランを名乗ることができる。まだ圧倒的に白ワインの比率が高いが、最近ではテンプラニーリョなどから良い赤ワインも生産されているし、スパークリングワインも造るようになってきている。

## ［DO トロ（Toro）］

　ルエダの西側に隣接し、ドゥエロ河流域の中で最も西側に位置するトロは、ルエダとは対照的に赤ワイン中心の産地。河の南側にある畑は肥沃な沖積土、北部は石灰岩と砂質の多い土壌になる。大陸性気候だが、リベラ・デル・ドゥエロに比べ海抜が低いため、夏は気温が高くなり、ブドウが早く成熟する。

　栽培面積 5,600ha のうち約 6 割を占めるのは、ティンタ・デ・トロと呼ばれるテンプラニーリョと同種の黒ブドウ。トロで栽培されるうちに非常に色が濃く、タンニン分の強い、独自の個性を持つようになった。生産量は 36,260hL（2018）。赤ワインは、ティンタ・デ・トロを最低 75％使用することが義務付けられており、色の濃い濃縮された果実味を持つワインになる。ガルナッチャも栽培されており、多くはロゼワインになる。白ブドウはマルバシア、ベルデホなど。

　原産地呼称に認定されたのは 1987 年だが、歴史は古く、古代ローマ人がイベリア半島へ定住する以前からワインは存在した。中世にはワインの販売を禁じられていた都市でも、「トロ」のワインは敬服に値する財産として販売が許可されたと言われ、王室の特権が与えられていた。DO 認定後の 1990 年代には、著名な生産者や、有名な醸造家テルモ・ロドリゲスなどが投資をするようになり、濃い凝縮感はそのままに、さらに洗練されたタイプのワインが造られるようになった。また、ファッションとアルコールの世界的大企業 LVMH 社もヌマンシア・テルメスを傘下に入れるなど、トロの赤ワインは有望視され、熱い注目を集めている。

## [DO ビエルソ（Bierzo）]

　地理的にはカスティーリャ・イ・レオン州に属する地区だが、ドゥエロ河流域から離れていて、気候風土、言葉などは隣接するガリシアに近い。標高400〜1000mの山の斜面にブドウ畑があり、生産量は30,078hL（2018）。平野部の土壌は沖積土や砂、粘土質などだが、山の斜面はスレート質になっている。年間降水量は700mm程度。日照時間は2000時間前後。2000年代に入ってから黒ブドウのメンシアから出来る赤ワインが、冷涼感のあるエレガントさで注目を集め、にわかに浮上した話題の新興産地。メンシアの品質を一気に押し上げた先駆者は、プリオラートの著名な醸造家アルバロ・パラシオスと甥のリカルド・パラシオス。また天才醸造家と謳われるラウル・ペレスの功績も大きい。

## ②マドリッド州　MADRID

　スペインのほぼ中央に位置するマドリッド県のみからなる州で、スペインの首都がある。ここにある DO ビノス・デ・マドリッド（Vinos de Madrid）は、マドリッドが首都になった16世紀以降に発展したが、都市の拡大によってブドウ畑は激減した。現在は若い世代による質の高いワイン造りが行われており、特にグレドス山脈周辺の地域はシンデレラ産地として注目されている。生産量は28,529hL（2018）。

## ③カスティーリャ・ラ・マンチャ州　CASTILLA LA MANCHA

　スペイン中央部から南に位置し、州都はトレド。主な DO に、中央台地のラ・マンチャ、南のバルデペーニャス、北のモンデハールとメントリダ、2006年に DO になったウクレス、東のリベラ・デル・フカール、マンチュエラ、アルマンサなどがある。このうちマンチュエラとアルマンサはムルシア州の DO ウティエル・レケーナ、フミーリャとそれぞれ隣接し、別ブロックのような観を呈している。またこの州には、6つのVP（ビノ・デ・パゴ　単一ブドウ畑限定高級ワイン）がある。

## [DO ラ・マンチャ（La Mancha）]

　スペイン最大のワイン産地。中央台地に広がる一帯で、ドン・キホーテの舞台としてその名を知られる。地図では平野のように見えるが、丘陵地や渓谷もある。典型的な大陸性気候で、酷暑と酷寒に見舞われる。

　長くイスラムの支配下にあったが、レコンキスタ後にブドウ栽培が復活し、オリーブ、サフランと共にワイン造りが主要産業になった。マドリッドが繁栄した時期にワイン造りは最盛期を迎えたが、第二次世界大戦後ヨーロッパ各地のワイン産業が復活してくると、繁栄の付けが過剰生産と低品質という形で現れた。

　現在、DO認定のブドウ栽培面積が160,000haで、単一DOでは世界最大の広さ。年間ワイン生産量は、386,764hL（2018）。土壌は石灰質、粘土、砂質。極端な大陸性気候で冬には−15℃、夏は45℃にもなる。年間降水量300〜500mm、乾燥が最大の問題だが、灌漑は禁止されている。栽培されているブドウの75％が白で、そのうちの9割をアイレンが占め、単一品種の栽培面積では世界最大である。耐乾性があり頑強なブドウである。その他、マカベオも栽培されている。黒ブドウは、センシベル（テンプラニーリョ）が中心だが、ボバルなどもある。最近では、シラーやカベルネ・ソーヴィニヨンなどを栽培して新しいスタイルのワインを造る動きも生じているが、DOワインに認定されていない。従来は質より量の産地だったが、内外からの投資も進んでおり、今後大きく変貌することが予想される。

## [DO バルデペーニャス（Valdepenas）]

　広大なラ・マンチャの南端に位置する「石の谷」という意味の産地。原産地呼称制度が出来た初期に認定されたDOで歴史があり、リオハと並び優れると評されたこともある。栽培面積29,000ha、年間生産量550,657hL（2018）、標高700〜900mでラ・マンチャより高い。大陸性気候で、年間降水量300mm、気温は−10℃〜40℃でラ・マンチャに似ているが、土壌は白亜、粘土、岩石。ブドウは、赤がセンシベル、ガルナッチャ、カベルネ・ソーヴィニヨン、白がアイレンとマカベオ。ワインは赤が約80％。協同組合が主流だが、その他に大手のフェリックス・ソリス社などもある。アイレンの栽培比率が高かったが、現在はセンシベルが増えつつある。野心的なボデガも出てきているので、再び目が離せない地区になりつつある。

### ④エクストレマドゥーラ州　EXTREMADURA

　スペイン南西部にあり、ポルトガルに隣接している。ローマ帝国時代には、銀を運ぶ「銀の道」が通っていた地域で、その頃からワイン造りが行われていた。現代では、バルク用のワインや蒸留アルコールの産地となっており、ビ

ノ・デラ・ティエラの大産地であるが、その一部が 1999 年に DO リベラ・デ
ル・グアディアーナに認定された。DO は州の中央部に位置し、6 つのサブゾー
ンに分かれている。標高は 280 〜 850m までと様々で、土壌、気候などもサブ
ゾーンによって異なる。生産量は 59,411hL（2018）。ブドウは黒ブドウがガル
ナッチャ、テンプラニーリョのほか、ボバル、モナストレル、マスエロなど。
海外品種のシラーとカベルネ・ソーヴィニヨンやメルローも加わる。白ブドウ
はアラリヘ、パルディーナ、カタエナ・ブランカ、マカベオ、マルバール、マ
ルバシア、ベルデホなど。

## 6）南部地方
### ①アンダルシア州　ANDALUCÍA

フラメンコや闘牛といったイメージは、スペイン南部のアンダルシア地方の
ものだ。8 世紀の初めから 800 年の長きに渡り、イスラム教徒に支配されたこ
の地方には、グラナダやコルドバなどの古都を始めとする各所にその影響が色
濃く残っており、同じスペインでも北部や中央部とは全く趣を異にする。アフ
リカ側に面する海岸は、コスタ・デル・ソル（太陽海岸）と呼ばれ、世界有数
のリゾート地だ。背後にはシエラネバダ山脈、セラニア・デ・ロンダ山地など
が海岸線ぎりぎりまで迫っている。コルドバ、セビーリャを東西に流れるグア
ダルキビル河は、流域を広大な緑の沃野にしながら、カディスの所で大西洋に
流れ込んでいる。

ギリシャ人がローマ帝国以前からワイン造りをしていたが、イスラム教の支
配時代にヘレスやマラガなど一部の地域を除き、ワイン造りは廃れてしまっ
た。生き残った、濃く甘くアルコール度数の高いワインをイギリス人が気に
入り、世界に広めていったことで、それらの地域のワイン産業が発展していっ
た。2018 年に DO に昇格した DO グラナダを含め、現在、6 つの DO がある。

## [DO コンダド・デ・ウエルバ（Condado de Huelva）]

大西洋に面したスペイン最南西端の産地で、地元品種のサレマという白ブド
ウからフレッシュな白ワインとシェリータイプの酒精強化ワインを造ってい
る。生産量は 84,978hL（2018）。

## [DO モンティーリャ・モリレス（Montilla-Moriles）]

アンダルシア州のほぼ中央に位置するこの DO は、スペインで最も暑くなる

地域である。シェリーの一種の「アモンティリャード」は「ア・モンティーリャ・アード（モンティーリャに似たもの）」という意味で、ヘレスよりも先に広く知られていた。モンティーリャのワインは、自然醗酵でアルコール度数が15度にも達するため、酒精強化する必要が無い。しかしタイプは似ている。品種は9割以上がペドロ・ヒメネス。シェリーでは甘口を造る品種だが、ここでは辛口も造られる。生産量は167,530hL（2018）。

## [DO マラガ（Málaga）]

フェニキア人によって築かれた町で、紀元前1100年頃からワインが造られていた。イスラム教支配の時代にも生き残り、シェークスピアの時代にもヘレスのワインなどと共に「サック」と呼ばれてもてはやされた。輸出先はイギリスの他、ロシアやアメリカにも広がり、最盛期にはスペイン第2の規模を誇っていたが、19世紀に相次ぐ病害や虫害でブドウ畑が激減、DOに認定された頃は、スペインで最少のDOになっていた。栽培されているブドウは、モスカテルとペドロ・ヒメネスが主体で、ワインも甘口。生産量は14,399hL（2018）。

また、同じエリアで早飲みのワインが造れるように新たにDOシエラ・デ・マラガが設置された。

## [DO ヘレス・ケレス・シェリー＆マンサニーリャ・サンルーカル・デ・バラメーダ（Jerez-Xérès-Sherry y Manzanilla-Sanlúcar de Barrameda）]

非常に長いDO名だが、これが正式名称。「ヘレス」がスペイン語、「ケレス」はフランス語、「シェリー」は英語で、全て同じ地名（酒名）を指している。マンサニーリャ・サンルーカル・デ・バラメーダは、正確には別の原産地呼称。この2つの原産地呼称によってシェリー（ヘレス地域で伝統的な製法で造られたワイン）は法的に保護されている。日本では、地名はヘレス、ワインはシェリーと表記されることが多い。

シェリーは、アンダルシア最南端のカディス県の3つの町、ヘレス・デ・ラ・フロンテラ、サンルーカル・デ・バラメーダ、エル・プエルト・デ・サンタマリアを結ぶ三角地帯が産地で、ここで熟成されたものだけがシェリーと名乗ることができる。「マンサニーリャ・サンルーカル・デ・バラメダ」の原産地呼称の場合は、熟成地域はサンルーカル・デ・バラメダ市内に限定されている。この地域は、紀元前1000年頃にフェニキア人によりブドウが伝えられ、

以後ワイン造りが行われてきた。元々輸出が盛んで、イギリス、ドイツ、オランダ、北欧などで親しまれてきたが、特にイギリス人が好んで飲み、大英帝国の世界制覇時代に世界中に広めたので、イギリスはシェリーの育ての親と言える。また、シェリーを食前酒として世界に紹介したのもイギリス人である。

　ブドウ畑は、なだらかな丘陵地帯にあり、土壌は白い「アルバリサ」と呼ばれる土で石灰分を多く含んでいる。夏の暑さは厳しいが、冬の寒さは比較的穏やか。大西洋から吹く風がブドウ樹を夏の暑い太陽から守っており、また地域によっては北東から吹く熱を帯びた風の影響も大きく受けている。ブドウ品種は、栽培の約95％を占める白ブドウのパロミノが主体。2000年からは、長い熟成を経たシェリーには「熟成期間認定シェリー」として裏ラベルにVOSまたはVORという表示が出来るようになった。VOSは熟成20年以上、VORSは熟成30年以上。また、10年を超えるようなものには「熟成年数表示シェリー」の認定がある。生産量は483,777hL（2018）。

# 7）諸島部

## ①バレアレス諸島　ISLAS BALEARES

　スペインの東海岸沖合の地中海上にあり、マヨルカ、メノルカ、イビサ、フォルメンテラの4つの島と小島や岩礁からなる諸島で、ヨーロッパ屈指のリゾート地。カタルーニャ文化の影響が強い。中央のマヨルカ島が一番大きく、ショパンとジョルジュ・サンドが暮らしたことでも有名。2つのDOがある。

　DO ビニサレム－マヨルカ（Binissalem-Mallorca）は島の中央部に位置し、地中海性の温暖な気候。7割以上が赤ワインで、主な品種はマント・ネグロ。そのほかテンプラニーリョやモナストレル、最近では海外品種のシラー、カベルネ・ソーヴィニヨン、メルローなども使われている。マント・ネグロから造られる軽い赤がこの島の名物。白は地元品種のモル（プレンサル・ブラン）が主体。DO プラ・イ・リェバン（Pla I Llevant）は島の東側に位置し、2000年にDOに昇格した。

## ②カナリア諸島　ISLAS CANARIAS

　モロッコ沖100kmの大西洋上にポルトガル領のマディラ諸島とスペイン領のカナリア諸島がある。どちらも大航海時代にはアメリカ大陸への重要な中継地だった。約3000万年前に噴火した火山の島々からなるため、土壌は溶岩など火山性。気候は大西洋の準亜熱帯性気候で、島によって半砂漠状態の乾燥地

域もあれば、年間1,200mmも雨が降る高山地帯もあり、多様である。黄色い
鳥のカナリアの原産地として知られるカナリア島だが、ワインは余り知られて
いない。しかし歴史は古く、カナリア島の甘口ワインはエリザベス女王時代の
イギリスで大変人気を博していた。現在は7つある島のうちの6つの島でワ
インを生産し、10のDOがある。量は多くないものの、島々の地勢や気候風
土の違いが激しいためブドウの育成条件も著しく異なるからである。栽培され
るブドウは、白がリスタン・ブランコ、モスカテル、マルバシアなど、黒ブド
ウはリスタン・ネグロ、ネグラモルなど。

（大滝恭子）

プリオラート

# Portugal

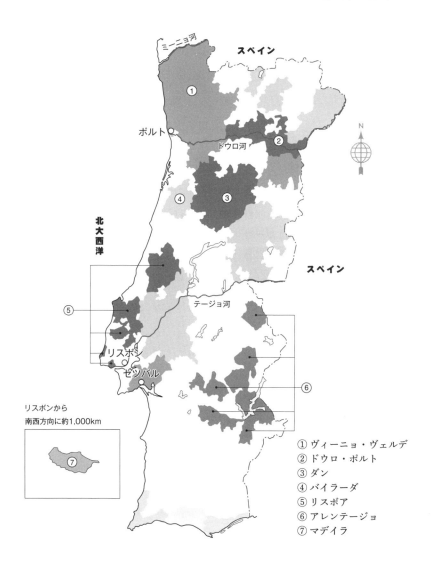

ミーニョ河　　スペイン

① 

ポルト○　ドウロ河

② 

④　③ 

北大西洋

スペイン

テージョ河

⑤ 

リスボン

セツバル

⑥ 

リスボンから
南西方向に約1,000km

⑦ 

① ヴィーニョ・ヴェルデ
② ドウロ・ポルト
③ ダン
④ バイラーダ
⑤ リスボア
⑥ アレンテージョ
⑦ マデイラ

　ポルトガルのワインは、日本人が最初に口にしたワインだと言われている。そういう意味では日本との関係が深い。室町時代の公家日記『御法興院日記』に「珍陀を飲んだ」という記述があるが、その「珍陀（チンダ）」は、ポルトガル語で赤ワインを指すヴィーニョ・ティント（vinho tinto）だと思われる。その他にも、豊臣秀吉や石田光成などの戦国武将たちが赤ワインを飲んだ記録があり、それがポルトガルの赤ワインであった可能性は高い。遠い東洋の果てと言われた日本にまでワインが伝わったことから、航海王子エンリケが活躍した大航海時代のポルトガルの国の勢いが、そしてワイン造りがいかに盛んであったかが窺える。

# （1）歴史

　ポルトガルでは 2000 年以上も昔、前紀元前 5 世紀にフェニキア人やカルタゴ人によってブドウ栽培が始まった。その後、イスラム教徒の占領下にあった 8 世紀から 11 世紀にワイン造りは停滞するが、レコンキスタ（国土回復運動）によってキリスト教が国土を回復した後には、また盛んになった。12 世紀にスペインから独立した後も、独自のワイン造りを続けてきた。17 世紀にはマディラワイン、18 世紀にはポートワインが登場した。この二つのワインはスペインのシェリーと並んで、世界三大酒精強化ワインと称されている。1756 年にポート・ワインの原産地管理法を制定。世界初の原産地管理法であり、ポルトガルは原産地呼称制度のパイオニア的存在だ。1986 年の EU 加盟以降は、EU ワイン法に則った法整備がなされている。EU 加盟後、ブドウ栽培や醸造設備への投資が積極的に行われ、その結果ワインの品質が急速に向上し輸出も盛んになった。現在では、注目の産地となりつつある。

# （2）気候と地勢

　ブドウ栽培面積は約 190,000ha（2018 年）で、ワイン生産量は約 610 万 hL（2018 年）で世界第 11 位ある。気候は地中海性気候で、全体的に高温多湿で雨が多いが、太陽の恩恵も大きく昼夜の寒暖差が大きい。大西洋岸は夏涼しく、冬は降雪を含み、雨が多い。中部は夏暑く、冬は寒い。年間降水量は 500 〜 700mm。南部は典型的な地中海性気候で、夏季の雨量が少なく年間降水量は 500mm を下回る。ほとんどの地域で、夏は 20℃ を超え、冬は 10℃ まで下がる。

　地勢的にはイベリア半島の西端に位置し、国土は南北に長い長方形をしてい

る。大西洋上の二つの火山島群、アソーレス諸島とマデイラ諸島も領土に含まれる。東部は山岳地帯で、西部に海岸平野が広がっている。国のほぼ中央を横断するように東西にテージョ河が流れており、それを境として南と北とでは山々の景観が異なる。北で険しかった山脈は、南に向かうにつれてなだらかになり、丘陵と見分けがつかなくなっていく。オポルト市には、第二の河川であるドウロ河が流れている。ポルトガルの最高峰は、アソーレス諸島ピコ島のピコ山で標高は 2,351m、ここには世界遺産に登録されたブドウ畑がある。本土での最高地点は北部に位置するエストレーラ山脈中のトーレで標高は 1,991m である。国の南部と北部、大西洋に面した西側と、スペインと国境を接する山間部の東側とでは、気象、地勢に大きな違いがあり、ブドウの生育条件も大きく変わっている。

　ちなみに、ワインの世界でポルトガルが特に重要な役割を果たしているのがワイン栓のコルクである。ポルトガルは世界最大のコルク産出国で、世界のワインコルクの 50％強がポルトガル産。コルクの原材料であるコルク樫の森林面積は 760,000ha で、ポルトガルの森林面積全体の 20％に当たるという。またコルク産業は、ポルトガルにおける基幹産業の一つになっている。

# （3）ブドウ品種

　ポルトガルのワイン造りの特徴は、他のヨーロッパ諸国がフランス品種をせっせと導入している中で、この国特有の品種を大切にしてきた点である。ポルトガルは固有のブドウ品種が実に多い。しかし、その一部だけが輸出用ワイン品種とされ、多くは各生産地でそれぞれ地方名で呼ばれたりして、乱雑に栽培され国内消費ワインに使われていた。

　しかし、EU に加盟したのを契機に、輸出の主力であったポートワイン以外のワインを輸出のターゲットにすることが考えられるようになると、国を挙げてブドウ品種の研究と整理、植え替えが行われるようになった。その結果、現代的醸造技術の導入と相まって、ポルトガルのワインは劇的に変貌しつつある。現在認可されている 340 種の品種名を羅列することは避けて、主要品種の大きな動向を紹介する。

　まず、トゥリガ・ナショナル（Touriga National）がこの国を代表する赤ワイン用品種として頭角を現している。中心地はダンと、テーブルワインの新主要生産地として躍進中のドウロだが、ブレンドワインの主要品種として全国に広がりつつある。トゥーリガ・フランカ（Touriga Franca）も従来は酒精補

強のポート用品種だったが、普通のワイン用に切換えられつつある。トリンカ
デイラ（Ttincadeira ポートのティンタ・アマレラ）が非常にリッチなワインを
生む品種に変身した。スペインのガリシア地方でメンシアと呼ばれるジャエン
（Jaen）はポルトガルでは傑出したみずみずしい若飲みワインになった。同じ
くスペインが誇りとするテンプラニーリョ種も、この国では北部でティンタ・
ロリス（Tinta Roriz）、南部ではアラゴネス（Aragones）と変名し、優れたワイ
ンを生んでいる。バガ（Baga）種という高貴種は、バイラーダ地区でこの国
の最も熟成能力を持つワインを生み、さらに単一畑ものの優れたワインが出だ
している。バイラーダの隣のダン地区では、アルフロケイロ（Alfrocheiro）が
バランスの優れたワインを生むのが注目されていたが、今やダン以外の地方で
も重視されるようになった。

　ポルトガルは昔から一般に赤ワインの国と思われて来たが、21 世紀になっ
て優れた白ワインを出す国に変貌しつつある。その原因はブドウにある。ま
ず、ヴィーニョ・ヴェルデの品質が劇的に向上した。ブセラス地区の主要品種
アリント（Arinto）は、ブレンドワインを造る場合、白ワインにおいて重要な
酸味を適度に保つことからアレンテージョで重視されるようになった。バイ
ラーダ地区では、ビスカル（Bical）種はワインに熟成能力を与えることが再
認識されるようになった。面白いのは赤で有名なダン地区でも、在来種のエン
クルザード（Enccruzado）が栽培と醸造方法の改良によってフルボディなブル
ゴーニュ的ワインになることが認識された。全てを通して驚かされる発見は、
乾燥したドウロ地区で、ヴィオシーニョ（Viosinho）、ラビガト（Rabigato）、
コデガ・デ・ラリーニョ（Codega de Larihno）、グヴェイロ（Gouveio・スペイ
ンのゴデーリョ）などの品種のブレンドを工夫することによって素晴らしいフ
ルボディの白ワインが造られるようになったことである。

# （4）ワイン法

　ポルトガルはポートの生産地であるドウロ地区で、世界で最初に境界線を定
めて産地を特定するという、今日の原産地呼称法を 1756 年に制定した国であ
る。1986 年に EU に加盟する前から多くの産地に境界が定められ、ワインの
品質についても細かく規定されていた。しかし、それが品質向上に繋がってい
なかったから、多くの生産者達は法規制を無視して自分達の好みのワインをブ
レンドして造り、ガラフェイラのラベルで出すのが一般的だった。

　EU の加盟に伴って、下記の様な EU のワイン法に沿った整備がなされた。

一方、広い地域をカバーし、規制も緩やかなヴィーニョ・レジョナル（VR/IGP）というカテゴリーが設けられたため、この方が重要度が増している。2008 年の EU ワイン法の改訂時に更に変更され、現在は、次の3階層となっている。

D.O.P.　(Denominaição de Origem Protegida) 原産地統制名称ワイン
　　　　※ラベルに D.O.C. と表記することも可能
I.G.P.　(Indicação Geográfica Protegida) 産地限定上質ワイン
　　　　※ラベルに Vinho Regional と表記することも可能
Vinho　ブドウ品種名（収穫年の表示があるものと無いものとがある）

# (5) 主なワイン産地
## 1) ミーニョ地方
### [DOP ヴィーニョ・ヴェルデ（Vinho Verde）]

　ポルトガル北西部、ミーニョ河一帯に広がる産地で、全国の 14％を占めるポルトガル最大の DOP ワイン生産地域。生産量の約 70％が白ワインで、赤ワインと少量のロゼワインも造られている。地域の気候は、夏は比較的涼しく冬が暖かい。産地の北側と東側は標高 1,000m 級の山々に囲まれ、西側は大西洋からの暖流の恩恵を受ける。土壌は主に花崗岩質。白ワインは、ロウレイロ、トラジャドゥラ、ペデルナン（アリント）、アザルなどの品種をブレンドして造られる。ミーニョ地方を有名にしたのは、第二次世界大戦後、世界に輸出された「ヴィーニョ・ヴェルデ」と呼ばれる平たい壜のロゼで、日本でも一時期大流行した。「ヴィーニョ・ヴェルデ（緑のワイン）」という名だが、白も赤もある。このヴェルデは「若い」という意味で、フレッシュな若飲みタイプ、豊かな酸味の微発泡の軽い辛口ワインが多い。

　かつては、ブドウの完熟を待たずに収穫された極めて酸味の強い素朴で痩せたワインが横行していたが、新世代のワインメーカー達の、ブドウを完熟させ、ワインの果実味とアロマを出来る限り高めようとする様々な努力や工夫の結果、バランスの良い、以前よりアルコール度が高めの上質なワインが増えてきている。また、ミーニョ河を挟んで対岸のスペインのリアス・バイシャスで造られるアルバリーニョのワイン同様、アルバリーニョ種だけを使ったコクのあるしっかりとした辛口白ワインが造られている。この上質なヴィーニョ・ヴェルデは、急速に向上を続ける**モンサン**と**メルガソ**のサブゾーンで増加している。この二つのサブゾーンは、スペインとの国境に面した地帯で、ヴィー

ニョ・ヴェルデ生産地区の最北部にあり、全体からみると二割くらいのごく狭い地区である。また、その南隣のリマでは、ロウレイロのみを使ったワインが造られていて、熟成して複雑な味わいのもの、中には樽熟成に値する深い味わいのものもある。赤ワインは、ヴィニャン、エスパデイロなどの品種から造られていて、内陸部のバスト、アマランテ、パイヴァなどに高品質なものが見られる。なお、DOP ヴィーニョ・ヴェルデ内で IPG ミーニョも造られている。

## 2）ドウロ、ポルト地方
### [DOP ドウロ、DOP ポルト（Douro、Porto）]

　世界に誇る「ポート・ワイン」の産地だが、近年では酒精強化をしていないワインの品質向上が著しい。ポルトガル北部、ドウロ河上流からスペイン国境までのドウロ河に沿った地域で、総面積は約 25 万 ha におよぶが、ブドウ栽培面積はその 2 割にも満たないわずか 46,000ha という山間の産地である。標高 1,000m 近い山々に囲まれていて、コルゴ川、トルト川、ピニャオ川などの支流の渓谷を利用してブドウが栽培されている。渓谷の斜面にテラス状の畑（段々畑）が、どこまでも続く景観は圧倒的である。気候は夏暑く、冬寒く、雨量が少なく乾燥している。ブドウ栽培者は約 3 万で、ここで収穫されるブドウの 40％程度がポート・ワインの原料となる。

　ドウロ・ヴァレーでは、何世紀にも渡りポート・ワイン用のブドウ栽培が行われてきたが、1980 年代後半より酒精強化を行わないワインが生産されるようになった。そうした激変を起こしたのが新世代の生産者達。その中でも、高品質なワインを生産する先駆的な 5 つの生産者は、ドウロ・ワインの品質をプロモートすることを目的に「ドウロ・ボーイズ」というグループを結成し、国内外でプロモーション活動を展開している。

　ドウロ河下流のバイショ・コルゴ地区は、最も雨量の多い地域で、ブドウ畑の占有率が 3 割と最も多い。そこから上流は向かったシマ・コルゴ地区は、最古にして最大のポート・ワイン産地で、最も品質の良いブドウが産出されている。更に上流のドウロ・スペリオール地区は、アッパー・ドウロとも呼ばれ近年になって開発が進み優れたブドウを生み出しているが、優れたテーブルワイン（酒精強化をしていない）の産地としても注目されている。もともとテーブルワインは、ポート・ワインに使われずに残ったブドウで造られていたが、外部からの資本導入や近代的な醸造技術の導入によってワインの品質が向上し、今ではテーブルワイン専用のブドウ栽培も行われるようになっている。

　ポート・ワインは、日本では、明治の半ばにサントリーの前身である寿屋が出した「赤玉ポートワイン」が戦前から戦後まで非常に普及していた関係で、正真のポート・ワインについて誤解を招くという後遺症を残した。ポート・ワインは、シェリーと並ぶ酒精強化ワイン（フォーティファイド・ワイン）の代表的なものであり、特にヴィンテージ・ポートは「クラシック・ワイン」として世界の中でも秀逸なものの一つとして、敬意を持って扱われたのである。

　製法としては、除梗、破砕されたブドウを2～3日醗酵させ、適した残糖度になった所で醗酵中の液体だけを抜き取り、そこに77度のグレープスピリッツを添加して醗酵を止める。アルコールの添加量は、最終的に求めるワインのアルコール度数と糖度によって違う。ドウロで醸造されたポート・ワインは、冬をドウロの醸造所（キンタ）で過ごし、春にかけてドウロ河の河口にあたるポルト市街（ヴィラ・ノヴァ・デ・ガイア）に運ばれた後、シッパーの倉庫（ロッジ）でブレンドし熟成させて、ポルトの港から出荷される。近年では、諸条件の発達があって生産地で熟成されるケースも増えている。

　ポートには、黒ブドウを原料にしたレッド・ポートと、白ブドウを原料としたホワイト・ポートがあるが、フルーティーな早飲みタイプのロゼ・ポートも新たに認定された。糖度は、エクストラ・ドライ（40g/L以下）からベリー・スイート（130g/L以上）まで5段階に分かれている。ホワイトはほとんどが国内で消費され国際市場に姿を現すことは余りない。

　日本でポートが高く評価されていないのは、誤解によるところが大きい。ポートの基本型は「ルビー・ポート」と「ヴィンテージ・ポート」である。ルビーは樽熟で、数年間大樽で熟成させて市場に出すが、若いうちに飲む。色が美しく甘味を含んでいて、いわば普及品である。これに対してヴィンテージは秀逸年に限って造られ、樽熟期間は短く、壜詰後に長期熟成させてから飲む。20年くらい壜熟させないとその真価を発揮しない。そうしたものはワインの熟成美の極致というべきもので、世界でも例を見ない秀逸品である。ただ、一般の消費者が自分で長期熟成させるのは難しいので、色々なバリエーションが生まれた。「レイト・ボトルド」は生産者が長期熟成させるもので、消費者は買って直ぐに飲める。「トウニー・ポート」はその色から名が付いたもので、小樽長期熟成を行う。レイトとトウニーはヴィンテージの極上のものには及ばないが、かなりのものである。

　なお、通常のポートは、複数のキンタ（醸造所）のものをブレンドする。しかし、特に優れたキンタかヴィンテージのものを製品にして出荷するのが、

「シングル・キンタ」で、その価値は高い。

## 3）ダン地方（Dão）

　長方形をしたポルトガルの国土の中央部よりやや北寄りで、大西洋とスペイン国境のちょうど中間にある内陸の産地。ダン川流域の 20,000ha のブドウ畑は、標高 200 〜 700m の日当たりの良い丘陵地に広がっている。山々に囲まれている盆地で、2 つの山脈が海や大陸からの強風雨から産地を守っている。土壌のほとんどが花崗岩質で、水はけが良い。夏暑く雨が少なく、冬は寒く乾燥している。この気温の寒暖差がブドウの生育に適していて、夏の暑さで完熟したブドウは、糖度が高く色の濃い力強いワインになる。生産量の 8 割が赤ワインで、主要品種はトゥリガ・ナショナル。白ワインはアルヴァジーア、ビカル、エンクルザードなどから造られる。以前のブドウ畑は混植が多く、ワインもブレンドが多かったが、近年は畑のテロワールに適した単一品種への改植が進み、ワインも単一品種のものが増えている。過去には協同組合のワインが多かったが、ここ 20 年間で独立したキンタ（ワイナリー）が 5 倍にもなった。それらの動向からワインの高品質化も進んでいる。中心都市のヴィゼウはポルトガルきっての美しい街の一つとして知られている。

## 4）バイラーダ地方（Bairrada）

　ダンの西隣、大西洋側にある産地。ポルト市の南にあるコインブラ市から海寄りのアヴェイロ市までの 40km に渡っていて、ブドウ畑は海岸から 20km ほどの所に広がっている。産地全体の面積は約 100,000ha で、ブドウ栽培面積は約 12,000ha。大西洋からの風により比較的冷涼な気候で、夏は小雨だが、秋から冬にはやや多く雨が降り、収穫期にかかることもある。土壌は粘土質と石灰岩質が混在していて、場所によっては砂礫の畑もある。この地方のワインの歴史は古く、建国時代に遡るといわれる。生産量の 8 割が赤ワインで、品種はこの地域固有のバガと呼ばれるタンニンを多く含み、小粒で色の濃いブドウを使用する。白ワインはマリア・ゴメスという品種などからフルーティーな早飲みワインが造られている。

## 5）リスボア地方（Lisboa）

　ポルトガルの首都リスボンから大西洋海岸に沿って北に広がる国内 2 位のワイン生産量を誇る大規模産地。最近までエストレマドゥーラ（Estremadura）

と呼ばれていた。合計 9 つの DOC があり、リスボン市の西と北に**ブラセス**（Bucelas）、**カルカヴェロス**（Calcavelos）、**コラレス**（Colares）という 3 つの伝統ある DOC があるが、今や消滅の危機にさらされている。ただ、ブセラスだけはレモンを思わせる品種アリントから造られる爽やかな辛口白ワインで頑張っている。コラレスは、海岸沿いの産地で、ラミスコ種からタンニンの強い赤ワインを産み出す。砂地土壌で、ブドウは 5m もの地中まで根を張るため、フィロキセラの害から逃れた自根のブドウも残っている。リスボン市とテージョ湾を挟んだセトゥバル半島には、古くから名声のあるモスカテル・デ・セトゥバルがあるが、これはマスカット・オブ・アレキサンドリアから造った極甘口のワイン。

　なお、リスボン市から河口になるポルトガル最大のテージョ河流域は、ワインの産地として知られているが、今は DOP で**テージョ**に指定されているものの安ワインの量産地になっている。

## 6）アレンテージョ地方（Alentejo）

　ポルトガルの南側三分の一を占める広大な地域で、「テージョ河の向こう側」という意味。気候は地中海性気候と大陸性気候が入り混じっており、夏は暑く雨が少ない。なだらかな丘が連なる農業地域で、コルク樫、オリーブ畑や牧場の間にブドウ畑が広がっている。近年ワインの品質向上が著しく、注目の産地となっている。白ワインはアンタンヴァス、ロウペイロ、アリントから造られる爽やかなものに加え、最近ではヴェルデーリョ、アルバリーニョも増えている。赤ワインは地元品種のトリンカデイラやトゥーリガ・ナショナルに加え、アラゴネス（テンプラニーリョ）が代表的。外来種のカベルネ・ソーヴィニヨンやシラーも導入されている。かつては 3 つの DOC と 5 つの IPR（産地限定上質ワイン）に分かれていたが、1998 年に **DOC アレンテージョ**に統一され、8 つの地域はそのサブ・リージョンとなった。そのうちの 6 つのサブ・リージョンは協同組合の勢力下にあるが、その中でレゲンゴスの協同組合では国内でのベストセラーのワインを生産している。

## 7）マデイラ諸島（Madeira）

　マデイラ諸島はリスボンから南西に約 1,000km、アフリカ沿岸から約 600km の大西洋上に浮かぶ火山群島で、マデイラ島、ポルト・サント島、デセルタス島、そしてセルバジェン島からなる。古代人はここを「エンチャンテッド諸島

153

（魅惑の島々）」と呼び、現代では「大西洋の真珠」と呼ばれ、美しい自然と温暖な気候からヨーロッパ有数のリゾート地となっている。その諸島の中で、最大の島がマデイラで、世界的に有名な酒精強化ワインのマデイラの産地の中心である。マデイラ島は 1,800m 級の山のある火山島で、ほとんど平地が無い。海岸線は切り立った崖で、その下方から山の上部までの急斜面に「ポイオシュ」と呼ばれるテラス状の段々畑が延々と連なっており、非常に美しい景観を生み出している。ブドウ畑は棚式で、その下ではさとうきび、トウモロコシや豆、芋類などが植えられている。美しい景観とは裏腹に、栽培には大変な手間と労力を要する。ほとんどの畑が小区画の段々畑なので、大型機械が入れず、作業は人の手に頼るものになり、結果的に収穫は全て手摘みとなっている。ブドウ畑には小石を積み上げた石壁が複雑に入り組んでおり、優れた排水能力があるが、現在では何百 km にも渡る灌漑用水路（レヴァダ）が島中に張り巡らされている。

　マデイラ島でのワイン造りは、15 世紀にポルトガルのエンリケ航海王子がマデイラ島を発見した直後に始まる。17 世紀には、マデイラ島で積み込まれたワインが酷暑の赤道を横切る航海を終えると独特なフレーバーを持つことが知られるようになった。しかし、この頃のワインは未だ酒精強化はされていないスティルワインだった。18 世紀、ジブラルタル海峡を巡る紛争によって北米やカリブ行の船団がマデイラ島を経由しなくなると、マデイラワインは市場を失ってしまう。倉庫で保管するにも平地の少ないマデイラ島では、貯蔵に限界があり、ワインの一部を蒸留し残りのワインに加えて貯蔵効率と保存性を高める事が行われた。後になって飲んでみると、風味と味わいが非常に深く、酒精強化はマデイラワイン造りには欠かせないプロセスとなった。その後、島内でのカンテイロやエストゥーファによる加熱熟成の手法も確立された。

　マデイラワインの製法は独特のものである。加えるグレープスピリッツのアルコール度数は 96 度と非常に高い。ワインは酒精強化後、一定期間寝かせた後に加熱処理によって熟成される。ヴィンテージや熟成年数が表示される上質ワインになるものは、「カンテイロ」と呼ばれる専用倉庫に樽を並べ、太陽熱を利用して部屋を 30℃〜50℃ほどの高温にして熟成させる。スタンダードワインには「エストゥーファ」と呼ばれるタンクを温めて熟成させる特殊な方法が取られている。

　マデイラワインの主なブドウ品種は、ほとんどが白ブドウで比較的冷涼な地域で栽培され辛口タイプとなるセルシアル、涼しい島の北部で生産されやや辛

154

口タイプとなるヴェルデーリョ、暖かい南部地域で生産されやや甘口タイプと
なるボアル、海岸沿いの暑い地域で栽培され甘口タイプとなるマルヴァジア、
生産量が極めて少ない非常に繊細な味わいとなるテランテスなどがある。黒ブ
ドウは島全体の80％を占めるティンタ・ネグラ・モーレが代表品種で、辛口
から甘口まで幅広く使用されている。

　マデイラは最低3年以上の熟成が義務付けられている。熟成年数の記載が
あるマデイラは、レゼルバ（5年）、スペシャル・レゼルバ（10年）、エクス
トラ・レゼルバ（15年）、更に20年、30年、40年以上の表記がある。また熟
成年数やヴィンテージの記載の無いカジュアルなプレーン・ボトルもあるが、
ヴィンテージの記載があるマデイラはソレラ（最低でも5年の熟成を経たヴィ
ンテージ表記のあるワイン）、コリェイタ（5年以上熟成、傑出した特性、
85％以上を推奨・許可品種のブレンドか単一品種）、ヴィンテージ（フラスケ
イラ、ガラフェイ。20年以上熟成、傑出した特性、85％以上を推奨・許可品
種のブレンドか単一品種）となっている。マデイラワインは政府の機関である
I.V.B.A.M.（マデイラワイン・刺繍・芸術機関）によって生産管理と品質保証
が行われている。マデイラは世界で最も長寿なワインとされている。現在は、
20年から50年までの壜詰ものが入手できる。年代物のマデイラはいうまでも
なく、逸品で、ワインの熟成美を味わわせてくれる。東京銀座にはこうした年
代物をグラスで飲めるワインバー「マデイラ・エントラーダ」がある。

（大滝恭子）

マデイラ

# Germany

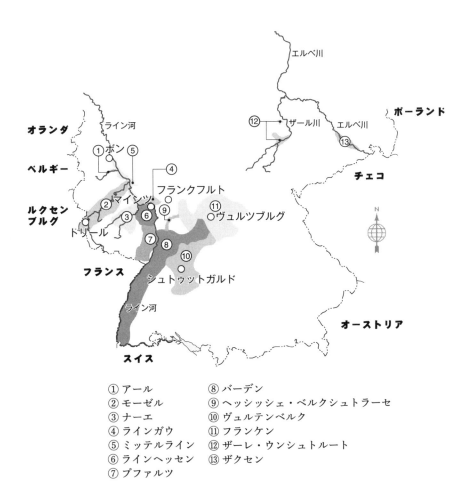

① アール　　　　　⑧ バーデン
② モーゼル　　　　⑨ ヘッシッシェ・ベルクシュトラーセ
③ ナーエ　　　　　⑩ ヴュルテンベルク
④ ラインガウ　　　⑪ フランケン
⑤ ミッテルライン　⑫ ザーレ・ウンシュトルート
⑥ ラインヘッセン　⑬ ザクセン
⑦ プファルツ

　かつてドイツワインが世界を席巻していた時代があった。極上の甘口を含む高貴なリースリングがライン川を下って出荷され、世界のワイン愛好家に愛されていた。その後ワイン生産国の多様化、そこに低品質の安くて甘いワインの量産や複雑な呼称制度などのドイツ自身の問題も加わり、日本のワイン市場におけるドイツワインの位置づけは相対的に低下し、かつて第1位だったこともあるが、2019年の輸入量は第7位となった。そして今、ドイツは再びリースリングで活路を見出そうとしている。

# （1）栽培面積と気候

　ブドウ栽培面積は面積102,000ha。世界の栽培面積のほぼ1.4％で18位にあたる。ドイツワインといえば高級白ワインを思い浮かべるが、ドイツは赤ワインの一大消費地でもある。その需要を満たすために世界各国からの輸入量も多い。その影響を受けて国内生産でも赤ワインの伸びは著しく、2017年には全生産量の33.8％ほどを占めるまでになった。また、赤ワインブームに先んじて進行したのが食事と共に楽しめる辛口ワインへの移行である。現在では全生産量の約半数が「トロッケン」つまり辛口に仕立てられ、オフドライのハルプトロッケンを加えると65％を超えている。

　地球温暖化の影響により、ドイツのブドウの収穫は以前よりも1～3週間早まり、冷涼な産地でも容易に完熟するようになった。栽培可能なブドウ品種も増えている。ピノ種だけでなくシャルドネやソーヴィニヨン・ブランも完熟。アルコール度が高まることで樽醗酵も可能になり、多様なスタイルのワインを提供できるようになった。地球全体で問題となっている温暖化現象も、ドイツワインにとっては悪いことではないようだ。とはいえ温暖化が進行した場合、冷涼な気候で育つリースリングの栽培が持続するのか、病害虫の発生が増加しないのかなど、新たな問題が持ち上がってくる可能性も否定できない。

出典：'18/'19　Deutscher Wein Statistik

# （2）ブドウ品種

　ドイツの伝統はリースリングを筆頭とする白ブドウである。しかし昨今の赤ワインブームを反映して、白ブドウと黒ブドウの割合はおおむね2:1まで縮小している。

## 1）白ブドウ

### 🍇 リースリング

　15世紀の文献にも登場するドイツを代表するブドウ品種。現在でもライン
ガウ、モーゼル、ナーエ、プファルツを中心に23％の畑で栽培され、他の在
来種の白ブドウの栽培面積が縮小する中で不動の地位を築いている。また世界
の約37％のリースリングの畑がドイツに集中している。ドイツのリースリン
グは上質な辛口から中辛、甘口、極上の甘口ワインまで多彩なスタイルに仕立
てられ、酸も美しい。アルコール度は7％から13％。つまりリースリングと
は糖、酸、アルコールが織りなすバランスの産物なのだ。冷涼な気候を好む晩
熟種なので栽培は簡単ではないが、上手に土壌を映し出し、熟成能力もきわめ
て高い。

### 🍇 ミュラー・トゥルガウ

　1882年生まれの交配種。栽培リスクの低い早熟種で収穫量も多く、またた
く間にドイツ全土に拡大した。20世紀後半に世界を席巻した量産の甘口・半
甘口ワインの主要品種。栽培面積ではいまだに2位だが、減少傾向にある。

### 🍇 グラウブルグンダー／ルーレンダー

　ピノ・グリの独語名。2000年代に栽培面積が倍増し、2013年にはシル
ヴァーナーを抜いて第3位に躍り出た人気の白ブドウである。ドイツにおける
栽培の歴史は古く、バーデン、ラインヘッセン、プファルツがその主な産地。
特にバーデンのカイザーシュトゥールでは樽醗酵にも耐える凝縮感のあるグ
ローセス・ゲヴェクスが造られている。

### 🍇 シルヴァーナー

　量的にはラインヘッセンが最大の産地だが、むしろフランケン・ワインの代
名詞。リースリングより早熟で土の香りと青っぽさを感じさせるが、フランケ
ンの石灰質土壌で育つとミネラル風味を感じさせるしっかりとした酒躯のワイ
ンに、ラインヘッセンの黄土では優美なワインになる。大半が辛口だが、中に
は卓越した甘口ワインもある。

### 🍇 ヴァイスブルグンダー

　ピノ・ブランの独語名。全栽培面積の5.2％を占め、グラウブルグンダーと
並ぶ人気品種。主な産地はドイツ南部のバーデンとプファルツ。カイザーシュ
トゥールではグラウブルグンダーよりも若干爽やかな上質ワインとなる。東部
のザクセン、ザーレ・ウンシュトルートでも栽培が盛んになっている。

　ドイツの固有種ケルナー、バッカス、ショイレーベ、グートエーデルの栽

培面積は減少傾向にあるが、ゲヴュルツトラミナーは1%弱のシェアを維持。シャルドネ、ソーヴィニヨン・ブランなどの国際品種がその存在感を高めている。

## 2）黒ブドウ

🍇 **シュペートブルグンダー**

ピノ・ノワールの独語名。白のリースリングと並んでドイツを代表するブドウ。11,767ha（2018年）の栽培面積はフランス、アメリカに次いで世界第3位。国内の全栽培面積でも11%超を占め、その面積は白のミュラー・トゥルガウに匹敵する。バーデンでは昔から栽培されていた品種だが、近年、国際的な赤ワインブームの影響を受けブルゴーニュのクローンも導入されドイツ全土に広がっている。

🍇 **ドルンフェルダー**

1956年生まれの交配種。10年間で4倍増の勢いで栽培が広がり、2013年には2位となった。プファルツで多く栽培されている。

🍇 **レゲント**

1967年に生まれた交配種で、腐敗病に対する強さも評価されて2000年代に入って大きく伸びた品種。

🍇 **レンベルガー**

オーストリアのブラウフレンキッシュと同系統。ヴュルテンベルクではグローセス・ゲヴェクスにも認定されている主力品種で、凝縮感と酸味豊かなワインとなる。栽培面積は2%に過ぎないが良質なワインを生む人気の品種。

🍇 **フリューブルグンダー**

ピノ・マドレーヌの独語名。シュペートブルグンダーの亜種で非常に早熟、果実の風味豊かなワインとなる。2000年以降、劇的に栽培面積が増加している注目の品種。アールとフランケン西部が主な産地。

ポルトゥギーザーとトロリンガー以外のすべての黒ブドウが栽培面積を増やし、メルロー、カベルネ・ソーヴィニヨン、シラーももちろん例外ではない。

# （3）ドイツワインの格付け

20世紀後半、大量の個性のないドイツ産「上質ワイン」が国内外に溢れドイツの評価が低迷した責任の所在は、1971年のワイン法に求められる。同法がドイツワインに及ぼした悪影響はいくつかあるが、まず原料となるブドウ果

汁の糖度のみを基準に等級を決定し、糖度さえ確保すれば品質に関係なく上質ワインを名乗れるようになったこと。

次に歴史ある畑がグロースラーゲ（集合畑）に吸収された結果、畑の価値が形骸化し、差別化すべきところに悪平等がはびこる原因を作ったことである。平たく言えば、どこの産地のどこの地区の何という畑のワインが優れているのか、消費者には皆目見当がつかない。

若干の改訂はあるものの、糖度、つまりエクスレ度を基準にしたワイン法のヒエラルキーは現在も維持され、エクスレ度数が低い順に4等級に分類される。

一番下の**ドイッチャー・ヴァイン**（Deutscher wein）は品種名と生産年、その上の**ラントヴァイン**（Landwein）には品種名と生産年に加えて保護地理的呼称 g.g.A. の表示が義務付けられている。ただしこの2つの等級を合わせても全体の5％以下にしかならない。

その上の**クヴァリテーツヴァイン・ベシュティムター・アンバウゲービテ**（QbA：Qualitätswein bestimmter Anbaugebite）は13ヵ所の保護原産地（ベシュティムター・アンバウゲビーテ）で造られ、保護原産地呼称 g.U. 表記を義務とするが、糖度さえクリアすれば（補糖可）廉価品からグローセス・ゲヴェクスまで品質に関係なく適用されるため、6〜7割のワインがここに集中する。

補糖が禁止されている最上位の**プレディカーツヴァイン**（Prädikatswein）も保護原産地呼称 g.U. の表記が義務だが、さらにそこに**カビネット、シュペートレーゼ、アウスレーゼ、ベーレンアウスレーゼ、トロッケンベーレンアウスレーゼ**、氷果から醸される**アイスヴァイン**というお馴染みの肩書き（プレディカート）が加わる。辛口ワインは**トロッケン**（Trocken）、**ハルプトロッケン**（Halbtrocken）、**ファインヘルプ**（Feinherb）と表記されることもあるが義務的表示ではない。

ところが上記の分類は畑の優劣、ましてや品質を表示するものではなく、当然こうした方向性と一線を画そうとする生産者もあらわれる。VDP（ドイツ高品質ワイン生産者連盟）がその最たる例で、200余の会員の最良畑を格付け、収量を抑え、産地の個性が際立つ優良ワインの生産を目指した。2001年には**エアステ・ラーゲ**（1級畑）を頂点とする独自の格付けを発表し、エアステ・ラーゲの辛口ワインを**グローセス・ゲヴェクス**（Grosses Gewächs）と名付けた。ただラインガウの生産者組織カルタワイン同盟もそれに先んずる1999年、**エアステス・ゲヴェクス**という独自の名称をその辛口ワインのために打ち

出している。辛口ワインを得手としないモーゼルはモーゼルで、畑の名称であるエアステ・ラーゲをそのまま甘口ワインに付す。各自の方向性は正しいのだろうが混乱を極めることとなった。

　そんな状況から抜け出し、EU ワイン法の枠内でも消費者にも分かりやすい新たな格付けを作ろうと奮闘しているのが今のドイツである。2012 年以降、VDP の格付けは、下から醸造所所有の畑のブドウだけから造られる**グーツヴァイン**、醸造所が所有する特定産地内の畑の**オルツヴァイン**、ブルゴーニュのプルミエ・クリュに相当する VDP **エアステ・ラーゲ**、グラン・クリュに相当する最上位の VDP **グローセ・ラーゲ**という 4 段階からなっている。グローセ・ラーゲのブドウから造られる辛口ワインは「VDP グローセス・ゲヴェクス」を名乗る。ただこれも一業界団体の自主基準に過ぎないため、ラベルには記載できない。そこでキャップシールやビンの刻印など独自の方法が採用されている。現状では、「トロッケンと書いてあったら食事向けの辛口、それ以外は甘めから甘口」くらいに考えておこう。海外の一般消費者にそれ以上の認識を求めるなど、そもそも酷というものだ。

# (4) 主な産地 (100,255ha)

　ドイツのワインは川が育む。それはドイツのブドウ畑は川の流れに沿って広がっているからである。ドイツの産地を紹介しようとすると、おのずと川を辿って旅することになる。

## 1) アール (Ahr 561ha)

　ライン川の小さな支流アール渓谷沿いにある西部最北のブドウ産地。日照時間が比較的長い上に、川からの照り返しと粘板岩土壌の蓄熱効果で緯度の割に気候は穏やか。全栽培面積の 6 割以上にシュペートブルグンダーが植えられている。もともと軽い赤ワインの産地だったが、大量生産からの転換を図り1990 年代にブルゴーニュからクローンを移入。樽も使った高品質のシュペートレーゼで成功を収めている。2 位はリースリング。3 位のフリューブルグンダーはグローセス・ゲヴェクスの品種にも認定されている。

## 2) モーゼル (Mosel 8,770ha)

　ヴォージュ山脈を水源とするモーゼル川と、その支流のザールとルーヴァー川流域。高品質なリースリングの産地。モーゼル川は国境地帯から蛇行を繰り

返しながら北東に流れ、コブレンツでライン川に合流する。ブドウ栽培の歴史は長い。アルプスを越えてやって来たローマ人が、帝国最前線のトリアー周辺の斜面に畑を切り拓いた約2000年前に遡る。

　北の産地の例に漏れず、気温は冷涼。日光を照り返す川面、昼間の熱を蓄える粘板岩の土壌、風雨を遮る後背地の森が重要な役割を果たしている。平均斜度が約70度と言われる急峻な畑は、水はけが良い。気候条件は上流域と下流域では大きく異なる。さらに年ごとの気候の変動も大きいので、同じ生産者の同じ畑でもヴィンテージが違えばスタイルまで違ってくる。

　気候と並ぶモーゼルの特徴が粘板岩である。粘板岩の基層にさまざまな土壌が混じり合い、生成ワインは見事な風味と多様性を生む。風化した粘板岩は黒、青、灰色、緑、茶色、赤など色別によって分けられ、単一畑を形成する。色が違えばブドウ樹の根が吸い上げるミネラル、有機物の違いが味わいの差となってあらわれる。「ブラウシーファー（青色粘板岩）」、「ロートシーファー（赤色粘板岩）」など粘板岩の色に由来するワイン名も、科学的に厳密な分析・測定がされている訳ではないが、分別上一応の目安になっている。

　川が蛇行するたびに畑の気象条件、立地、土壌つまりミクロクリマが次々と変化するモーゼルでこそ、単一畑が意味を持つ。モーゼルで生産されるブドウの9割が白ブドウで、60％以上の畑でリースリングが栽培されている。ミュラー・トゥルガウは12％。寒冷な上流域ではエルプリンクが、黒ブドウではシュペートブルグンダー、ドルンフェルダーが栽培されている。

　モーゼルは大きく6つの産地に分けられる。寒冷な上流のルクセンブルク国境からトリアーの間のエルプリンクの産地**オーバーモーゼル**とその南の**モーゼルトアー**、コブレンツに近い下流の**ツェル**は日常ワインの産地になっている。従って、ここでは上級ワインを生む以下の3地区を紹介する。

①ザール（Saar）

　「鋼のような」と形容されるリースリングの産地。気候条件はきわめて厳しい。斜面に受ける東風のためにブドウが完熟しないことも多いが、天候に恵まれた年に灰色粘板岩の上で熟したブドウは素晴らしく、生き生きとした新鮮な印象、ハチミツを連想させる芳香、品のいい酸も出色のもの。甘みも決して過度にならず、バランスの良さも見事で、リースリングの真髄のようなワイン。ヴィルティンゲン村のシャルツホフに最良のブドウ畑を所有するエゴン・ミュラー、ロマン・ファン・フォルクセンの辛口ワインの評価が高い。近年の地球温暖化の影響も今のところプラスに作用し、ブドウが完熟する年が増えてい

る。

②ルーヴァー（ruwer）

　モーゼルの支流ルーヴァー川流域の産地。ハチミツの香りのリースリングで名高い。トリアーの大司教座醸造所などの畑があるニーシェン村、メルテルスドルフ村、アイテルスバッハ村が有名。メルテルスドルフのマキシミーン・グリューンハウスが代表的な生産者である。

③中部モーゼル（Middle Mosel）

　ローマ人が切り拓いたデヴォン紀の粘板岩の急斜面にリースリングが持ち込まれたのは15世紀。それ以来、精妙でしかも長命なリースリングを造り続けるモーゼルの中心地である。モーゼル川が大きく蛇行する上流のルーヴァーからライルの中流地域にかけて名高い畑が次々と姿をあらわし、主な産地だけでも上流から**トリッテンハイム**（代表的な畑はアポテーケ。以下カッコ内は畑名）、**ピースポート**（ゴルトトレプヒェン）、**ブラウネベルク**（ユッファー・ゾンネンウーア）、**ベルンカステル**（ドクトール）、**グラーハ**（ドムプロープスト）、**ヴェーレン**（ゾンネンウーア。モーゼルを代表する生産者J.J.プリュムの本拠）、**ツェルティンゲン**（ヒンメルライヒ）、**ユルツィッヒ**（ヴュルツガルテン）、**エルデン**（プレラート）と枚挙にいとまがない。近年ではさらに下流の**トラーベン、トラバッハ、ライル、ピュンデリッヒ**でも新進の造り手たちが素晴らしいワインを送り出している。

## 3）ナーエ（Nahe 4,225ha）

　モーゼルの南をほぼ並行して流れるラインの支流ナーエ川流域地区。4分の1以上にリースリングが植えられている。ナーエの特色は粘板岩、片岩、火山岩、赤土、黄土などの多彩な土壌の急峻な南向き斜面によるところが大きい。上流のモンツィンゲンから中流域の畑では、糖度も酸度も高いという特色を兼ね備えた素晴らしいリースリングが育つ。甘口白ワインの産地ナーエでも上質な辛口リースリングを造ることが可能だという事を示しているのが、デンホフ、シェーンレーバー、フレーリッヒのような醸造所である。今や、下流でも新進の生産者が単一畑の見事な辛口リースリングを造っている。

## 4) ラインガウ（Rheingau 3,191ha）

　ドイツを代表するリースリングの産地。そのブドウ栽培の歴史は古代ローマにまで遡る。中世以降は修道院や大司教座が醸造を担っていたが、近代になるとシュロス・ヨハニスベルクのメッテルニヒ侯爵家のような貴族や大ブルジョワが取って代わった。ラインガウがドイツワインの代名詞だった時代も長い。気温も温暖で日照時間にも恵まれている。ここではライン川は東から西に流れるため北岸の南向き斜面には太陽光が降り注ぎ、川からの照り返しもブドウ樹を温める。北のタナトゥス連山は北風の侵入を防ぐ。晩熟品種のリースリングもこの最高の立地でゆっくりと熟す。晩秋にライン川から立ち上る霧は貴腐菌の繁殖をもたらしブドウの糖度を高める。しかし、近年では温暖化対策としてより標高の高い畑を探し求める生産者も多い。

　今も畑の8割近くでリースリング、残る2割でシュペートブルグンダーが栽培されている。ラインガウが産する至高のワインは、リースリングから造られる極甘口のベーレンアウスレーゼとトロッケンベーレンアウスレーゼである。近年、世界的に甘口ワインの需要の減少傾向が著しい。いろいろ原因が考えられるが、赤ワインが健康に良いという理由と、糖分の多いものは健康に良くないという論説によるもので、この流行を気にしたのか生産者団体カルタワイン同盟は、辛口リースリングへの転換を計った。結果的に現在ラインガウでは、クヴァリテーツヴァイン以上の50％超が辛口に仕立てられるようになった。しかし、リースリングの辛口ワインへの転換は、甘口ワイン愛好者というお得意様までが離れてしまうという副作用も生み、かえって需要減を招いているかのようである。

　ラインガウは便宜上3地区に分けられる。東のはずれのホッホハイムは実質的にはマイン川に面する飛び地。ラインガウとは若干趣を異にする芳醇なワインが造られている。ヴァルフからリューデスハイムまでがラインガウの中心地。エルトヴィレ、ラウエンタール、エアバッハ、キードリッヒ、ハッテンハイム、ハルガルテン、エストリッヒ、ガイゼンハイム、シュロス・ヨハニスベルク、リューデスハイムなど伝統の名前が続く。ここでは川岸から離れた標高の高い畑ほど上質のブドウが出来る。気温もさることながら、上に行くほど粘板岩と珪岩の比率が高くなるためだといわれている。そしてライン川が蛇行して再び北へと向かう地区にあるのがシュペートブルグンダーの産地アスマンスハウゼン。またリューデスハイム近郊には、ブドウ栽培とワイン醸造学で有名なガイゼンハイム大学がある。

## 5）ミッテルライン（Mittelrhein 469ha）

　ラインガウ東端のビンゲンからボン付近まで続くのがミッテルライン。中心はライン川下りの白眉ボッパートとバッハラッハの間。畑の66％にリースリングが植えられ、粘板岩土壌の段々畑からは香りよく繊細でミネラル感のあるシュペートレーゼ、アウスレーゼが造られている。ヴァイス、グラウ、シュペートブルグンダーの辛口ワインも注目されている。

## 6）ラインヘッセン（Rheinhessen 26,617ha）

　21世紀初頭のドイツでもっともエキサイティングな産地といえば、ライヘッセンである。肥沃な土壌が災いしてか、収穫量の多いミュラー・トゥルガウがラインヘッセンをワインの海に変え、「リープフラウミルヒ」などのブランド名を冠した甘口ワインが世界中を席巻してこの産地のイメージを固定化してしまった。ところが、近年若き造り手の一群がラインヘッセンを一変させた。畑の収量を下げ、自然な醸造法を行い、かつての大量生産ワインとは一線を画する辛口ワイン造りを志し、ドイツのワイン界に旋風を巻き起こしたのだ。この動きを牽引したのがフィーリップ・ヴィットマンとペーター・ケラーである。その他の若き生産者たちもメッセージ・イン・ア・ボトルなど小規模な生産者グループを組み後に続いている。

　品種の宝庫ラインヘッセンの約70％が白ブドウである。2013年には、リースリング（16.1％）がミュラー・トゥルガウ（16％）を僅差で上回りついに首位の座に着いた。近年台頭してきた重量感のある長熟型の辛口シルヴァーナーもなかなかのものである。トロッケンの割合も、産地全体で45％に上昇している。若手生産者の畑は主に南部のなだらかな**ヴォネガウ**地区にある。土壌は暖かく、黄土、ローム、粘土の肥沃な土地でブドウは育つ。こうした新風の舞台は、モルシュタインを筆頭に従来はほとんど知られていなかったような村々である。

## 7）プファルツ（Pfalz 23,652ha）

　ラインヘッセンとフランス国境に挟まれたのがプファルツ地区。国境の向こうはアルザスのヴォージュ山脈である。ラインヘッセンに次いでドイツで第2位の栽培面積を擁する産地だが、1990年代、ラインヘッセンに先んじてビュルクリン・ヴォルフ、フォン・バッサーマン・ヨルダン、フォン・ブールなどビオディナミを実践する生産者が改革を主導した産地でもある。6割以上を産

する白ブドウの中で25％近くを占めるリースリングのほか、温暖な気候も手伝ってドルンフェルダー、シュペートブルグンダーなどの黒ブドウも含めありとあらゆる品種が栽培されている。

　混色砂岩のミッテルハールトが上品質ワインの代表的産地。甘さと酸のバランスに優れたリースリングはとても良く、ルッパーツベルク、フォルスト、ヴァッヘンハイム、バート・デュルクハイム、カルシュタットが名高い。しかし、現在では優良な畑が全産地に散らばっている。ミッテルハールトはリースリング中心だが、南部の砂岩、石灰岩主体の土壌ではブルゴーニュ系の品種、黄土やコイパー土壌にはトラミナー、ゲルバー・ムスカテラーなどアロマ豊かな白ブドウ、ヴィオニエやサンジョヴェーゼも栽培されている。

## 8) バーデン （Baden 15,834ha）

　ライン川と黒い森（シュヴァルツヴァルト）に挟まれたドイツで最も温暖な地区がバーデン。西のアルザス、南のスイスと接する国境地帯の産地である。今日の赤ワインブームが起きる前から、バーデンでは日常に食事とともに辛口のシュペートブルグンダーが愛されてきた。今でもアールに次いで黒ブドウの割合が多く、6割近くにもなる。シュペートブルグンダーは全体の35％。白ブドウではグラウブルグンダー、ヴァイスブルグンダーがミュラー・トゥルガウに迫る勢いである。なお、樽醗酵の上質ワインも造られている。

　バーデン産ワインの3分の1を供給するのは、**カイザーシュトゥール**とその南の**トゥニベルク**地区。カイザーシュトゥールはライン川岸から500mほど隆起した台地で、最良のシュペートブルグンダーとグラウブルグンダーはここの火山性土壌の畑で栽培されている。中でもシュペートは果実の風味、ミネラル感、タンニン等どれも過不足がない。北隣の**ブライスガウ**には、ドイツ最高のシュペートブルグンダーの造り手ベルンハルト・フーバーの醸造所がある。花崗岩質土壌の**オルテナウ**地区はミネラル感豊かなシュペートブルグンダー、マルクグレーフラーラントのグートエーデル（シャスラ）、ボーデンゼーの軽いシュペート、貝殻石灰岩土壌の飛び地**タウバーフランケン**のシルヴァーナー、北部の**クライヒガウ**、バーディッシェ・ベルクシュトラーセ地区など、産地と品種の多様性もバーデンの魅力だろう。

## 9) ヘッシッシェ・ベルクシュトラーセ（Hessische Bergstrasse 462ha）

バーデン最北の産地バーディッシェ・ベルクシュトラーセの地続きにあるドイツ最小の産地。バーディッシェとの違いは州が違うことくらい。8割が白ワインで、その半数近くがリースリング。ヴァイスブルグンダー、グラウブルグンダー、シュペートブルグンダー、レンベルガーも栽培される。「山の道」という名前に反して温暖なこの産地のワインは果実の風味が豊かで口当たりはふくよか。

## 10) ヴュルテンベルク（Wurttemberg 11,360ha）

ネッカー川とその支流域、そして南へ離れたボーデン湖畔の飛び地にドイツ第4位の栽培面積を擁していながら、あまり知られていない産地。黒ブドウが7割を占め、トロリンガー（スキアーヴァ種）が相変わらず甘口の赤ワインに仕立てられている。グローセス・ゲヴェクスにも格付けされるレンベルガーと10％余のシュペートブルグンダーの潜在能力は注目に値する。

## 11) フランケン（Franken 6,139ha）

フランケンはいささか毛色の変わった産地である。まず他の産地がライン川とその支流に集中する中で、ここだけはマイン川流域にある。次に白ワインの産地なのにリースリングをほとんど使っていない。フランケンのワインは、シルヴァーナーワインとも言うことが出来る。ボックスボイテルというフランケン独特の平たい形の壜に詰められているのも異色。しかも昔から辛口である。辛口シルヴァーナーは、フランケンの代名詞にもなっているくらいである。大陸性気候という点も旧西独では異色である。短く暑い夏と厳寒の冬。平均気温は8〜9度と低いが、1,700時間以上の長い日照時間に恵まれている。天候の影響を受けやすい産地だが、近年の気候変動が幸いして収穫はむしろ安定しつつある。認定品種は90種類と多く、シルヴァーナーの他にもケルナー、バッカス、ショイレーベ、シルヴァーナーとリースリングの交配種リースラナー、小規模だがシュペートブルグンダーも栽培されている。

フランケンは大きく三区に分けられる。西のマインフィアエックは砂岩とローム層主体で気候も暖かく、シルヴァーナー、リースリングの他にもシュペートブルグンダー、フリューブルグンダーなどピノ系の赤ワインも造られている。3地区の中で最も乾燥した産地マインドライエックは、ムシェルカルクと呼ばれる貝殻石灰岩の土壌で、複雑な香り、アロマ、ミネラル、酸、構成す

べてを併せ持つ最上のシルヴァーナーが育つフランケンの中心地。エシェルン
ドルフの畑が有名だ。東の**シュタイガーヴァルト**は若干マイン川から離れてい
るが、コイパー土壌の黒土でふくよかで力強く優美なワインを生む。なお、フ
ランケンでは貧者救済を目的に 1316 年に設立された慈善団体の醸造所ビュル
ガーシュピタール・ツム・ハイリゲン・ガイスト・ヴュルツブルクと、1579
年設立のユリウスシュピタール・ヴュルツブルクという伝統の生産者が今でも
上質なワインを造り続けている。

## 12) ザクセン（Sachsen 497ha）と**ザーレ・ウンシュトルート**（Saale-Unstrut 772ha）

　ドイツが東西に分裂していた頃、この二つの産地は鉄のカーテンの向こう
側にあった。16 ～ 17 世紀には地域経済の重要な担い手だったワイン産業も、
19 世紀末のフィロキセラと第二次世界大戦を経て栽培面積は 60ha にまで激減
した。産地の復活は 1990 年のドイツ統一を待たなければならなかった。統一
後、EU からの補助金を効果的に活用して大規模な植え替えを行い、最新の栽
培・醸造技術を導入することで再びドイツのワイン地図に戻ってきたのであ
る。

　大陸性気候のため夏の天候に恵まれ日照時間も長く、昼夜の気温差も大き
い。複雑に入り組んだ土壌もワインの質に貢献している。エルベ川の古都ドレ
スデンと陶器で有名なマイセンの街を中心に広がる**ザクセン**では、ミュラー・
トゥルガウ、リースリング、ヴァイスブルグンダー、グラウブルグンダー、ま
た赤ではシュペートブルグンダーなど多彩なブドウ品種が栽培されている。ま
た、少量の甘口ワインも造られている。川沿いテラス畑が印象的な**ザーレ・ウ
ンシュトルート**でもミュラー・トゥルガウ、ヴァイスブルグンダー、リースリ
ング、シルヴァーナーが主力。原料ブドウの品種構成はフランケンと似ている
が、ワインは軽やかで香り豊か。マイセン近郊のシュロス・プロシュヴィッツ
で、18 世紀からワイン醸造に携わってきたプロシュヴィッツ公爵家は、旧東
独で初めてグローセス・ゲヴェクスを市場に送り出した生産者でもある。

（寺尾佐樹子）

# Austria

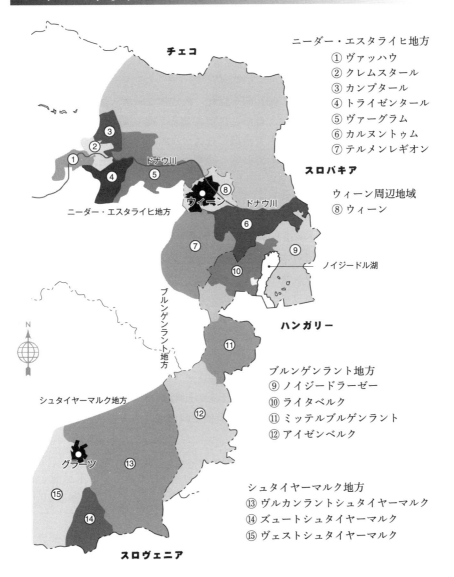

**チェコ**

ニーダー・エスタライヒ地方
① ヴァッハウ
② クレムスタール
③ カンプタール
④ トライゼンタール
⑤ ヴァーグラム
⑥ カルヌントゥム
⑦ テルメンレギオン

**スロバキア**

ウィーン周辺地域
⑧ ウィーン

ドナウ川

ニーダー・エスタライヒ地方

ドナウ川

ウィーン

ノイジードル湖

ブルンゲンラント地方

**ハンガリー**

ブルンゲンラント地方
⑨ ノイジードラーゼー
⑩ ライタベルク
⑪ ミッテルブルゲンラント
⑫ アイゼンベルク

シュタイヤーマルク地方

グラーツ

シュタイヤーマルク地方
⑬ ヴルカンラントシュタイヤーマルク
⑭ ズートシュタイヤーマルク
⑮ ヴェストシュタイヤーマルク

**スロヴェニア**

N

オーストリアは広い。これは国土のことでもブドウ栽培面積のことでもない。約 45,574ha の栽培総面積はヨーロッパのワイン大国はもちろんのこと、お隣のハンガリーの 68,000ha にも及ばない。広さとは面積のことではなく、国土の中にさまざまな文化、気候風土、ブドウ栽培、ワイン醸造を包摂するという意味である。オーストリアのブドウ畑は、かつてのオーストリア・ハンガリー帝国の写し絵なのである。

出展：Austrian Wine Statistics Report 2018 Septenber 2014

# （1）歴史

ブドウ栽培の歴史は古く、紀元前 1 世紀に大規模な栽培・醸造に端緒をつけたのはここでもやはりローマ人だが、ヴィニフェラ種の痕跡は青銅器時代にまで遡る。その後、異民族の侵入で衰退したブドウ栽培を修道士たちが再興し、当時の畑は現在にも受け継がれている。緯度の割に温暖なオーストリアのワイン生産量は平均すると年間 200 万 hL 前後で、隣国ハンガリーとほぼ同規模。近年の生産量は安定的に推移している。

かつてのオーストリアは廉価な甘口ワインの一大供給地に過ぎず、その行き着く先が 1985 年のジエチレングリコール混入事件だったといっても過言ではない。事件後、事実上世界市場から閉め出された同国は、国と業界を挙げて徹底的な改革を断行。フランスやニューワールドまで修行に出かけた若手生産者たちが、帰国後意欲的なワイン造りに取り組んだ。その結果、不名誉な出来事を過去のものとして国内外で高い評価を勝ち取るようになったのが現在のオーストリアである。事件前の輸出水準を回復した 2000 年代に入ってからは、数量だけでなく金額ベースの輸出の伸びも著しい。1L 当たり輸出単価も 3 ユーロを超える。こうした数字からも、オーストリアワインが正しい道を歩みつつあることが理解できる。またビオディナミの初祖ルドルフ・シュタイナーの祖国に相応しく、全ブドウ畑の 14％超が有機で栽培される有機大国でもある。

# （2）ブドウ品種

26 種類の白ブドウ、14 種類の黒ブドウの計 40 品種がワイン用品種として認定されている。1999 年にはほぼ 3：1 だった白・黒ブドウの比率は 20 年間で 2：1 に縮まった。

オーストリアを代表する白ブドウが、ニーダー・エストライヒのグリューナー・フェルトリーナーである。名前の通り緑がかった色とスパイスを感じさ

せる風味を特徴とし、いまだに国内の約 3 割の畑に植えられる主力品種だ。グリューナーに続くのがヴェルシュリースリング、リースリング、ミュラー・トゥルガウ、ノイブルガー、ショイレーベだが、見事な辛口に仕立てられることも多いリースリングを除いて、いずれの品種も減少傾向にある。逆に増加しているのがヴァイスブルグンダー（ピノ・ブラン）、シャルドネ、ソーヴィニヨン・ブランなど外来の白ブドウである。シュタイヤーマルクのソーヴィニヨンは、現在国内のみならず世界的な注目株になっている。ムスカテラー（ミュスカ・ブラン・ア・プティ・グラン）も世界的な需要増に対応して劇的な伸びを見せている。

　生産量が増えている黒ブドウ品種では、ツヴァイゲルト、ブラウフレンキッシュ、ザンクト・ラウレント等の土着品種の再評価が著しい。土着品種は他にもトライゼンタールとヴァーグラムのローター・フェルトリーナー、ブラウアー・ポルトギーザー、シュタイヤーマルクのブラウアー・ヴィルトバッハー（シルヒャー）がある。ブラウアー・ブルグンダー（ピノ・ノワール）、メルロー、カベルネ・ソーヴィニヨン、シラーなどの外来種の栽培面積も過去 20 年間で飛躍的に伸びている。

## (3) ワイン法

　オーストリアのワイン法は、2008 年に改訂された EU ワイン法の枠組みの中で運用されている。こうした法的枠組みの強制性の有無に関わらず、それ以前からフランスの AOC 制度を範とした原産地呼称制度を創設し、高品質ワインの生産と知名度確立に取り組んできた。その過程で制度化されたのがディストリクトゥス・アウストリアエ・コントロラートゥス（Districtus Austriae Controllatus）という長いラテン語名を冠した原産地呼称制度、略して DAC だ。ブドウの原産地と認定品種名をラベルに明記することで、ワインの品質、地域ごとのスタイルをわかりやすく消費者に示していこうという制度である。2002 年のヴァインフィアテルを皮切りに 9 産地が DAC に認定され、2013 年にはウィーンのヴィーナー・ゲミッシュターザッツ、2018 年にはロザリアが DAC の仲間入りを果たし 2020 年現在 13 の産地が DAC に認定されている。なお、ヴァッハウとルストのように、あえてこの枠組みを選択せず我が道を行く産地もある。

# (4) 主な産地 （45,574ha）

　主要産地は、ドナウ川流域を中心に広がる**ニーダー・エスタライヒ**、スロヴァキア・ハンガリーと国境を接する東端の**ブルゲンラント**、南東部のグラーツ周辺とスロヴェニア国境地帯を含む**シュタイヤーマルク**の3カ所に大別される。3産地のどこにも属さない山岳地帯の小規模産地はすべて**ベルクラント**に編入されている。

## 1) ニーダー・エスタライヒ （Niederösterreich 28,145ha）

　この国の東北部、低地オーストリアを意味するニーダー・エスタライヒは、8カ所の限定的ワイン産地から構成され、この広い産地をドナウ川とグリューナー・フェルトリーナーがひとつに結びつけている。

　ニーダー・エスタライヒの筆頭としてまず名前が挙がるのが、オーストリアワインの名声を一身に背負ってきた**ヴァッハウ**（1,344ha）だろう。メルクとクレムスの二つの修道院に挟まれたヴァッハウ渓谷両岸の斜面は、ユネスコの世界遺産にも登録された風光明媚な産地である。この地に、修道僧たちがブドウ畑を切り拓いたのは11世紀である。土壌はレス土壌（黄土、中部ヨーロッパに広く分布している風成堆積物。第四期の氷期に堆積）から花崗岩、片麻岩、粘板岩など多様だが、東のパンノニア平原から吹き込む風が暖かさを、北側の森から夜は冷たい風が吹き下ろして特殊な微気候を作り出す。ここでブドウ果は生理的熟成に達し、凝縮感、風味、酸を併せ持つ。

　ヴァッハウで特筆すべきは、地元有志の生産者組合ヴィネア・ヴァッハウが目指している最上級のワインを造るための取り組みだろう。それを具体化したのが1980年代中頃に導入された辛口白ワインのための独自の格付けである。自家栽培以外の買い取りブドウを除外した上で、アルコール度数を基準に格付けを制定した。アルコール度11.5％以下が軽やかなシュタインフェルダー、11.5〜12.5％がフェルダーシュピール、それ以上のアルコール度のスマラクト（トカゲの意）は長期熟成向きのフルボディのワイン。もちろんこのヒエラルキーから距離を置く優良生産者も存在する。

　ヴァッハウの東に**隣接する**クレムスタール（2,368ha）は、気候もワインのラインナップもヴァッハウに近い。ヴァッハウから続く花崗岩と片岩の畑からはミネラルの風味を感じさせる繊細なワインが、レス土壌からは口当たりはふくよかだが凝縮感のあるグリューナーとリースリング・ワインが造られている。

　クレムスタール北の**カンプタール**（3,906ha）は、ランゲンロイス村、ツォービンク村のハイリゲンシュタインの畑が名高い。ヴァッハウ、クレムスタールと気候が似ているため上質なグリューナーとリースリングのワインが造られるが、それ以外の品種の多様性もこの産地の強みである。

　ドナウ南岸にはグリューナー・フェルトリーナーの産地**トライゼンタール**（815ha）がある。60％をグリューナーが占めるが、上質なリースリングだけでなく土着、外来種の赤ワインの生産量も劇的に増加中。ドナウ沿岸では、かつてドナウラントと呼ばれていた**ヴァーグラム**（2,720ha）も見逃せない。白ワインが生産量の4分の3を占め、中でもグリューナー・フェルトリーナーが圧倒的な主役である。

　ドナウ川を離れてチェコ、スロヴァキア国境まで続く広大な丘陵地に広がるのが**ヴァインフィアテル**（13,857ha）。ヴァインフィアテルとは「ワイン地区」という意味であり、ニーダー・エスタライヒのどこにも組み込まれていない産地をひとまとめにした呼称である。この地区から生まれるグリューナー・フェルトリーナー・ワインは、スパイシーな風味を帯び2002年オーストリア初のDACワインになった。

　同じニーダー・エスタライヒでも、ウィーン以南の地区に入ると品種構成が様変わりする。例えばドナウ川とブルゲンラントに挟まれた**カルヌントゥム**（906ha）で生産されるワインの半数以上は口当たりの良いツヴァイゲルトとのブレンドを含む赤ワインである。また、ザンクト・ラウレント、ブラウ・ブルグンダー、メルロー、ブラウフレンキッシュ、カベルネ・ソーヴィニヨンなど内外の赤品種の導入はますます盛んである。

　ウィーンの南に位置する温暖な**テルメンレギオン**（2,181ha）でも、グリューナー・フェルトリーナーをはじめツィアファンドラー、ロートギプフラー、ノイブルガーなど伝統の白品種に替わってツヴァイゲルト、ザンクト・ラウレント、ピノ・ノワール、メルローなど赤が急増している。現在では赤白の割合が拮抗している。

## 2）ウィーン（Wien 636ha）

　ワイン造りが、観光業ではなく農業として成立している世界でも珍しい都市。近年、3種類以上の白ブドウを同時に収穫・搾汁・醸造した伝統のヴィーナー・ゲミッシュター・サッツが復活し、2013年に9番目のDACとして認定された。DAC認定を受けている単一畑のブドウを使っていれば、畑名をラベ

ルに記載できるし、グリューナー、リースリングだけでなくブルゴーニュ系の
品種も使用可能である。カルトワインとして地位を確立しつつある。

## 3) ブルゲンラント (Burgenland 13,099ha)

　ハンガリーと国境を接するパンノニア平原西端にある、大陸性気候を特徴と
する産地。広い産地の中で気候が大きく様変わりするため、一括りでは語れな
い。ブドウ品種の宝庫でもあるブルゲンラントは、最高の甘口ワインの産地で
もある。

　ブルゲンラント最大の産地は、水深1mの大きな湿地湖ノイジードラーゼー
東岸の**ノイジードラーゼー**（6,674ha）である。パンノニア平原の大陸性気候
と、この浅い湿地湖がブドウ栽培に果たす役割は大きい。秋になると、湖から
の霧がブドウに貴腐を発生させる。貴腐のシャルドネとヴェルシュリースリン
グを使って卓越した甘口白ワインを生み、ブルゲンラントのワイン文化に新
たなページを書き加えたのが故アロイス・クラッハーである。またノイジード
ラーゼーでは、ツヴァイゲルト、ブラウフレンキッシュからまろやかな赤ワイ
ンも造っている。

　湖を挟んでノイジードラーゼーの対岸にある産地が**ライタベルク**（3,096ha）
だ。その中でも標高の高い**ライタベルク DAC** では、オーストリア最良の赤ワ
インが生まれる。ブラウフレンキッシュ85％以上を主体にザンクト・ラウレ
ント、ツヴァイゲルト、ピノ・ノワールから造られるここの赤は繊細で果実の
風味が豊かである。スパイシーでミネラル感に富む。DAC の枠組みの外に身
を置くことを選んだ**ルスト地区**は、隣国のトカイと比較される甘口ワイン、ル
スター・アウスブルッフの産地として名高い。

　ノイジードラー湖から離れ南にあるのがオーストリア一の赤ワインの産地
**ミッテルブルゲンラント**（2,104ha）。赤ワイン造りの改革が効を奏して黒ブド
ウの割合は90％超。パノニア平原の風が直接吹き込むために暖かく、完熟し
たブラウフレンキッシュから DAC ワインが造られる。ここでもツヴァイゲル
ト、メルロー、カベルネ・ソーヴィニヨンなど内外の黒ブドウが競い合う。産
地の一番南にある**アイゼンベルク**（514ha）も、やはりブラウフレンキッシュ
の産地。そこの**アイゼンベルク DAC** では、ブラウフレンキッシュ単体のワイ
ンが造られ、麓の鉄分の多いローム土壌のワインはミネラルの風味に富み、斜
面の粘板岩からはまろやかなワインが生まれる。

## 4) シュタイヤーマルク（Steiermark 4,633ha）

栽培面積では9%ほどの産地。ワインはオーストリア北部とはまったく趣を異にし、むしろ国境を接するスロヴェニア北部と共通点が多い。ここのワインの中でも最上のソーヴィニヨン・ブランは国際的にも高い評価を受けている。地元でモリヨンと呼ばれるシャルドネも同様だが、最も栽培面積が広いのはヴェルシュ・リースリング。

東部の**ヴルカンラントシュタイヤーマルク**（1,524ha）では火山性の土壌でトラミーナー、ヴァイスブルグンダー、モリヨンも育つ。西の**ヴェストシュタイヤーマルク**（546ha）はブラウアー・ヴィルトバッハーから醸されるロゼワイン、シルヒャーが有名である。甘口、辛口、ゼクトまでさまざまなタイプに造られる。この2つの地区とスロヴェニア国境に挟まれている急峻な丘陵地帯**ズュートシュタイヤーマルク**（2,563ha）は、この国最高の造り手が集まるシュタイヤーマルクの中心地。粘板岩、砂岩、泥炭岩、石灰岩など多彩な土壌から優美なソーヴィニヨン・ブランが造られている。

（寺尾佐樹子）

ヴァッハウ渓谷

# Switzerland

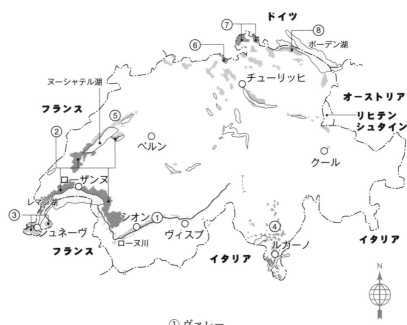

ドイツ

⑦　⑧　ボーデン湖

⑥

ヌーシャテル湖　チューリッヒ

フランス　オーストリア

リヒテン
シュタイン

⑤　ベルン　クール

②

ローザンヌ

レマン湖

③　シオン　①

ジュネーヴ　ヴィスプ　④

ローヌ川　ルガーノ　イタリア

フランス　イタリア

N

① ヴァレー
② ヴォー
③ ジュネーヴ
④ ティチーノ
⑤ 三湖地方
⑥ アールガウ
⑦ シャフハウゼン
⑧ トゥルガウ

　スイスは隠れたワイン大国である。一人当たりの年間消費量は 30L 以上。これはフランス、イタリアなどのワイン大国に次ぐ数字で、日本人一人当たりの年間消費量 3L の 10 倍になる。山がちな国土が産する 100 万 hL ほどのワインだけでは到底この旺盛な消費を賄い切れず、全消費量の 60％以上を輸入に頼り、そのためスイスはボジョレを始め輸入ワイン、特にボルドー、ブルゴーニュ、バローロなど高級ワインの重要なマーケットでもある（ボジョレの有力な輸入先）。国内で生産されたワインもワイン好きのスイス人がほとんど消費してしまうため、輸出に回されるのはわずか 2％で、スイスワインの国際的知名度が低いのも頷ける。観光だけでなく、ワイン生産地としてのスイスも実に魅力的な土地である。

　ブドウ栽培面積は約 15,000ha 弱（世界のブドウ畑の 0.2％）。大規模な生産者は少なく、小規模な農家が斜面の畑を丁寧に手入れしている。かつては白ブドウが優勢だったが、2010 年代には黒ブドウの栽培面積が全体の 6 割近くを占めるまでになった。スイスは EU に加盟していないため、EU のワイン法に縛られることはない。しかし 2006 年には輸入ワインとのブレンドを禁止するなど、積極的に AOC と同等の枠組み作りに着手。確実にクオリティを高めている。出展：https://swisswine.ch/

# (1) ブドウ品種

　「多様」という言葉ほどスイスワインにふさわしい言葉はない。その源となっているのが 200 種類以上の多彩なブドウ品種である。スイスを代表する黒ブドウはピノ・ノワールで、全品種のおよそ 3 割を生産する。次いで生産量が多いのはガメイとメルローだが、コルナラン、ユマーニュ・ルージュなどの土着品種も多い。それに負けず劣らず多彩な白ブドウの代表格がシャスラ。フランスではもっぱら食用とされるシャスラだが、スイスではとても良いワインが醸される。ミュラー・トゥルガウ、シャルドネ、ピノ・グリなど馴染みの品種、アルヴィン、アミーニュ、ユマーヌ・ブラン、コンプレターなど聞き慣れない名前の土着品種も多い。

# (2) 主な産地 （14,800ha）

　スイスのブドウ産地は西部のフランス語圏、イタリアと国境を接するイタリア語圏のティチーノ、東部のドイツ語圏に三分される。土地の言葉が違うようにワイン造りにも各地の風土・文化が色濃く反映されている。

## 1）西部

　スイス国内で生産されるワインの5分の4を造っているのが、フランスと国境を接するスイス西部である。スイス国内生産量の上位を占めるのが、スイス・アルプスの山中に源を発するローヌ上流の流れに沿った**ヴァレー**、**ヴォー**、**ジュネーヴ**の3地区だ。またローザンヌ北のヌーシャテル湖周辺ではピノ・ノワールが盛んに栽培され、上質なウィュ・ド・ペルドゥリ（茶褐色を帯びたロゼ）が造られている。国境の向こうのフランス同様、有機・ビオディナミ農法が盛んな地区でもある。

①**ヴァレー**（Valais 4,804ha）

　国内生産の3分の1を産するスイス最大の産地。東はシンプロン峠へと続くブリーク近辺から西はレマン湖東端まで、ローヌ川に沿って100km以上に渡って続く品種の宝庫で、黒ブドウはコルナラン、ユマーニュ・ルージュなどの在来種から新参のピノ・ノワール、ガメイ、シラーまで多彩である。ピノとガメイをブレンドした軽やかな「ドール」はヴァレーを代表する赤ワイン。白は「ファンダン」と呼ばれるシャスラが主力だが、シルヴァーナー、プティ・アルヴァン、ピノ・グリ、シャルドネ、ハイダ、など数多い。ヴァレー中央部は小規模生産者主流のスイスの中では珍しく、協同組合を含む大手生産者の多い地域でもある。

②**ヴォー**（Vaud 3,775ha）

　規模と量の面ではお隣のヴァレーには及ばないが、歴史と品質などの点ではスイスワイン揺籃の地と言える。レマン湖北岸に広がる美しい段々畑で、湖に反射する太陽光を受けて完熟するブドウの60％以上がシャスラである。大都市ローザンヌの東に隣接しているのが、ユネスコの世界遺産にも登録された段々畑のあるヴォーの中心的産地**ラヴォー**地区である。ラヴォーには、**カラマン**と**デザレー**という2箇所のグラン・クリュ畑がある。ローザンヌの街を挟んで西側に位置するのが**ラ・コート**地区、ここでは上質なシャスラと、サルヴァニャンと呼ばれるガメイとセルヴァニャン種の赤のブレンドワインが造られている。

③**ジュネーヴ**（Geneva 1,410ha）

　国際都市ジュネーヴ近郊の産地。ジュネーヴのブドウ畑では、近年ガメイがシャスラを抜いて首位に躍り出た。また注目すべきは新世代の造り手たちの活躍で、白ではショイレーベ、ケルナー、ソーヴィニョン・ブラン、赤ではメルロー、ガマレなど多様な品種を原料ブドウとして、意欲的にチャレンジしてい

る。

④三湖地方（946ha）

　ヌーシャテル湖、ビール湖、ムルテン湖畔に広がる小規模産地。赤はピノ・ノワール、白はシャスラから良質なワインが造られている。

## 2）ティチーノ（Ticino 1,122ha）

　スイス第4位の生産量を擁するのがイタリア語圏のティチーノである。ベリンツォーナ市を中心とする北部は気候も土壌もアルプスの地続きで冷涼。南部の畑はマッジョーレ湖とルガーノ湖を中心に広がり、気候はより温暖で日照にも恵まれている。フィロキセラで多くのブドウ樹が絶滅して以後は赤ワイン造りが盛んで、中でもボルドーから移入したメルローは今や生産量の80％以上を占める。ティチーノの古い土着種のボンドーラ、カベルネ・ソーヴィニヨン、カベルネ・フラン、ピノ・ノワールなど外来種も栽培されている。白ワイン用ブドウは土着・国際品種合わせても10％に満たない。

## 3）東部（2,656ha）

　チューリッヒ周辺では**アールガウ**、ドイツとの国境に近いのが**シャフハウゼン**、**トゥルガウ**など東部のドイツ語圏の産地。黒ブドウが80％。シュペートブルグンダー（ピノ・ノワール）は本格的な辛口から干しブドウで造る**グラウビュンデン**地区の甘口までさまざまなスタイルに仕立てられている。白ブドウはドイツ、オーストリアと品種的な共通点が多く、リースリング・シルヴァーナーとも呼ばれるミュラー・トゥルガウや外来種も栽培されている。コンプレターという古い希少な土着品種から独特の味わいを持つワインも造られている。

（寺尾佐樹子）

# Greece

マケドニア・北部ギリシャ地方
① ナウサ
② アミンデオン
③ グーメニサ
④ コート・ド・メリトン

テッサリア地方
⑤ ラプサニ
⑥ アンヒアロス

イピロス地方
⑦ ジツァ

中央ギリシャ地方
⑧ アッティカ

ペロポネソス半島
⑨ マンティニア
⑩ ネメア
⑪ パトラス
⑫ モネンヴァシア・マルヴァジア

# (1) 歴史

　ギリシャは、ヨーロッパの中で最も古くからワイン醸造が行われてきた国である。ワイン造りが伝わったのは、紀元前 2000 年頃といわれている。クレタ島には、紀元前 16 世紀のものと伝えられる足踏み式の破砕器が残されている。

　ローマに入り「バッカス」となったギリシャ神話のディオニュソスは、ワインの神として知られている。古代ギリシャ時代から、民衆はワインを好んで飲んでいたが、当時はワインを水で割って飲むのが正しい飲み方とされていた。

　14 世紀以降、ギリシャはオスマン帝国の支配下に入り、1830 年に独立するまではその支配が続いた。この間、数世紀にわたってギリシャのワイン産業は停滞した。1981 年に EU（当時は EC）に加盟。その後は、大手メーカーを中心に多大な投資が行われ、近代的な技術も導入されて、ワインの品質は飛躍的に向上している。

# (2) 気候・土壌

　気候は地中海性気候であり、冬は暖かく、夏は暑さが厳しく、乾燥している。そのため、標高や畑の向きなど栽培に工夫がみられる。降水量は少なく、たびたび旱魃に悩まされている。その一方で、突然の嵐に襲われる場合もあり、海から吹き上げる風がブドウ栽培に影響を及ぼすことがある。日照時間は、年平均 3,000 時間に及ぶ。

　国土の大半は山であり、土壌は痩せている。土壌は砂礫質で、石灰、砂、ローム層、粘土、珪土、大理石からなり、ブドウ栽培に向いている。ブドウ栽培地は、比較的標高の高い地域に広がっており、急斜面の畑も少なくない。

# (3) ブドウ品種

　ギリシャで栽培されている品種には、古代からのものも多い。白ブドウのアイダニ、アシリ、サヴァティアノ、黒ブドウのアギオルギティコ・ネメア、リアティコ、リムニオといった品種がそうである。サヴァティアノは、松脂を添加したレツィーナ・ワインの主要品種になっている。このほか、サモス島の代表品種であるマスカット、黒ブドウのコツィファリ、マンデラリア、クシノマヴロなどが栽培されている。コツィファリとマンデラリアは混醸されることが多く、クシノマヴロは大陸性の気候で育った優良品種である。ナウサやグーメニッサではフルボディの赤ワインが造られている。このほか、シャルドネ、ソーヴィニヨン・ブラン、カベルネ・ソーヴィニヨン、カベルネ・フラン、メ

ルローなどの国際品種も栽培されている。

# （4）ワイン法

　ギリシャは EU 加盟国で、EU ワイン法が適用される。ワインは、①Oinos、②Topikos Oinos、③Onomasia Proelefsis Eleghomeni（O.P.E.）、④Onomasia Proelefsis Anoteras Poiotitos（O.P.A.P.）の 4 つのカテゴリーに分類される。

　Oinos は、一般のテーブルワイン、熟成タイプの Cava、レツィーナの 3 つに分けられている。Cava は、白ワインについては最低 2 年間セラー、または樽で熟成させたもの、赤ワインについては最低 3 年間セラーで寝かせ、新樽では最低 6 ヶ月、古い樽では最低 1 年間熟成されることになっている。レツィーナは、サヴァティアノ種から造られるギリシャ特有のワインであり、松脂が添加されている。添加量は、1hL あたり 1kg 以下。

　Topikos Oinos は、特定の地域のブドウを 85％以上使用し、定められた品種のブドウから造られたワイン。EU 法上は IGP のカテゴリーに属する。

　O.P.E. は、甘口あるいはデザートワインに限られ、EU 法上は AOP のカテゴリーに属する。ブドウ品種は、マスカットもしくはマヴロダフネ。

　O.P.A.P. は、高品質のブドウが生産される特定の地域で造られるワインに限られ、EU 法上は AOP のカテゴリーに属する。2 年以上熟成した白ワインまたは 3 年以上熟成した赤ワインはレゼルヴの表示ができ、3 年以上熟成した白ワインまたは 4 年以上熟成した赤ワインはグランド・レゼルヴの表示が可能。

# （5）主な産地

　ブドウ栽培面積は約 61,500ha、ワインの生産量は 250 万 hL 前後を推移している。ギリシャのワイン産地は、大きく分けると、北部ギリシャ（マケドニア、トラキア）、テッサリア、イピロス、中央ギリシャ、ペロポネソス半島、諸島部の 6 つである。

## 1）北部ギリシャ

　マケドニアと呼ばれる旧ユーゴスラビア共和国との国境に近い北部ギリシャは、赤ワインの産地であり、クシノマヴロが多く栽培されている。標高 2,027m のヴェルミオ山の 150 〜 300m の南東斜面に広がる**ナウサ**、ヴェルミオ山の北西斜面に位置する**アミンデオン**、ナウサの北東に位置しパイコ山の斜面に広が

るグーメニサが知られる。アミンデオンでは、辛口赤ワインだけでなく、冷涼な気候のおかげで、白やロゼ、スパークリングも造られている。

エーゲ海の北西部に突き出した**ハルキディキ半島**は、古代以来の由緒あるワイン産地。半島の先端は3つに分かれ、西からカサンドラ半島、シトニア半島、アトス半島。シトニア半島のメリトン山の斜面には**コート・ド・メリトン**の産地がある。また、1960年代にギリシャ・ワインの改革の先触れが行われたシャトー・カラスがある。アトス半島の先端には標高2,033mのアトス山があり、正教会の聖地となっている。

## 2）テッサリア

ギリシャの最高峰オリンポス山（2,917m）の麓に広がる**ラプサニ**では、赤ワイン用のクシノマヴロ、スタヴロート、クラサートが栽培されている。パガシティコス湾に近い**アンヒアロス**では、海面近い低地にロディティスやサヴァティアノが栽培され、辛口白ワインの産地となっている。テッサリアの首府ラリサに近い**ティルナヴォス**では、マスカットが栽培され、内陸の**カルディツァ**は、メセニコラの赤、サヴァティアノの白が造られている。

## 3）イピロス

ギリシャ北西に位置し、アルバニアと国境を接するイピロス地方は、栽培面積は1,000ha程度と少ないが、デビーナから造られる辛口白ワインやスパークリングワインの産地**ジツァ**がある。また、ビンドス山の南東斜面には標高1,000mを超える高地に辛口赤ワインの産地**メツォヴォ**がある。

## 4）中央ギリシャ

中央ギリシャのブドウ栽培面積は20,000haを超えており、ネゴシアンと協同組合が支配的である。首都アテネの周囲に広がる**アッティカ**では、サヴァティアノが栽培されている。そのほとんどがレツィーナのベースとなる白ワイン。このほか、カベルネ・ソーヴィニヨンの赤ワインも造られている。

アテネの北西にあたる**ティーヴァ**（テーベ）は、ギリシャ神話の舞台として知られ、かつてアテナイやスパルタと覇権を争った都市国家でもある。ヘリコン山の斜面、アッティカとの境界をなすキサイロナス山地、デルヴェノホリアなどで、サヴァティアノやロディティスが栽培されている。

## 5) ペロポネソス半島

　ギリシャ南端に広がるペロポネソス半島では、ギリシャの生産量の約4分の1のワインを産出する。半島中央部の**マンティニア**は、標高600mを超える冷涼な産地であり、モスコフィレロの白ワインが造られているが、シャルドネやソーヴィニヨン・ブランのような国際品種も栽培されている。半島東部の**ネメア**は、エーゲ海の影響を受けてはいるものの、標高500m前後の畑から高品質のワインが造られている。アギオルギティコの赤ワインで知られる。半島北部の**パトラス**では、ロディティスの白ワインやマヴロダフネ種の赤ワインが造られる。また、半島南部の**モネンヴァシア・マルヴァジア**は、有名なマルヴァジア（マルムジー）ワインに由来する産地である。

## 6) 諸島部

　ギリシャ最大の島である**クレタ島**は、最も南に位置する産地であり、ギリシャ全体の約20％のワインが生産されている。島中央部には、**アルハネス**、**ダフネ**、**ペザ**の産地があり、コツィファリ、マンデラリア、リアティコから赤ワインが造られている。ペザは、ヴィラナの辛口白ワインの産地でもある。島東部の**シティア**では、リアティコから辛口と甘口の赤ワインが造られている。クレタ島西部の**ハニア**では、ロメイコから辛口赤ワインを産する。

　エーゲ海の島々では、古くからワイン造りが行われてきた。**リムノス島**は、赤ワイン用のリムノスの原産地だが、現在は、マスカット・オブ、アレキサンドリアで造る辛口・甘口の白ワインが主流。**サモス島**は、マスカット種の白ワインの産地として歴史的にも有名で現在でも、国外に輸出されている。

　独特の気候と火山土壌をもつ**サントリーニ島**は、カルデラ湾を望む断崖の上に白壁の家々が密集する景観で知られる。人気の観光地であると同時に現代ギリシャワインのハイライトともいうべき地になっている。アシルティコ、アシリ、アイダニの辛口白ワイン、甘口のヴィンサント、マンデラリアの赤ワインが造られている。砂土のためフィロキセラの害がなく、接ぎ木のない古い樹齢の木が植えられている。

（蛯原健介）

# Eastern European countries

## ハンガリー *Hungary*

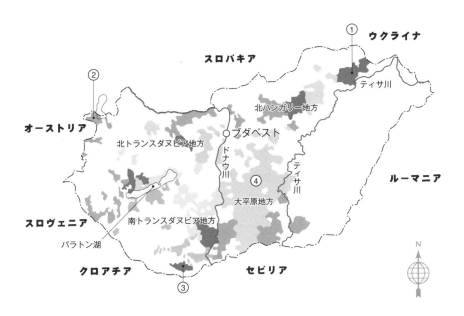

ウクライナ

スロバキア

① ティサ川

② オーストリア

北ハンガリー地方

北トランスダヌビア地方

ブダペスト

ドナウ川

ティサ川

ルーマニア

④ 大平原地方

スロヴェニア

南トランスダヌビア地方

バラトン湖

クロアチア

③ セビリア

N

① トカイ・ヘジャリヤ
② ショプロン
③ ヴィラーニ・シクローシュ
④ クンシャーグ

# （1）歴史

　ハンガリーに本格的なブドウ栽培を伝えたのは、古代ローマ人であった。その後、5世紀頃には、マジャール部族によって広大なブドウ畑が開墾された。10世紀頃になるとキリスト教の影響が強くなり、やがて世界有数のワイン生産国として知られるようになった。フランスのルイ14世、ロシアのピョートル大帝やエカテリーナ2世は、ことにトカイの貴腐ワインを愛飲したという。

　共産主義の時代には、他の東欧諸国同様、ハンガリーでも質よりも量が優先され、安く、個性のないブレンドワインが大量に生産され、旧ソ連や東欧諸国に輸出された。冷戦後は、生産量は大きく減少したものの、個性的で良質なワインが造られるようになった。フランスなどの外国資本や技術の導入が進み、設備は近代化され、品質は大幅に改善された。

# （2）気候・土壌

　気候は、内陸部のため、夏は暑く、冬は寒い大陸性である。年間平均気温は10〜12℃程度だが、年間を通じた寒暖の差は大きい。ただし、生育期の気候条件は比較的温暖であり、ブドウの栽培地域は全土に広がっている。歴史的なワイン産地の多くは標高の高い場所にあり、入り組んだ地形が産地の多様性を反映したワインを生み出している。年間平均降水量は658mmである。土壌は火山岩質の産地が多く、トカイも火山性土壌である。

# （3）ブドウ品種

　ハンガリーで栽培されているワイン用ブドウは、固有品種のほか、カベルネ・ソーヴィニヨン、メルロー、シャルドネのような国際品種がある。ハンガリーの固有品種としては、白ブドウのフルミント、ハーシュレヴェル、ユファルク、黒ブドウのカダルカなどがある。

　栽培面積が大きいのは、白ワイン用ではオラスリーズリングとフルミント、赤ワイン用ではケークフランコシュ。ハンガリーを代表する赤ワイン、エグル・ビカヴェールの主要品種であるケークフランコシュは、オーストリアではブラウフレンキッシュ、ドイツではレンベルガーと呼ばれている。

# （4）主な産地と品質分類

　ブドウ栽培面積は約68,400ha、ブドウ生産量は約414,000t、ワイン生産量は約250万hLである。白ワインの生産が約65％を占めている。生産量の7割以

上は国内消費に向けられている。22 のワイン産地があるが、東北部のトカイ地方、西南部の南トランスダヌビア地方、西北部の北トランスダヌビア地方、南部の大平原地方、北部の北ハンガリー地方に大きく分けられる。

　ハンガリーでは、1956 年に原産地を保証するためのワイン法が制定され、14 の生産地域に区分された。冷戦後、1994 年に新たなワイン法が施行され、ワイン産地は 20 地域に、さらに、その後、22 地域に増えている。ハンガリーは、2004 年に EU に加盟し、現在では、EU のワイン法が適用されている。

## 1）トカイ地方

　ハンガリー東北部、トカイ町の北方に広がるワイン産地で、正式な原産地名は、トカイ・ヘジャリャ。甘口の貴腐ワインが有名である。フランスのソーテルヌ、ドイツのトロッケンベーレンアウスレーゼとともに、世界三大貴腐ワインのひとつと称されるトカイ・アスーもこの産地で生産される。2002 年に世界遺産に登録された。

　栽培面積は約 5,500ha で、フルミント、ハーシュレヴェル、シャールガ・ムシュコターイ、ゼータ（オレムス）、ソーヴィニヨン・ブラン、オットネル・ムシュコターイなどが栽培されている。

　トカイワインには、辛口から甘口までさまざまなタイプがある。一般に貴腐菌の付着しなかった果粒から造られるものは「サモロドニ」（スラブ語で「自然のままに」の意味）となる。このうち、辛口のものはサーラズと表記し、甘口のものはエーデシュと表記する。

　多かれ少なかれ貴腐菌の付着したブドウの粒を選別して造られたものは「アスー」（糖蜜のような、シロップのようなの意味）になる。選別した果粒は 26kg 入りの背負い桶（プットニョシュ）で醸造所に運ばれ、136L 入りの樽（ゲンツィと呼ばれる）に加えられる。何杯分の桶の果粒を加えたかによって甘みの度合いが増してくる（数字の大きい方が甘みは強い）。たとえば 5 杯分を加えたら 5 プットニョシュ、6 杯分なら 6 プットニョシュという表記が可能になる。ただし、最低残糖分は 5 プットニョシュでは 1L あたり 120g、6 プットニョシュでは 150g と定められている。

　「アスー・エッセンシア」は、残糖分が 1L あたり 180g 以上と定められていて、桶の添加杯数が 7 ～ 8 プットニョシュに相当する。アスー・エッセンシアの上には、最上位の「ナトゥール・エッセンシア」がある。これは、貴腐ブドウのみを使用し、最低残糖分は 250g と決められている。アルコール度はき

わめて低いが、EU ワイン法は、例外的にワインとして取り扱っている。

このほか、トカイワインには、搾りかすにワインやマストを加えて再醗酵させた「マーショラーシュ」（辛口）や「フォルディターシュ」（甘口）もある。

## 2）南トランスダヌビア地方

中央ヨーロッパ最大の湖であり、国際的な保養地として知られるバラトン湖の南側には、主に白ワインとスパークリングワインの産地である**デール・バラトン**がある。湖が近いため温暖で湿度が高く、ボディのしっかりしたワインになる。シャルドネ、シャールガ・ムシュコターイ、オラスリーズリングのほか、赤ワイン用のカベルネ・フラン、カベルネ・ソーヴィニヨン、メルローなども栽培されている。

デール・バラトンの南東には 1998 年に認定されたワイン産地**トルナ**がある。もっとも、ここは古代ローマからブドウが栽培されてきた歴史的な産地で、降水量が少なく、気温は高い。また、その南のペーチ市周辺の**メチェクアリヤ**も伝統ある産地である。シャルドネやフルミントが栽培され、スパークリングワインの生産拠点となっている。ドナウ川に近い**セクサールド**は、エゲルと並ぶ赤ワインの名産地である。

ハンガリー最南部に位置し、クロアチアとの国境に近い**ヴィラーニ・シクローシュ**は、国際的なワインコンクールで受賞するワインを数多く産する伝統的な名産地である。温暖で日照時間が長く、ケークオポルトー、ケークフランコシュ、カベルネ・ソーヴィニヨン、カベルネ・フラン、ピノ・ノワール、メルローなどが栽培されている。

## 3）北トランスダヌビア地方

バラトン湖北岸には、バダチョニ、バラトンフレド・チョパク、バラトンフェルヴィデーク、バラトンメッレークがある。オラスリーズリング、スルケバラート、リーズリング・シルヴァーニなどが栽培されている。

オーストリアとの国境に近い**ショプロン**は、ハンガリーでは最も古いワイン産地であり、古代ローマ以前からブドウが栽培されていた。アルプスの涼しい風が吹き、夏でも気温は低いが、日照時間は長い。**ショムロー**は、高品質の白ワインの産地として知られ、フルミント、オラスリーズリング、ハーシュレヴェル、ライナイ・リーズリング、ユファルクなどが栽培されている。

ドナウ川に面した**アーサール・ネスメイ**、その東の**パンノンハルマ・ショ**

コローアリア、首都ブダペストに近い**エチェク・ブダ、モール**もこの地方のワイン産地である。

## 4) 大平原地方

　大平原地方には、ハンガリー最大のワイン産地**クンシャーグ**があるが、国内消費用かヨーロッパ諸国の原料用ワインとなっている。**チョングラード**も軽めの日常消費用ワインの産地である。他方で、**ハヨーシュ・バヤ**では、国際品種も栽培され、高品質のワインが生産されている。

## 5) 北ハンガリー地方

　北ハンガリー地方には、東部に**ビュッカリヤ、エゲル、マートラアリヤ**の3つの産地がある。特に有名なのは、雄牛の血（ビカヴェール）という名のケークフランコシュを主体とした**エゲル**のワインである。ツヴァイゲルト、カベルネ・フラン、カベルネ・ソーヴィニヨンなどのほか、白ワイン用品種のオラスリーズリング、トラミニ、ソーヴィニヨン・ブランも栽培されている。

ハンガリー　バラトン湖

# スロヴェニア　*Slovenia*

オーストリア

ハンガリー

ポドラウイエ地方

イタリア

リュブリヤナ

プリモルスカ地方

ポサウイエ地方

アドリア海

N

クロアチア

## （1）歴史・気候

　ハンガリーの南東に位置するスロヴェニアは、スロバキアと全く別の国である。国境西部がイタリアと隣接するこの国では、古代ローマ時代にワイン造りが本格的に行われるようになった。また国境北部はオーストリアに接し、長きに渡るオーストリア大公国、オーストリア＝ハンガリー帝国の支配下時代にワイン造りは発展した。19世紀に入ると、高級品種の栽培が命じられ、シャルドネ、ソーヴィニヨン・ブラン、ピノ・グリ、ピノ・ブラン、リースリング、ピノ・ノワールなどが導入されたが、フィロキセラ被害で栽培面積は激減した。

　冷戦時代は、スロヴェニア産のリースリングが東欧から西側に輸出される唯一のワインであった。スロヴェニアは、1991年に旧ユーゴスラビアから独立し、2004年にはEUに加盟した。

　国土面積は日本の四国と同じくらい、気候・土壌は、アドリア海、アルプス山脈、ハンガリー平原に囲まれ、多様性に富んでいる。イタリア国境沿いとア

ドリア海沿岸のプリモルスカ地方は、地中海性気候であり、土壌は泥炭土、泥板岩、砂岩。また、スロヴェニア西部からイタリア北東部にかけて、カルスト台地が広がっていて、石灰岩が厚く分布し、世界的に有名な鍾乳洞地帯となっている。北東部のポドラウイエ地方は大陸性気候、南東部のポサウイエ地方は半大陸性気候である。緯度はボルドーとほぼ同じで、年平均気温は 11 ～ 12℃、降雨量は 740 ～ 1,000mm である。

# (2) 主な産地

　ブドウ栽培面積は約 15,600ha で、ブドウ生産量は約 95,000t、ワイン生産量は年間約 50 万 hL。白ワインが多いが、プリモルスカ地方では赤ワインも生産されている。

## 1) プリモルスカ地方

　イタリア国境沿いからアドリア海沿岸にかけて広がるワイン産地であり、ゴリシュカ・ブルダ、ビパーバ、クラス、スロヴェンスカ・イストラの４つが原産地呼称規制地区に指定されている。生産量の約 46％が赤ワインで、スロヴェニアの中で最も赤の比率が高い。ゴリシュカ・ブルダやビパーバでは、レブラ（リボッラ）、シヴィ・ピノ（ピノ・グリ）、ソーヴィニヨン・ブラン、メルロー、カベルネ・ソーヴィニヨンなどが栽培され、クラスやスロヴェンスカ・イストラでは、赤ワイン用のレフォシュクなどが植えられている。

## 2) ポドラウイエ地方

　スロヴェニア北西部では、シュタイエルスカ・スロヴェニアとプレクムリエの２か所が原産地呼称規制地区に指定されている。トラミネッツ（ゲヴュルツトラミネール）やレンスキ・リーズリング（リースリング）などドイツ系品種が栽培され、辛口白のほか、シュペートレーゼ、アウスレーゼ、ベーレンアウスレーゼ、トロッケンベーレンアウスレーゼ、アイスワインも造られている。

## 3) ポサウイエ地方

　クロアチアに隣接する南東部では、ドレニスカ、ビゼルスコ・スレミッチュ、ベラ・クライナの３か所が原産地呼称規制地区に指定されている。スロヴェニアでは単一品種のワインが主流だが、この地方は複数品種のブレンドが多い。軽くてフレッシュな白やロゼの生産が中心。

# クロアチア *Croatia*

## （1）歴史・気候

　古代ギリシャ人やフェニキア人が紀元前4世紀頃にブドウを植え、ワイン造りをはじめたのが最初だといわれている。中世には、ワインが経済の中心となり、ワインの生産と販売に関する規定も整備されている。

　19世紀にはクロアチアのブドウ栽培面積は200,000haに達し、各国の宮廷にも納められるほどであったが、その後、フィロキセラ禍の被害で生産量は激減した。現在の栽培面積は25,000ha、ブドウ生産量は約124,000t、ワイン生産量は約80,000hL程度である。

　国土面積は、九州と四国を合わせた面積よりやや広い。この国の形は、「く」の字状を呈している。西部はアドリア海沿いに細長く南に伸びた沿岸部、東部は首都ザグレブから東側に伸びる大陸部になっている。つまり国が二つの地域に分けられる。大陸部の緯度はメドックや北部ローヌとほぼ同じ、沿岸部の緯度はアドリア海の対岸のイタリアや南フランスとほぼ同じである。

　気候は、大陸部においては大陸性気候で、夏は暑く乾燥しており、冬は寒くやや湿度がある。平均気温は、夏が20〜23℃、冬が1〜3℃である。沿岸部は、地中海性気候となり、夏は暑く乾燥し、冬もそれほど寒くない。平均気温は、夏が23〜26℃、冬が5〜10℃である。

　2013年にEUに加盟し、現在は、EUワイン法が適用されている。

## （2）主な産地

　ワインの産地は、大陸部と沿岸部に分けることができる。大陸部には7つ、沿岸部には5つの指定原産地がある。

### 1）大陸部

　首都ザグレブに近く、ジュンベルチュカ山脈の南側斜面ハンガリーとの国境沿いに広がるワイン産地**プレシヴィツァ**では、リースリング・ランスキ、シャルドネ、グラシェヴィナ、ピノ・ビエリ（ピノ・ブラン）、シルヴァーナッツ・ゼレニ（シルヴァーナー）が栽培されている。**ヤストレバルス**が代表的な生産地。ポルトギザッツ（ポルトギーザー）の新酒も有名。

　ザグレブの北方には、クロアチア最大の生産地域**ザゴリエ・メディムリエ**が

ある。シャルドネ、グラシェヴィナ、ソーヴィニヨン・ブラン、ピノ・ビエリなどが植えられている。ヴァラジュディン、クラピーナ、ザボックが代表的な生産地。また、ザグレブ近郊に広がる**プリゴリェ・ピロゴラ**も大産地。ここでは、グラシェヴィナのほか、土着の白ブドウであるクラリェヴィーナ、モスラーヴァッツ、さらに、フランコウカ（ブラウフレンキッシュ）の赤ワインも造られている。その南のモスラヴィーナでは、土着の白ブドウであるシュクルレットが代表品種となっている。

　ザグレブの西南、カルロヴァッツまで続く**ポクプリェ**では、グラシェヴィナ、シルヴァーナッツ・ゼレニのほか、フランコウカの赤も造られている。

　大陸部の東部に広がる**スラヴォニア**は、スラヴォニア・オークの産地としても知られている。ブドウ畑は 1,000m 級の斜面に広がっている。高品質のワインは、南向きの緩やかな斜面で生産されている。主要品種は、グラシェヴィナ、トラミナッツ、シャルドネ、ピノ・ビエリ、ピノ・シヴィ（ピノ・グリ）。

　クロアチア最東部でドナウ川沿いに広がる**ポドゥナウリェ**では、グラシェヴィナ、トラミナッツ、ピノ・ビエリなどが栽培されている。

## 2）沿岸部

　沿岸部で最北部は三角状にアドリア海に突出る**イストラ半島**が、クロアチア第二の産地で、赤・白両方のワインが生産されている。メルロー、カベルネ・ソーヴィニョン、シャルドネなどから、高品質のワインが造られている。イストラの東、クロアチアン・プリモリエでは、土着の白ブドウであるトルブリャン、ジュラフティーナが主要品種である。

　沿岸沿い細長く伸びる地帯の中央部と南部が**ダルマチア**。カルスト台地にテラス状のブドウ畑が広がっている。土着の黒ブドウであるバビチュ、プラーヴィナや、白ブドウのデビッドのほかグルナッシュなどの外来品種も栽培されている。中部・南部ダルマチアでは赤が主流で、土着のプラーヴァッツ・マリが代表品種だが、デュブロニク近郊ではマルヴァジヤの白も造られている。

　沿岸部中部から南にかけて 1,500m 前後の山が連なり、その北側がダルマチアン・ザゴラのブドウ畑。畑はテラス状で、土着の白ブドウであるクジュンドジュシャ、デビット、マシュティーナのほか、赤用のバビチュも植えられている。

# ルーマニア　*Romania*

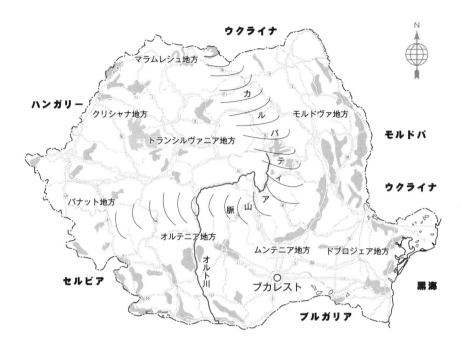

## （1）歴史・気候

　ルーマニアのワインの歴史は、6000年前まで遡る。ローマ帝国時代には属州となり、以降ワイン造りで繁栄することとなった。18世紀にはヨーロッパ各地でルーマニアのワインが高く評価され、国王や皇帝が好んで飲んでいた。20世紀後半の共産主義の時代には、大規模な耕作地転換が進められ、ブドウ畑が広げられた。

　1989年にチャウシェスク政権が崩壊すると、ルーマニアでもワインの品質向上が試みられるようになり、国際品種だけでなく、土着品種を活かしたワインが造られている。また、外国からの資本や技術の導入が進められている。

　生産量や栽培面積は、共産主義時代よりも大幅に減少し、現在の栽培面積は約191,000 ha、ブドウ生産量は約820,000t、ワイン生産量は約360万hL程度である。自国でのワイン消費が多い。2007年、ルーマニアは、ブルガリアとともにEU加盟を果たした。

194

　ルーマニアは、スラヴ民族の国々に囲まれたラテン民族の国であり、フランスに親近感をもっている国民が多い。フランスとほぼ同じ緯度に位置していて、気候は大陸性気候。国土の中央には2000m級の山々が連なるカルパチア山脈がそびえ、トランシルヴァニア平原を取り囲んでいる。ドナウ川がセルビア、ブルガリアとの国境となっている。夏は暑く、乾燥しているが、黒海やカルパチア山脈がその影響を和らげるため、ブドウ栽培に適した地域が多い。

# （2）主な産地

　国土のほぼ全域でブドウが栽培されている。ワイン産地は、大きく7つに分けられ、さらにその中に37の認定された生産地域（ポドゴリエ）がある。

## 1）トランシルヴァニア地方

　ルーマニアの中心に位置するトランシルヴァニア平原は標高460m前後、年間平均気温は9℃。比較的雨が多い。白ブドウのフェテアスカ・レガーラ、フェテアスカ・アルバのような土着品種のほか、ミュスカ・オットネル、イタリアン・リースリング、ピノ・グリなどが栽培されている。また、ピノ・ノワールも植えられている。

## 2）モルドヴァ地方

　この国の東部でロシアのウクライナと隣接するモルドヴァは、ルーマニアのブドウ畑の3分の1以上を占める最大のワイン産地。北部のコトナリは、かつては貴腐ブドウの甘口ワインで知られていた。現在は、中央丘陵の東側に**コテシティ、ニコレシュティ、パンチウ、オドベシュティ**などの名産地が並び、この国の中心的な産地になっている。土着品種のガルベナ・デ・オドベシュティ、シャルバ、ズギハラ・デ・フシ、グラサ・デ・コトナリ、フランクシャ、フェテアスカ・アルバ、フェテアスカ・ネアグラ、バベアスカ・ネアグラなどが栽培されている。また、ブスヨアカ・デ・ボホティンからロゼのデザートワインが造られている。

## 3）ムンテニア・オルテニア地方

　中央部を東西に走る南カルパチア山脈の南側で国境になっているドナウ川との間がワラキア地方になるが、オルト川で東西が分けられ、東側がムンテニア、西側がオルテニアと呼ばれている。**デアル・マレ**地区をはじめ、ルーマ

ニアを代表する高品質ワインの産地はこのムンテニアにある。また、この国の最南西部になるオルテニア地方には、**ドラガシャニ**など多くの名産地が点在する。平均気温が高く、カベルネ・ソーヴィニヨン、ピノ・ノワール、メルロー、フェテアスカ・ネアグラ、ソーヴィニヨン・ブラン、イタリアン・リースリングなどが植えられている。

## 4）その他の産地

　ドナウ川の東側の黒海沿岸に位置するワイン産地である**ドブロジェア**、セルビア国境に近い**バナット**、ルーマニア西北部の**クリシャナ**、**マラムレシュ**などでもワインを産出する。赤ワインの産地であるバナットでは、ピノ・ノワールやガダルカから良質のワインが造られている。ドブロジェアは温暖な気候で、ムルファトラルの甘口の白ワインが造られている。

トランシルヴァニア地方

# ブルガリア *Bulgaria*

## (1) 歴史・気候

　かつてブルガリアに住んでいたのは、トラキア人であった。トラキアではディオニュソス（バッカス）信仰が盛んで、トラキアに由来するという説もある。しかし、14世紀末から5世紀近くに渡ってオスマン帝国の支配下に置かれ、その間ワイン造りは衰退した。旧ソ連圏の時代には、輸出による外貨獲得のため、ルカツィテリなどのほか、国際品種の大規模な栽培が行われた。旧ソ連に向けて日常消費用ワインが大量に輸出されていたが、なかでも力強く安価なカベルネ・ソーヴィニヨンが成功していた。1970年代は、この国のカベルネ・ワインがヨーロッパ市場で歓迎された時期もあった。しかし、1980年代にゴルバチョフが進めた反アルコール運動は、ブルガリアのワイン産業に大きな影響を及ぼした。また、国有地の私有化への処理の不手際がかなりの混乱を招いた。ソ連崩壊後は、旧ソ連に頼っていた日常消費用ワインの大量輸出から、西ヨーロッパへ輸出できる品質を重視したワイン造りへの転換を迫られることとなった。1990年代後半、国営のワイナリーや壜詰工場は民営化され、外国資本による設備の近代化、外国からの技術者の受け入れなどによって、品

質向上が進められている。

　ブドウ栽培面積は、約 64,000ha、ブドウ生産量は約 200,000t、ワイン生産量は約 120 万 hL。ブドウ栽培は、バルカン山脈の山地以外の肥沃な平地や丘陵地帯で行われている。2007 年に EU に加盟しており、EU ワイン法の下でワイン造りが行われている。

　ブルガリアは、北緯 41 〜 43 度、大陸性気候と地中海性気候の境界にあり、同緯度のフランス南部やイタリア中部よりもわずかに涼しい。

　国際品種の栽培が多く、メルロー、カベルネ・ソーヴィニヨン、シャルドネなどが植えられている。土着品種では、白ブドウのディミャット、レッド・ミスケット、黒ブドウのパミッド、ガムザ（カダルカ）、マヴルッド、メルニクなどがある。

# （2）主な産地

## 1）ドナウ平原

　北はドナウ川、南はこの国の中央を東西に走るバルカン山脈とその間の中間地帯の平野で、冬の気温は − 18℃まで下がる。カベルネ・ソーヴィニヨン、メルロー、ガムザなどの黒ブドウ、シャルドネ、ソーヴィニヨン・ブラン、アリゴテなどの白ブドウが植えられている。

## 2）ストゥルマ・ヴァレー

　ワイン産地カテゴリーの分類上では、トラキア低地地区に入るが西端の飛び地状地区。ブルガリア西南部のストゥルマ渓谷流域のワイン産地である。マケドニアおよびギリシャ国境に近い。気温は比較的高く、火山性の土壌である。この地方特有の品種で、葉の広いブドウを意味するシロカ・メルニシカ・ロザが栽培されている。カベルネ・ソーヴィニヨンやメルローも植えられている。

## 3）ローズ・ヴァレー

　バルカン山脈の南側丘陵からスレドナ・ゴラ山脈の北丘陵の間の渓谷地帯に広がるワイン産地である。レッド・ミスケット、ヴァレイ・ミスケット、スングアレ・ミスケット、ロゼ・ヴァレイ・ミスケット、シャルドネなどの白ブドウのほか、カベルネ・ソーヴィニヨンやメルローも栽培されている。

## 4）トラキア低地

　ローズ・ヴァレーの南からギリシャ国境に及ぶ広大なワイン産地。**プロヴディフ、パザルジック、ハスコヴォ、ハルマンリ、リュビメッツ、スタラ・ザゴラ**などの産地がある。カベルネ・ソーヴィニヨン、メルローのほか、ブルガリアの固有品種である黒ブドウのマヴルッド、パミッド、白ブドウのディミャト、ミュスカ・オットネル、ルカツィテリなどが栽培されている。

## 5）黒海沿岸

　黒海沿岸では、ディミャト、ルカツィテリ、シャルドネ、ソーヴィニヨン・ブラン、ミュスカ・オットネル、トラミネール、リースリングなどの白ブドウの栽培に向いているとされている。黒ブドウでは、パミッド、メルロー、カベルネ・ソーヴィニヨン、なども植えられている。

ディオニュソス信仰と深く関わると言われるブルガリアの奇祭クケリ

199

# チェコ・スロヴァキア *Czeh Republic & Slovakia*

## (1) チェコ

　チェコは、ビールで有名だが、ドイツとの国境に近いボヘミア地方（ドイツ国境と首都プラハの間）、エルベ川の右岸を中心に 720ha のブドウ畑がある。比較的軽いワインが多く、ムニョルニークのピノ・ノワール、ロウドニツェのスヴァトヴァヴリネッケ（ザンクト・ラウレントの同意語）、ヴェルケー・ジェルノセキのリズリンク・リンスキがある。

　オーストリア国境に近いモラヴィア地方は、チェコ最大のワイン産地であり、約 17,800ha のブドウ畑が広がっている。特にブルノ市の南側にブドウ畑が集中しており、**ズノイモ、ヴェルケ・パヴロヴィッチェ、スロヴァチュコ、ミクロフ**といったサブリージョンに分かれている。

　ズノイモ地区は、ノヴィー・シャルドフ、ノヴェー・ブラニス醸造所の造るソーヴィニヨン・ブラン、シャトフ醸造所のヴェルトリンスケー・ゼレネ（グリューナー・フェルトリーナーの同意語）やリースリングが有名。ヴェルケ・パヴロヴィッチェでは、スヴァトヴァヴリネッケ、ツヴァイゲルトレーベ、フランコフカ（ブラウフレンキッシュの同意語）などから赤ワインが造られている。スロヴァキア国境に近いスロヴァチュコの北部ではリースリング、南部ではフランコフカが栽培されている。このほか、交配種であるトラミナー・ロット、ミュラー・トゥルガウ、ムシュカート・モラフスキーなども植えられてい

る。ミクロフでは、リズリンク・ヴァラシュスキーやシャルドネが代表品種である。

## （2）スロヴァキア

　スロヴァキアのブドウ栽培面積は 18,000ha ほどであるが、技術の進歩により品質向上が顕著である。生産量の大部分が白ワインであり、リースリング、シャルドネ、ソーヴィニヨン・ブランが代表品種。カベルネ・ソーヴィニヨンやフランコフカの赤もある。

　首都ブラティスラヴァに近い**マーレ・カルパティ**の丘陵地帯は、比較的乾燥し、石の多い土壌となっており、主として白ワイン用ブドウの栽培適地である。シルヴァーナー、フェルトリーナー、ヴェルシュリースリング、リースリング、シャルドネなどが栽培されている。ハンガリー国境に近いスロヴァキア南部は、より温暖で、肥沃な土壌となっており、カベルネ・ソーヴィニヨンやフランコフカから赤ワインが造られている。

（蛯原健介）

チェコ　モラヴィア地方

# The Black Sea Region

## モルドヴァ・ウクライナ・ロシア・ジョージア

モルドヴァ
① シュテファン・ヴォダ地区

ウクライナ
② オデッサ

クリミア共和国
③ クリミア半島

ロシア
④ クラスノダール地方
⑤ ドン

ジョージア
⑥ カヘティ地方
⑦ カルトリ地方
⑧ イメレティ
⑨ ラチャ・レシュクミ

# （1）モルドヴァ

　ルーマニアの東側に位置し、民族的、歴史的にもルーマニアに近い。ソ連崩壊後に独立国家となったが、旧ソ連諸国の中では、最もブドウ栽培量が多く、世界で最もブドウ栽培密度が高いという。国土面積（33,843km²）の約4％がブドウ畑となっており、労働人口の約4分の1がワイン産業に関わっている。

　旧ソ連時代には、240,000haものブドウ畑があったが、現在は147,000ha程度に減少している。ブルゴーニュと同じ緯度にあり、気候や地勢はブドウ栽培に適している。

　ヴィティス・ヴィニフェラ種が広く栽培されており、中でもアリゴテが全栽培面積の20％以上を占めている。カベルネ・ソーヴィニョン、メルロー、ソーヴィニョン・ブラン、ピノ・ノワール、ピノ・グリのほか、白ブドウのルカツィテリも多い。旧ソ連時代は半甘口の白ワインの生産が中心となっていたが、現在は、辛口ワインが多く造られている。特に有名なのは、モルドヴァ南東部の**シュテファン・ヴォダ**地区で造られるネーグル・デ・プルカリであり、カベルネ・ソーヴィニョン、サペラヴィ、ネグラ・ララをブレンドした赤ワインである。

　モルドヴァの気候は湿潤な大陸性で、冬は北の冷たい風にさらされ、夏には温暖な西の風が吹く。年平均の降雨量は580mmである。

# （2）ウクライナおよびクリミア半島

　黒海とアゾフ海のおかげで、ウクライナでも古くからブドウが栽培されてきた。**オデッサ**や**ヘルソン**周辺にもブドウ畑があるが、2014年以降、ロシアが実効支配を行っている**クリミア半島**がもっとも重要な産地である。クリミア半島は、かつてロシア貴族の別荘地となっていて、高品質のワインが造られていた。親英派のミハエル・ヴォロンツォフ伯爵は、半島南部のアルプカにワイナリーと宮殿を建て、その近くのマガラチにワイン研究所を設立したが、これはソ連時代にも重要な役割を果たした。

　また、皇帝はゴリツィン皇子に命じてマツサンドラに当時としては世界最高のワイナリーを築かせ周辺地区に畑が拓かれた。ここで造られた甘口ワインはロシア革命前に伝説的名声を確立した。

　クリミア半島では、19世紀からスパークリングワインが造られ、また甘口ワインが有名であった。現在では、シャルドネ、リースリング、アリゴテ、ピノ・ノワール、メルロー、カベルネ・ソーヴィニョン、ルカツィテリなどが栽

培されている。

# （3）ロシア

　ロシアでも、黒海とアゾフ海に挟まれた**クラスノダール**地方は、大陸性気候が海によって和らげられ、ブドウの木は冬を生き抜くことができる。ロシアのブドウの半分以上は、この地方で生産されている。外国の影響を受けた新しいワイナリーが設立されており、輸出されているワインもある。シャルドネ、ソーヴィニヨン・ブラン、アリゴテ、ルカツィテリのほか、ツィムリヤンスキ・ブラック、クラスノストプ、ゴルボクなどの土着品種も試みられている。しかし、ロシアでは、ノヴォロシースの港を通して輸入されるワインやブドウ果汁を原料としたワインが多い。今でも大都市の近郊に半工業的な工場があり、そうしたワインが製造されている。

　内陸部の**ドン**地方やカスピ海沿岸の**ダゲスタン**地方、**スタヴロポリ**地方では、冬の凍結からブドウを守るために、毎年、ブドウ樹を地中に埋めなければならない。これらの地方で栽培されているブドウの多くはブランデー用である。

# （4）アルメニアとアゼルバイジャン

　アルメニアでは、約6000年前のワイナリーの遺跡が発見され、ブドウの種や小枝、圧搾機や醸酵用の桶などが見つかった。ノアの箱船が大洪水の後に辿り着いたという伝説もあるアララト山はアルメニアの南方に位置する。しかし、現在では、栽培されているブドウの大半はブランデー原料用のワイン向けである。標高1,400mにあるイェゲグナゾルのゾラ・ワイナリーでは、土着品種アレニ・ノワールを甕で醸酵させたワインが造られている。そのワインには高く評価されているものもある。

　アゼルバイジャンでは、マトラッサ種から造られる甘口の赤ワインのほか、ルカツィテリの白ワインやサペラヴィの赤ワインも生産されている。最近では、アリゴテの栽培面積が増えているという。

# (5) ジョージア（旧グルジア）

## 1）歴史

　ジョージアは、ワイン発祥の地と伝えられている。なお、アルメニアが発祥の地という説もある。野生のものとは異なって、栽培されたものではないかと推測されるブドウの種が粘土の壺の中から発見されているが、その遺跡の年代は、紀元前6000年頃のものと考えられている。ジョージアの伝統的なワイン造りでは、クヴェヴリと呼ばれる粘土製の容器が用いられる。足で踏み潰されたブドウは、地中に埋められたクヴェヴリの中に入れられ、醗酵、熟成が行われる。そして、ワインが供されるまで、ずっとクヴェヴリの中で貯蔵されるのである。この伝統的な醸造方法は、ユネスコの無形文化遺産にも登録されている。

　19世紀初頭、ジョージアに近代的な醸造方法を持ち込んだのは、ロシアの移民であった。2004年に成立したサアカシュヴィリ政権の下では、強固な反露・親欧米政策を推し進められ、ロシアとの関係が悪化し、ロシアはジョージアワインの輸入禁止措置をとった。このため生産者は主要な市場を失い、欧米やアジアに輸出するために品質向上に取り組むこととなった。新しい市場は、ジョージアの個性が強く現れているワインを求め、クヴェヴリで造られた土着品種のワインも注目されるようになった。ジョージアには、数多くの土着品種がある。サペラヴィ、ルカツィテリ、ムツヴァネ・カクーリがその代表。

　黒海沿岸部の気候は地中海性。内陸部は大陸性で、夏は暑く、冬は寒い。7月の平均気温は23℃、1月の平均気温は−3℃である。年間の降水量は510mm。

## 2）主な産地

　国際市場に参入するためEU法に則り、産地の地方（リージョン）と地区（サブリージョン）を定めなければならなくなった。現在17の原産地規制呼称がEUに登録されている。ワイン産地は、下記の3つに分けられる。

### ①カヘティ地方

　コーカサス山脈の東端の山裾に広がる産地で、ジョージアの全ブドウ栽培面積の3分の2を占める重要な産地である。最も乾燥した場所で、国内で生産されるワインの約80％を産出する。サペラヴィの赤ワイン、ルカツィテリやムツヴァネ・カクーリの白ワインが造られている。カヘティ地方は、いつくか

の生産地区に区分される。ツィナンダリ、キンズマラウリ、クヴァレリなどである。

### ②カルトリ地方

　ジョージアの首都トビリシの周辺に広がる平坦な地域で、より冷涼でカヘティよりも軽いワインが造られている。

### ③イメレティとラチャ・レシュクミ

　黒海に向かって西に広がるイメレティは、より湿度が高く、黒海沿岸は亜熱帯性の気候となる。ツィツカ、ツォリコウリなどの土着品種が植えられている。北部の標高の高いラチャ・レシュクミでは、土着品種のアレクサンドロゥリやムジェレトゥリから半甘口のワインが造られる。

（蛯原健介）

ジョージア　クヴェヴリ

# Turkey & The Eastern Mediterranean

## 11 トルコ・地中海東岸諸国

# トルコ・レバノン・イスラエル

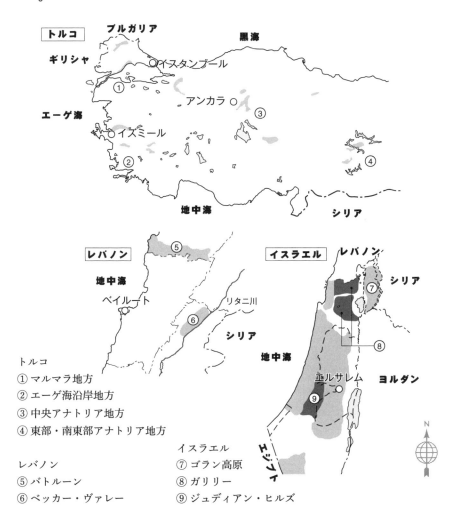

**トルコ**
ブルガリア
ギリシャ
黒海
イスタンブール
①
エーゲ海
アンカラ ○
③
イズミール
②
④
地中海
シリア

**レバノン**
⑤
地中海
ベイルート
リタニ川
⑥
シリア

**イスラエル**
レバノン
⑦
シリア
⑧
地中海
エルサレム
ヨルダン
⑨
エジプト
N

トルコ
① マルマラ地方
② エーゲ海沿岸地方
③ 中央アナトリア地方
④ 東部・南東部アナトリア地方

レバノン
⑤ バトルーン
⑥ ベッカー・ヴァレー

イスラエル
⑦ ゴラン高原
⑧ ガリリー
⑨ ジュディアン・ヒルズ

# トルコ共和国

　トルコは、ワインの故郷と言われる国のひとつであり、紀元前4000年頃アナトリアでワインが造られたと伝えられている。トルコのブドウ栽培面積は世界有数であり、2019年に公表されたOIVの統計によれば、約448,000haの栽培面積を有し、世界第5位である。しかしながら、収穫されたブドウのうち、ワインに使われるものの割合は、2～3％程度にすぎない。大半は、生食用か乾燥ブドウとなり、スピリッツの原料に用いられるものもある。

　トルコ国民の圧倒的多数がイスラム教徒であるため、ワインの国内市場はほとんど存在しないが、20世紀末から外国の影響を受けたワイナリーが現れるようになり、品質も大きく向上している。

　栽培品種は、白ワイン用のナーリンジェ、エミール、赤ワイン用のボアズケレ、カレジック・カラスなどヴィニフェラ系の土着品種が中心だが、カベルネ・ソーヴィニヨンなどの国際品種も栽培されている。

## (1) 主な産地

　イスタンブールの西南にある**マルマラ地区**は、ブドウ栽培面積では全国の16％にも満たないが、ワイナリーが最も集中している産地である。沿岸の暖かい地中海性の気候や土壌は、ブルガリアの黒海沿岸やギリシャの北東部に近い。この地区で、国際品種のほか、土着品種のパパスカラジやカララーナが栽培されている。

　トルコ西部**エーゲ海沿岸**地区では、トルコのワインの半分以上を産出する。大手ワイナリーのカワクリデレやセヴィレンが内陸部にも畑を拡げている。地中海地方にはリキア、黒海地方にはディレンといったワイナリーがある。首都アンカラ周辺の**中央アナトリア**にも数軒のワイナリーがある。**東部と南東部アナトリア**でもブドウは栽培されているが、冬の寒さは厳しく、ブドウの根元に土を盛って保護する必要がある。

# 地中海東岸諸国

## （1）レバノン

　レバノンは、シリアとイスラエルに挟まれた中東の国家である。イスラエルとともに、もっとも古いワイン生産国のひとつ。近代的なワイン造りは1930年頃から始まった。レバノンを代表するワイナリーであるシャトー・ミュザールが設立されたのが1930年。このシャトーを設立したのはボルドーからレバノンに戻ったガストン・オシャールであった。

　1970年代半ばに内戦が勃発し、90年まで続いたが、シャトー・ミュザールは、その困難な時代にも高品質なワインを造り続けた。レバノンの気候は、暑く、乾燥しているが、灌漑することなくカベルネ・ソーヴィニヨン、サンソー、カリニャンを栽培し、長期熟成によって酒質の向上する赤ワインを生み出してきた。また、白ワインは、シャルドネの原種といわれるオベイデから造られている。ガストンの息子セルジュ・オシャールは、ボルドー大学醸造学部で学び、シャトー・ミュザールのエノログとして品質向上に大きく貢献した。

　内戦が終結した1990年には、国内には3軒しかワイナリーは存在しなかったが、現在は40軒以上にまで増えている。2016年のワイン生産量は約10万hLだった。ワイナリーが集中しているのは、**ベッカー・ヴァレー**で、その西部のカブ・エリアス、アアナ、アミク、ケフラヤ、マンスーラ、デイール・エル・アマール、キルビット・カナファールに多くのブドウ畑が広がっている。標高1,000mに達するツアーレ上方の丘陵地帯にもブドウ畑がある。

　レバノン最大の生産者は、1857年に設立された同国最古のワイナリーであるシャトー・クサラであり、国内で造られるワインの約70％を占めている。クサラのほか、マンスーラやカナファールなど6か所にブドウ畑を有している。それらのブドウ畑は、標高1,000～1,200mの場所にあり、夜は気温が下がるため気温の日較差が大きい。

　土着の黒ブドウはなく、もっぱらフランスを起源とする品種が植えられている。これまではカベルネ・ソーヴィニヨン、メルロー、シラーが栽培されてきたが、サンソー、カリニャン、ムールヴェドルといった品種もレバノンの気候には適している。ワインはアルコール度のやや高いものが多く、快い酸味が特徴となっている。

# （2）イスラエル

　イスラエルのワイン造りの歴史は古く、旧約聖書にも記されている。しかし、近代的なワイン造りが始まったのは 19 世紀後半からで、1882 年にロスチャイルド家のエドモン・ド・ロートシルト男爵がテルアビブの南東にワイナリーを設立し、その後、その事業を国に贈与した。現在ではサムソンという協同組合になっている。

　激しい国際紛争が繰り返されているイスラエルにおいても、国の積極的な支援もあって、ブドウの植え付けが盛んに進められていて、ワイン産業は活発化している。ワイン用ブドウの栽培面積は 5,000ha を超え、ワインは日本をはじめ諸外国に輸出されている。近年のワイン生産量は 200,000hL 前後である。

　イスラエルのワインの多くは、ユダヤ教の教典にしたがって造られている。いわゆる「コーシャ・ワイン」である。コーシャとは、ユダヤ教で掟にしたがって正式に認められた食品であり、コーシャ・ワインは、ユダヤ教徒に飲用を認められたワインである。サムソンとサマリアでは、ユダヤ教の祭儀に使う甘口の赤ワインが造られてきた。

　最近では、甘口のコーシャ・ワインではなく、高品質ワインの生産を目指すワイナリーが増えており、品質向上が顕著である。カベルネ・ソーヴィニヨン、メルロー、シャルドネ、ソーヴィニヨン・ブランのほか、イスラエルでもシラーが有望視されている。

　シリアとの領有権を争っているゴラン高原や**ガリリー**では、1970 年代末から、標高 400 〜 1,200m までの場所にブドウの樹が植え付けられた。ゴラン高原は主に火山灰が降り積もった土壌で、水はけに優れていて、気候は比較的涼しい。1983 年にゴラン高原のカツリンに誕生したゴランハイツ・ワイナリーでは、カリフォルニアの技術が導入され、高品質なワインを数々生み出し、数々の賞を受賞するなど国際的に高い評価を受けている。そのゴランハイツ・ワイナリーのフラッグシップがヤルデンである。

　レバノンのベッカー・ヴァレーのすぐ南にあたるガリリーの国境沿いやイェルサレムの西のジュディアン・ヒルズでもブドウ樹が植えられている。ジュディアン・ヒルズは、地中海性気候に恵まれ、比較的涼しく、カステル、クロ・ド・ガ、フラムといったワイナリーがある。

# (3) キプロス

　東地中海の島国で、古くから地中海を往来する民族や文明の中継地となってきた。ブドウ栽培やワイン造りの歴史も古く、紀元前3500年前からワインが造られてきたという。16世紀にオスマン帝国がヴェネツィアからキプロスを奪うまでは、コマンダリアの祖先ともいわれる甘口ワインが造られていた。

　キプロスは、2004年にEUに加盟し、EUワイン法が適用されている。EUの減反政策により、ブドウ畑の面積は、大幅に減少した。2016年現在、栽培面積は約7,900haで、ワイン生産量は80,000hL程度。キプロスは南北に分断されているが、ブドウ畑は、南側（ギリシャ系）の内陸部、トロードス山脈の南斜面の中腹に集中している。典型的な地中海性気候で夏は乾燥し、降水量が少ないが、この地域は、標高が高く、雨が降るため、ブドウ栽培に適した場所になっている。ワイン産業の中心は、ギリシャ系住民の多い港町リマソールである。農家で栽培されたブドウの多くは大手ワイナリーに集約され、リマソール近郊で醸造されている。

　キプロスでは、ブドウがフィロキセラに襲われなかったので、継木されていないブドウが多い。栽培されている品種は、土着品種が中心。フィロキセラからブドウを保護するために、国際品種の導入は遅れていて、栽培面積の約半分が土着品種のマヴロで占められている。マヴロは、ギリシャ語で「黒い」を意味する黒ブドウ品種である。栽培面積の約4分の1は、土着品種のクシニステリが占める。標高の高い畑からは、高品質な白ワインも生まれている。

　国際品種の中で成功しているのはシラーズで、キプロスの暑く乾燥した気候によく適合している。そのほか、カベルネ・ソーヴィニヨン、カベルネ・フラン、カリニャン、グルナッシュ、シャルドネなどが植えられている。過去には、気温が高いため、酸の低いワインも多かったが、現在は新しい設備や技術が導入され、よりクリーンで品質のよいワインが生み出されている。

　代表的なワインは、トロードス山脈の斜面で栽培されたマヴロとクシニステリを天日干しにして糖度を上げて造られた甘口のコマンダリアである。これは歴史的にも有名であった。その栽培地域は、14の村に限定されており、オーク樽で2年以上熟成させることが義務付けられている。

（蛯原健介）

# North America

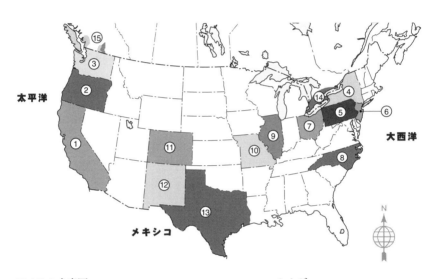

太平洋

大西洋

メキシコ

N

**アメリカ合衆国**

① カリフォルニア州
② オレゴン州
③ ワシントン州
④ ニューヨーク州
⑤ ペンシルヴェニア州
⑥ ニュージャージー州
⑦ オハイオ州

⑧ ノースキャロライナ州
⑨ イリノイ州
⑩ ミズーリ州
⑪ コロラド州
⑫ ニューメキシコ州
⑬ テキサス州

**カナダ**

⑭ オンタリオ州
⑮ ブリティッシュ・コロンビア州

# アメリカ合衆国　概論

　現在アメリカは、世界一の消費量と世界第4位の生産量を誇るワイン大国である。大きな力を持つワインジャーナリストが多数存在する点においても、世界のワイン動向に及ぼす影響は計り知れない。アメリカ産ワインが国際市場で認知されるようになったのは、今から40年前でごく最近に過ぎない。しかし、歴史の浅さを国力で克服し、質・価格の両面でフランスのトップクラスと肩を並べるに至っている。

　年間生産量は2017年時点で3,363,649kL、フランス、イタリア、スペインのヨーロッパ3強に次いでの第4位。ブドウ栽培面積は2017年時点で435,300ha（生食用、レーズンなどワイン以外の用途も含む）。国土の面積が日本の30倍近くある広大な国だが、ブドウ畑の90％以上は、カリフォルニア州、オレゴン州、ワシントン州の西海岸3州に集中している。最大産地のカリフォルニア州だけで、全国の約80％を占め、ブドウ栽培面積が多い順に以下、ワシントン州、ニューヨーク州、オレゴン州、テキサス州、ニュージャージー州と続く。アメリカ合衆国には今日、アラスカ州やハワイ州を含め、50州のすべてに商業ワイナリーが存在しており、その数は2018年時点で約13,500、約40％がカリフォルニア州に存在する。1970点時点では、全米でたった440軒のワイナリーしかなかったことを考えると、いかにこの国のワイン産業が急発展したかが窺える。

　かつては、アメリカワイン＝カリフォルニアワインと言っても過言ではなかった。だが、21世紀に入ってからは、カリフォルニアの北にあるオレゴン、ワシントンの2州、そして東海岸のニューヨーク州も大いに存在感を増している。2018年時点でのワイナリー数は、カリフォルニア州が約5,200、ワシントン州が約1,000、オレゴン州が約760、ニューヨーク州が約600である。他にもヴァージニア、テキサスの両州は200以上のワイナリーが、ペンシルヴァニア、ノースカロライナ、オハイオ、イリノイ、ミズーリ、コロラドの各州には100以上のワイナリーがあり、アメリカ国内で高い評価を受けるところも出てきている。

　広い国土を反映してか、主産地の4州はそれぞれ特徴的なワインを造っている。そもそも、最大産地のカリフォルニア州だけでも面積が日本全土より広いぐらいだから、当然多様なテロワールがあり、ヴァラエティに富むワインが生

産されている。西海岸3州については欧州系の有名品種に生産が集中しているが、東海岸では北米原産品種や、北米系と欧州系のハイブリッド品種の生産も盛んで、ブドウにもヴァラエティがないわけではない。

　ワイン法は、ブドウ品種の制限や栽培・醸造法についての細かな規制がないもので、政府認定ブドウ栽培地域の「境界区分」と、「ラベル表示規制」から成っている。ラベルにブドウ品種名の書かれた銘柄（ヴァラエタル・ワイン）が多いことから、かつてアメリカのワインは「ブドウ品種重視、テロワール軽視」の傾向があると言われたが、今やそんなことはない。ラベルに原産地呼称名を目立つよう表記するのはもう当たり前で、高級品ではブドウ畑名が書かれているものも多い。

# （1）歴史と近年の潮流

　アメリカ東海岸には、この地を原産とするヴィティス・ラブルスカ種などのブドウ品種が昔から生育していた。しかし、ワイン造りが始まったとはっきりわかっているのは、16世紀にヨーロッパ人の入植が始まってからである。それより500年以上前の10世紀頃、古代スカンジナビア人が東海岸に入植し、そこを「Vinland　ブドウの土地」と呼んでいたという有力な説がある。当時の入植者は野生ブドウからワインを造っていたと想像されているが、はっきりしたことはわかっていない。

　16世紀の入植者たちは、周辺に自生していた野生ブドウからワインを造ってみるが、特有な香味が口に合わない。そこで、17世紀初めのヴァージニア州では、ヨーロッパからワイン用ブドウ品種を輸入して栽培を始めたのだが、寄生虫フィロキセラにやられて樹がことごとく枯れてしまった。アメリカ原産ブドウは、生態系の中で共生していけるために、フィロキセラに耐性を持っているのだが、欧州系のヴィティス・ヴィニフェラ種は違う。ブドウが枯れる原因はフィロキセラだけでなかった。同様に東海岸の湿潤な気候下で蔓延するカビ病と、冬場の厳しい冷え込みに伴う凍害にもヴィティス・ヴィニフェラ種は一般に弱く、樹は枯れた。当時は樹がなぜ枯れていくのかの原因すらわからず、東海岸では19世紀初頭まで延々と失敗の歴史が積み重なっていく。

　風穴を開けたのは、アメリカ原産種とヴィティス・ヴィニフェラ種との「交雑品種」だった。アレキサンダーというヴィティス・ラブルスカ系交雑品種を使い、東海岸では19世紀初めのインディアナ州で初めてワインの商業生産に成功する。その後、19世紀前半には様々な交雑品種が東海岸で導入され、ワ

イン産業が少しずつ発展しはじめた。

　一方、フィロキセラ、カビ系の病害、凍害のいずれの心配もないアメリカ合衆国南部および西部の地域では、スペイン人入植者によるヴィティス・ヴィニフェラ種の栽培が早くから成功していた。現在のニュー・メキシコ州およびテキサス州を流れるリオ・グランデ川の流域では、1620年代からヴィティス・ヴィニフェラ種が植えられ、それからワインが造られている。現在のカリフォルニア州（当時はメキシコ領）に最初にブドウが植えられたのは1779年頃とされている。フランシスコ会の修道士たちがミサ用のワインを造るためだった。そのとき植えられたのは、スペインから持ち込まれた「ミッション」というヴィティス・ヴィニフェラ系の果皮が黒紫系の品種で、1880年代にアメリカ西海岸でフィロキセラが流行するまでは、カリフォルニア州の主力として働いた。なお、チリで今も栽培されるパイス、アルゼンチンのクリオージャ・チカは、ミッションと同じ品種である。

　1848年にカリフォルニアをはじめとする広大な領土がアメリカ合衆国に割譲されると、カリフォルニアでは翌年からゴールドラッシュが起こった。ゴールドラッシュは人口の急増を生み、それに刺激されるようにワイン造りも盛んになっていく。ヨーロッパ同様フィロキセラによる被害は受けたものの、19世紀の終わりまでにカリフォルニア州は全米一のワイン産地に育っていた。ワインの品質面でミッションにとって変わったのが、1829年にニューヨーク州ロング・アイランドに輸入され、1852年にカリフォルニアにもたらされた黒ブドウ、ジンファンデルである。

　だが、東西両海岸で軌道にのったワイン産業は、1920年から1933年にかけて全米で施行された禁酒法によってほぼ壊滅してしまう。宗教儀式用と薬用のワイン生産のみ、特別な許可を受けたワイナリーで認められはしたものの、大多数の生産施設が廃業した。ただし、禁酒法時代も、家庭におけるワインの自家醸造は認められていたため、ブドウの栽培面積はこの期間も増加を続けている。

　禁酒法撤廃直後は、世界不況の影響でワイン生産はふるわなかったが、徐々に産業は力を回復していく。プロモーションの面で生産者を助けたのがカリフォルニア州の団体ワイン・インスティテュートで、栽培・醸造技術の研究開発面で大きな貢献を果たしたのがワイン関連研究機関であるカリフォルニア大学デイヴィス校であった。なお、1930年代からブドウ品種名をラベル表示することが始まっていて、これが今日まで続く「品種名表示ワイン」の伝統へと

つながった。

　1940 〜 50 年代にかけては、アメリカ東海岸においてフランスで開発された交雑品種の導入が進み、50 年代末にはニューヨーク州でヴィティス・ヴィニフェラ種の商業栽培が成功を収めている。東西両海岸ともに、ワイン産業はゆるやかに発展を続け、カリフォルニアでは禁酒法撤廃後の 1930 年代から高品質ワインも造られていたが、国際的な認知度はゼロに等しい時代が長く続いた。

　転機がきたのは 1976 年。この年、パリでワインショップとワインスクールを経営していたスティーヴン・スパリュアは、アメリカ人の同僚パトリシア・ギャラガーとともに、カリフォルニアワインに注目を集めるためのテイスティングを企画する。フランスのワイン業界の重鎮 9 名を審査員に迎え、米仏両国の白赤ワインを目隠し試飲で比較・採点するというものであった。フランス勢は、ボルドー左岸の一級、二級シャトー、ブルゴーニュは特級、一級のシャルドネという当時の「世界最高」チームだったから、審査員はおろか主催者までフランスの勝利を信じて疑わなかった。しかし、結果は白赤ともにアメリカの勝利。トップに立ったのは、シャトー・モンテレーナのシャルドネ 1973、スタグス・リープ・ワイン・セラーズのカベルネ・ソーヴィニヨン 1973、ともにナパ・ヴァレーの地に設立されたばかりの無名ワイナリーだった。ニュースは世界中を駆け巡り、このテイスティングは「パリスの審判」と呼ばれるようになる。アメリカの地でも、最高のフランスワインに負けないものができるという自信を手にしたカリフォルニアのワイン産業は、以後質量ともに急発展を遂げた。禁酒法撤廃直後からワイン生産をはじめた家族経営ワイナリーのガロ社は、安価ながらも安定した品質のワインで市場の評価を得ることに成功し、世界最大のワイナリーとなった。しかしながら 2004 年以降、ニューヨークに本社を持つ多国籍ワイン生産グループのコンステレーション社に世界一の座を譲り渡している。

　1980 年代以降は、カリフォルニア州以外の産地にも世界の目が向くようになった。高品質なピノ・ノワールの産地として名声を確立したオレゴン州、リースリング、メルロー、シラーの評価が高いワシントン州は、今や最高クラスの銘柄で比べれば品質面でカリフォルニアにひけをとらない。東海岸のニューヨーク州でも、近年はリースリングやボルドー系赤品種から、ヨーロッパ的なエレガンスをもつ大変優れたワインが造られるようになっている。

　2013 年には、アメリカが国全体のワイン消費総量でフランスを抜き、とう

とう世界一になった。もっともこれは、フランスよりも人口がずっと多いため、絶対量で勝ったというだけの話である。成人一人あたりのワイン消費量はまだ 10L 程度で、45L 前後のフランスに遠く及ばない。だが、アメリカ合衆国にはまだまだ市場拡大の余地はある。若い世代のワイン離れ、アルコール離れは昨今この国のワイン業界でも懸念されているが、世界一のマーケティング力をもってすれば、決して暗い未来にはならないだろう。

# （2）ブドウ品種

　一般にワイン用ブドウと言われる欧州系のヴィティス・ヴィニフェラ種は、比較的温暖で乾燥した気候を好む。地中海性気候のカリフォルニア州、大陸性気候のワシントン州などがヴィティス・ヴィニフェラ種の適地であり、オレゴンを含む西海岸 3 州ではもっぱらヴィティス・ヴィニフェラ種に属する品種が栽培されている。とはいえ、品種の多様性という点では、多数の土着品種が地域ごとに根付いているヨーロッパと比べてかなり乏しく、一部のフランス系有名品種に生産が集中している。

　一方、アメリカ合衆国の東海岸は、湿潤な気候でカビによる病害が発生しやすく、かつ州によっては冬に厳しい冷え込みがあるため、ヴィティス・ヴィニフェラ系品種の栽培は容易ではない。したがって、東海岸の諸州では長い間、アメリカ原産のブドウ品種、すなわちヴィティス・ラブルスカ系またはヴィティス・ロトゥンディフォリア系か、アメリカ原産種とヴィティス・ヴィニフェラ系との交雑品種が栽培されてきた。アメリカ原産種およびその遺伝子が混じる交雑種は、ワインにしたとき「フォキシー・フレーヴァー」と言われる特有の香味が発現することと、ポリフェノールとポリフェノール・オキシダーゼの含有量が多いため、長期熟成型の高品質ワインとしては評価されにくい。ただし、品種によってはその香味が目立たないものがあるため、熟成期間の良いものについては劣ったワインだと決めつけてしまうのは早計である。なお、20 世紀の後半以降は、栽培技術の進歩によって、東海岸諸州でもヴィティス・ヴィニフェラ系のブドウ栽培が確立され、高い評価を受けるワインもかなり増えた。

# （3）ワイン法

　アメリカ合衆国のワイン法は、政府が認定するワイン用ブドウ産地の「境界決定」と、ラベルに「品種名」などを表示する際の規制という二つの柱から成っている。フランスをはじめとするヨーロッパ諸国で導入されている原産地呼称制度とは、大きく異なる。当該認定産地内で栽培して良いブドウ品種について一切縛りがなく、その産地名を名乗るにあたって遵守しなければならない栽培・醸造上のルールもほとんどない。何かの産地名をラベルに表示するには、定められた境界線内に大多数のブドウを植えることが求められるだけで、どの品種を植えるかは自由、単位面積あたり何本植えて、何トンのブドウを収穫するかも自由なら、どんな醸造をしてどんなスタイルのワインにするかも自由である。ただし、使用可能な添加物などの規制はある。良くも悪くも自由放任である。

　ワイン造りの歴史がヨーロッパと比べて短いため、仮に法律で縛ろうとしても、どう縛って良いか経験則がまだ積み上がっていない面があった。ワイン生産者たちは、市場の動向を見ながら、あるいは自身の好みや情熱に従いながら、好きな場所で好きなようにワインを造る。当然ながら売れるものを造りたがる人が多いから、ブドウ品種が一部の人気者に偏ってしまったり、その時々流行している味に迎合しがちだったりする弊害は見られるものの、縛りのない状態で試行錯誤を重ねられるから、技術の進歩は早いし、注目を浴びる新しい産地もどんどん出てくる。その点は、法律の制約が多いヨーロッパ諸国に対する大きなアドバンテージになっている。

　自由度の高いワイン法の下では、厳格なルールのあるヨーロッパと比べて、産地ごとの特徴・個性が醸成されにくい。ただし、比較的早くからブドウが栽培されていた地域に限って言えば、それぞれの場所に合った品種の見極めはおおむね完了していて、各エリアを代表するブドウ品種が絞られてきている。ワインのスタイルについてはまだ、造り手の考え方によって同じ産地、同じ品種でも大きは幅があるものの、その点を法律で縛る事に無理がある。その産地のテロワールが求める最適なスタイルがあるのなら、歳月を経るうちに自然にそこへと収斂していくと考察される。

　アメリカ合衆国の政府認定ブドウ栽培地域（American Viticultural Areas：略称 AVA）は、1978 年に定められた制度で、1980 年に第一号の AVA（ミズーリ州のオーガスタ）が誕生している。2019 年時点で全米に約 250 の AVA があり、現在もまだ増加中である。

　AVA を管轄する政府機関は、「アルコール・タバコ課税及び商業取引管理局」（略称 TTB）で、特定地域について新たに AVA 認定を求めるワイン生産者またはそのグループは、この機関に認定根拠を添えて申請を行う。TTB は書類審査を厳密に行なうものの、その土地の土壌や気候に一貫した特徴があるかどうかの実地調査はしない。ワインに特徴的な個性があるかを官能検査で確かめることもしない。申請内容を一定期間ウェブサイトに掲示して公の意見を聞き、大きな反対が無ければ申請は通る。そのため、地域の認定は比較的スムーズに進む反面、政治的な目論みで生まれる中途半端な AVA が無いわけではない。とはいえ、政治的意図で生まれる原産地呼称は、ヨーロッパにも多数あることを考えると、制度的な欠陥とまでは言えまい。

　なお、フランスの原産地呼称と同じく、AVA も一部の有名産地では階層構造を取っている。たとえば AVA ノースコーストの中に AVA ナパ・ヴァレーが、AVA ナパ・ヴァレーの中に AVA オークヴィルなどがある。

　主要なラベル表示規制は下記のとおりである。ワイナリーはすべてのワインラベルを事前に TTB に提出し、承認を受けなければならない。なお、アメリカ合衆国は州の自治権が強い国であり、TTB が定める連邦規制よりも厳しいルールが州ごとに課せられている場合がある。

① 　品種名表示

　ブドウの品種名をラベルに表示するには、当該品種が 75 ％以上を占めていなければならない。なお、オレゴン州においては、ボルドー品種、南仏系品種、サンジョヴェーゼ、テンプラニーリョ、ジンファンデル、プティ・シラーなど例外として規定されている品種を除き、当該品種が 90 ％以上を占めていないとラベルに表示できない。ラベルに表示できるのは、TTB が認定したラベル表示可能品種名に限定されている。なお、ボルドー・ブレンドの超高級ワインなどで、単一品種の占める比率が 75 ％未満のワインもある。そのような銘柄は、ラベルに法律で定めるポイント（文字の大きさ）で品種名を表示することが出来ないので、表ラベル下部や裏ラベルに、ブレンドされている品種名が小さく記されている場合がある。

② 　産地名表示

　産地名表示は、その産地名の「大きさ」により必要となる原料ブドウの最低比率が異なっている。州名については 75 ％以上がその州内で収穫されたブドウでなければならないが、例外があってカリフォルニア州は 100 ％、オレゴン州は 95 ％以上である（オレゴン州ではすべての産地名表示が 95 ％以上）。郡

名も同じく 75％以上だが、AVA については 85％以上と規制が厳しくなる。畑名についてはさらに厳しく、95％が必要最低比率となる。

③　収穫年表示

　AVA 以外の産地名表示をしているワインについては 85％以上、AVA 名を表示しているワインは 95％以上のブドウが、当該ヴィンテージに収穫されたものでなければならない。

④　アルコール度数表示

　アルコール度数の表示は必須である。容量パーセントでのアルコール度数が 7％以上、14％以下の数値でラベル表示されるワインについては、ラベル表示のアルコール度数と実際にワインに含まれるアルコール度数との間に、プラスマイナス 1.5％までの際が許容されている。ただし、ワインに含まれる実際のアルコール度数が 14.1％以上となった場合は、ラベル表示の際に許容される差が 1％までとなり、かつ高い方へのずれしか認められていない。たとえば 14.5％とラベル表示されているワインの実際のアルコール度数は、14.5％から 15.5％までの範囲内でなければならない。

⑤　政府警告

　妊婦は飲酒を控えるべきであること、飲酒が自動車運転や機械操作の能力に影響を及ぼすこと、健康被害を招く場合があることを、規定の警告文で表示しなければならない。

（立花峰夫）

# ニューヨーク州 *New York*

　ニューヨーク州と言えば、世界一の大都市マンハッタンを中心とするニューヨーク市を想起する人が多いだろうが、州全体でみると日本の北海道と九州を足したぐらいの面積があり、ワイン産地も複数ある。近隣に大きな消費地があるというアドバンテージを持ちながらも、気候的な条件がヴィティス・ヴィニフェラ種の栽培に厳しかったため、西海岸諸州と比べてこの地のワイン産業が歩んできた道のりは平坦ではなかった。

　2016年のブドウ生産量（生食用など多用途のもの含む）は54,000tで、1億本程度ワインが毎年生産されている。ブドウ栽培面積は約4,700haで、カリフォルニア州、ワシントン州、オレゴン州に続いての第4位である。マンハッタンの高級レストランでも、近年の高品質化を反映し地元産ワインの取り扱いが増えており、ニューヨーク産ワインの未来は明るい。国内他地域や他国での消費はまだまだだが、日本でも専門の輸入業者が登場し、取り扱い銘柄数も少しずつ増えている。

## (1) 歴史

　ニューヨーク州で最初にワインが造られたのは17世紀の前半、オランダからの移民達によるものだった。自生するアメリカ系品種で仕込んだワインの風味が思わしくないので、ヨーロッパから輸入されたヴィティス・ヴィニフェラ種の穂木が、1642年に始めてハドソン川流域のアルバニーに植えられた。しかし、霜にやられてすぐ全滅してしまった。その後もずっとフィロキセラ、霜や凍害、カビ系の病害によってヴィティス・ヴィニフェラ種の栽培は失敗が続き、ニューヨークのワイン産業はなかなか立ち上がれなかった。結局、19世紀の前半に、カタウバやイザベラのようなアメリカ原産品種の栽培が始まって、ようやくニューヨーク州における商業ベースでのワイン生産がスタートする。なお、NY州初の商業ワイナリーは1827年、ハドソン川流域のクロトン・ポイントという土地に生まれたもの。現存するワイナリーの中で最も設立が古いのは、こちらもハドソン川流域のブラザーフッド・ワイナリーであり、1839年の設立は全米でも最古になる。

　その後も、ニューヨーク州でのワイン生産は、厳しい気候に適合したアメリカ原産品種やヴィティス・ヴィニフェラ種との交雑品種を原料に続けられてい

るが、1950 年代末になってヴィニフェラ系の栽培がようやく上手くいくようになった。壁を破ったのは、ウクライナからやってきたブドウ栽培研究者のコンスタンティン・フランク博士である。博士は、ニューヨークよりも遥かに冬が厳しいロシアの地で、ヴィニフェラ系ブドウの栽培に成功していた。アメリカに渡ってきた博士は、フィンガー・レイクス地区で 6 年の間に 25 万本もの苗木を接ぎ、ひたすらテストを繰り返した末に、ついにリースリング、シャルドネ、ピノ・ノワールの栽培に成功する。彼が設立したドクター・コンスタンティン・フランクズ・ヴィニフェラワイン・セラーズは、今も同地区を代表するワイナリーのひとつに数えられている。

　なお、カリフォルニア州に UC デイヴィスがあったように、ニューヨーク州にも地元のブドウ栽培・ワイン醸造に大きな貢献をする研究機関、コーネル大学がある。ジェニーヴァにある同大学付属の農業試験所では、20 世紀初頭からブドウ栽培に関する先端的な研究が行われている。当初は生食用ブドウが主要な研究対象だったが、1960 年代以降はワイン用ブドウの開発も行われるようになった。カユーガ・ホワイト、シャルドネル、トラミネットなどの交雑品種が実用化され、商業生産されるようになっている。ジェニーヴァの農業試験所は、現在では世界中で用いられるようになったジェニーヴァ・ダブル・カーテンという仕立て方を編み出したり、世界初のブドウ用収穫機を開発したりと、世界のワイン産業に大きな貢献を果たしている。

　ワイナリーの数が飛躍的に増えたのは、1976 年に成立した「ファーム・ワイナリー法」がきっかけである。これは、小規模なブドウ栽培農家にワインの製造免許を与え、消費者への直接販売を許可するものである。当時、ニューヨーク州には比較的大規模なワイナリーがわずか 19 社だけだったが、「ファーム・ワイナリー法」の施行後小規模なワイナリーが急増し、2015 年には 400 社を数えている。

　現在、5 つの栽培地域があり、合計で 11 の AVA が認定されている。冬の寒さはブドウが枯れるほどだが、ブドウ生育期間の気温は適度である。主要産地は積算温度にして 2400 〜 2700℃ 日はあるので、冷涼地向きのヴィニフェラであれば完熟が可能。ブドウ栽培地域は、太平洋、川、湖といった大きな水塊の近くに拓かれていて、これが急激な温度変化からブドウ樹を守ってくれている。氷河によって形作られた地形であり、土壌は一般に表土が深く、水はけがよい。

# （2）ブドウ品種

　栽培されているブドウ品種は、大きく見て３つのグループに分けられる。一つは、1950年代から栽培が始まったヴィティス・ヴィニフェラ系品種。現在、同州の高品質ワインといえばもっぱらこちらになる。次が東海岸原産のアメリカ原産品種のグループで、野生ブドウから選抜されたものが多いが、少なくとも一部の品種にはヴィニフェラ系の遺伝子も入っている（自然交雑および人為的交雑による）。生産量はいまだに多いが、大多数が比較的安価な甘口ワインであり、シリアスなワインは非常に少ない。最後が、19世紀末以降にフランスとニューヨーク州で開発された、アメリカ系品種とヴィニフェラ系の交雑品種（フレンチ・ハイブリッド）のグループである。これにはなかなかの優品がある。なお、栽培されるブドウのうち、ワインに用いられているのは全体の３分の１程度で、残りは生食用と、ジュースやジャム、ゼリーなどの加工食品・飲料の用途に仕向けられている。

## 🍇 ヴィティス・ヴィニフェラ系品種

　白ブドウでは、シャルドネ、リースリング、ゲヴュルルトラミネール、ピノ・ブラン、ソーヴィニヨン・ブランの栽培面積が広い。黒ブドウについては、カベルネ・フラン、メルロー、カベルネ・ソーヴィニヨン、ピノ・ノワールの面積が広く、中でもカベルネ・フランとメルローの品質評価が高い。ソーヴィニヨン・ブラン、カベルネ・ソーヴィニヨンは、完熟させるために必要な積算温度が他品種より高いため、もっぱら比較的温暖なロング・アイランド地区に植わっている。

## 🍇 アメリカ原産品種

　最も多く栽培されているのは黒ブドウのコンコードである。アメリカ原産種固有の風味、すなわちフォキシー・フレーヴァーが非常に強いため、ワイン用ブドウとしての適性は決して高くない。糖度が低く酸度が高いため、残糖のあるスタイルに仕上げられるのが一般的である。そのほか、ピンク色の果皮をしたカタウバとデラウェア（日本でも広く栽培される）も、耐寒性が強いことから広く栽培されていて、スパークリングワインの原料として重宝されている。白ブドウでは、やはり日本にも植わるナイアガラが広く栽培されていて、フォキシー・フレーヴァーは強いけれども多産性と耐寒性が栽培家には都合がいい。こうした品種はロング・アイランド以外の諸地域で今も広く栽培されている。

### 🍇 フレンチ・ハイブリッド

　フィロキセ禍のあと、19世紀末から20世紀初頭にかけてフランスで盛んに開発された交雑品種のグループの中で、栽培面積も広く品質面でも有望視されているのが白ブドウのセイヴァル・ブランである。フォキシー・フレイヴァーが無いのが特徴であり、そのためフィンガー・レイクス地区を中心に植わっている。同じく白ブドウのヴィダル、ヴィニョールも、甘口ワインの原料として広く用いられている。ジェニーヴァの農業試験所で1980年代以降に開発された新しい白ブドウでは、カユーガ、メロディ、トラミネット、ヴァルヴァン・ミュスカも、人気のあるワインを生んでいる。ジェニーヴァ開発の黒ブドウでは、黒胡椒やスミレの香りを持つワインになるノワレ、重量感のあるワインになるコロ・ノワールが有望視されている。

# (3) 主な産地
## 1) ロング・アイランド地区

　マンハッタンをつけ根にして、北東方向へと大西洋に突き出るような細長い島がロング・アイランドである（半島に見えるが、独立した島）。北東部分の先端部が二本の爪状になっており、北がノース・フォーク・オブ・ロング・アイランド AVA、南がハントンズ・オブ・ロング・アイランド AVA にそれぞれ認定されている（地区全体もロング・アイランド AVA を名乗れる）。南は富裕層の別荘地のため、ブドウ畑・ワイナリーともに少なく、生産は北のノース・フォークに集中している。1970年代以降に本格的ワイン造りが始まった新しい産地で、季節毎の寒暖の幅が小さい海洋性気候の下、ヴィニフェラ系の栽培に特化している。日照量は全体に多く、秋に雨は降るが、海からの風がブドウを乾かすため、カビ系病害の脅威も比較的少ない。土壌は氷河由来のもので、肥沃土は中程度、水はけはよい。メルロー、カベルネ・フラン、カベルネ・ソーヴィニヨンのボルドー品種から造られる赤ワインは高い評価を受けており、「ニューヨークのボルドー」の異名を取っている。白はシャルドネとソーヴィニヨン・ブランが栽培されている。小規模なワイナリーが多く、都市部からの観光客も多く訪れる地域である。代表的な生産者は、ポーマノック・ヴィンヤーズ、ベデル・セラーズ、ウォルファー・エステートなどがある。

## 2）ハドソン・リヴァー・リージョン地区（ハドソン川流域）

　州を北から南へと流れるハドソン川の中流から下流に広がる産地。ブドウの栽培開始は17世紀後半、フランス系移民によって始まっていて、ニューヨーク州では最も歴史が長い。ただ、品質を重視したワイン生産が始まったのは1990年に入ってからでごく最近である。川沿いの畑を除き冬の冷え込みが厳しいため、耐寒性に勝るフレンチ・ハイブリッド品種（カユーガ・ホワイト、セイヴァル・ブラン、バコ・ノワールなど）の栽培が主だが、近年はシャルドネ、カベルネ・フランなどヴィニフェラ系も増加している。土壌は、石灰岩質、粘板岩質、片岩質、頁岩質など多様である。AVAは地区名のもののみである。代表的生産者に、全米最古のブラザーフッド・ワイナリー、ミルブルック・ヴィンヤード＆ワイナリーなどがある。

## 3）フィンガー・レイクス地区

　1850年代にブドウ栽培が始まったニューヨーク州最大のワイン産地で、地区名AVAの他に、セネカ・レイクAVA、カユガ・レイクAVAが域内AVAとして別途認定されている。州の中央部西よりに広がる地域で、オンタリオ湖岸のロチェスター市（フイルムで有名なコダック社がある）の南東に11の湖が南北方向に伸びる指のように並んでいて、それが地名の由来である。かつてはアメリカ系品種やハイブリッド品種が広く植えられていたが、近年はヴィニフェラ系も増加中である（2011年時点で15％程度）。土壌は、石灰質や頁岩質などで、酸の強い品種に向くとされている。生育期間には雨が多いため、カビ系病害の脅威は大きめである。湖が冷え込みを和らげてくれるものの、ロング・アイランド地区よりは冷涼なため、リースリングなど寒冷地向きの品種に優品が多い。ヴィニフェラ系を使ったスパークリングワイン、リースリングやヴィダルを使ったアイスワインや遅摘みワインも、高い評価を受けている。カベルネ・フラン、ピノ・ノワール、メルローも植えられるが、気温が低いため赤ワインについてはロング・アイランド地区と比べてまだ成功例が少ない。代表的生産者に、ドクター・コンスタンティン・フランクズ・ヴィニフェラ・ワイン・セラーズ、レヴィーンズ・ワイン・セラーズ、ハーマン・J・ウィーマー、ティアース、ハーツ＆ハンズ・ワイン・カンパニーなどがある。

## 4）その他の地区

　レイク・エリー地区（AVA）は州の最西部、カナダとの国境にある五大湖の

ひとつ、エリー湖の南岸にある細長い産地である。ブドウ栽培面積はフィンガー・レイクス地区の2倍程度あり、州内で1位だが、そのほとんどはジュースに加工されていて、ワイン生産は少ない。栽培品種はアメリカ系のコンコード、ナイアガラが大半を占める。その北、ナイアガラ瀑布近くにある小さな産地が**ナイアガラ・エスカープメント** AVA である。2005年認定の比較的新しい栽培地域で、700km以上にわたって断層（escarpment）が東西方向に伸びる。この断層がオンタリオ湖からの温かい空気を堰き止め、ブドウ栽培に適した気象条件を産み出している。栽培品種はナイアガラ、カタウバが主体となっている。

（立花峰夫）

*ナイアガラ*

# カリフォルニア州 *california*

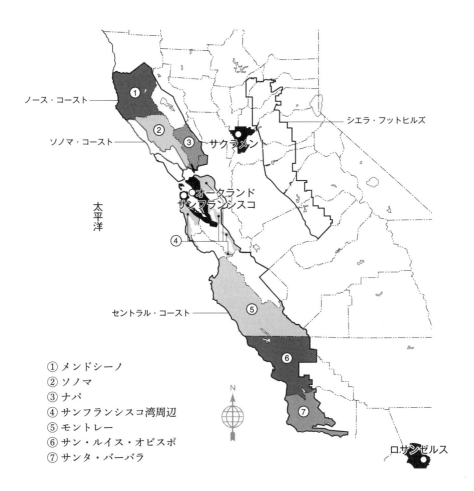

ノース・コースト

ソノマ・コースト

太平洋

オークランド
サンフランシスコ

シエラ・フットヒルズ

サクラメン

セントラル・コースト

① メンドシーノ
② ソノマ
③ ナパ
④ サンフランシスコ湾周辺
⑤ モントレー
⑥ サン・ルイス・オビスポ
⑦ サンタ・バーバラ

N

ロサンゼルス

　アメリカ最大のワイン産地で、量の面では全米で造られるワインの9割以上を産出する。2019年現在で認定されたAVAは約140で、これは全米の半分強にあたる。ワイン・ツーリズムが世界で最も確立された産地であり、ワイナリーやブドウ畑を訪れる観光客の数は年間2億人を数える。

　西海岸では最大、全米でも3番目の広さを誇る州である。実に様々なテロワールの諸要素（気候、土壌タイプ、標高、方位など）が存在するため、産出

227

されるワインもヴァラエティに富む。大量生産される安価なワインは、もっぱ
ら大規模ワイナリーが生産していて、数の上で大多数を占める中小規模の生産
者は高級ワインに特化している。評価の高いワインのほとんどが海外にも輸出
されるが、アメリカは国内市場の購買力が強いため、高級ワインの輸出比率は
そう高くない。

　アメリカには、ロバート・パーカーが創設した『ワイン・アドヴォケイト』、
ワイン専門誌として世界最多の発行部数を誇る『ワイン・スペクテイター』と
いう、非常に大きな影響力を持つワイン評価媒体がある。往時の影響力こそ失
われたものの、この二誌がともにカリフォルニアワインを後押ししていること
も、ブランド価値の向上に役立っている。こうした評価媒体から高い点数評価
を受けたワインのうち、生産量がわずかな銘柄は希少価値によって値段が釣り
上がり、「カルトワイン」と呼ばれるようになった。カルトワインの登場は、
ワイン評価媒体の影響力が強くなった 1990 年代に始まった世界的現象だが、
カリフォルニアはそのお膝元だけあって、そうした銘柄の数が極端に多い。

# （1）地勢・気候・土壌

　カリフォルニア州は、太平洋沿いに 1,500km もの海岸線を持つ南北に細長
い形をしている。州の東側内陸部を北米最高峰を含む 3,000 〜 4,000m 級のシ
エラ・ネヴァダ山脈が、州の西側太平洋岸近くを 1,200m 級の海岸山脈がそれ
ぞれ南北に走っており、太平洋の影響とあいまって、多様な気象条件が生まれ
ている。

　この州では、北に行くほど、つまりは高緯度になるほど冷涼になるという一
般常識が通用しない。東西方向の位置、つまりは太平洋との距離で気温が決ま
るという特徴がある。太平洋の沖合を南南東方向に流れるカリフォルニア海流
は、寒流のため水温が低い。太平洋から内陸に向かって風が吹き、この風が気
温を大幅に押し下げる効果をもつ。加えて、この寒流の影響で夏期には霧が発
生し、明け方から午前中にかけて地表面を覆うために日照が遮られ、さらに気
温を下げる。この海の影響は、内陸部に行くほど小さくなるため、海岸沿い
と内陸部の温度差は夏期で 10 度以上にもなる。そのため、高級ワインの産地
は、比較的冷涼な太平洋沿岸のエリアに集中している。一方、海岸山脈とシエ
ラ・ネヴァダ山脈に囲まれた内陸部のセントラル・ヴァレー地区は、生産量で
は最大になるが、比較的安価なワインがほとんどを占めている。

　高級ワインが生産される沿岸部は、年間を通じて温暖で乾燥した地中海性気

228

候であり、高品質なブドウ栽培に適する。内陸部については、海岸山脈が海からの冷たい空気と霧を堰き止めるため大陸性気候となり、夏の暑さも冬の寒さも厳しい。カリフォルニア州の年間降雨量は 500 〜 1100mm と平均的だが、冬にまとめて降るため、ブドウの生育期間中（3 月〜 10 月）はほとんど雨が降らない。そのため、カビによるの病害の発生リスクが非常に少なく、秋雨による果汁希釈の心配もない。

　秋雨の心配がほとんどないこともあって、ボルドー、ブルゴーニュのようなフランスの著名産地と比べると、ヴィンテージごとの品質差は少ない。とはいえ、毎年の気象条件は当然ながら異なるので、気温が高かった年には果実の風味にあふれるワインが、また、冷涼だった年には酸味の強いワインが生まれており、ヴィンテージの個性を楽しむことができる。

　ワイン産地は、大まかに言って南北 1000km、東西 200km の範囲の中に分布しているため、土壌について簡潔に解説するのは難しい。加えて、北米プレートと太平洋プレートの断層近辺にあることが原因で、様々な地層が複雑に重なり合う極めて多様な土壌組成を持っているのが特徴である。たとえば、ナパ・ヴァレーAVA の域内だけでも、33 種類の土壌タイプが影響しあい、100 種類を超えるパターンを産み出している。そのため、土壌タイプが異なる区画ごとに、ワインの味わいが変化すると考えられており、近年は高級ワインでブドウ畑名を冠した銘柄が増加してきた。

## （2）ブドウ品種

　現在ざっと 100 種類のヴィティス・ヴィニフェラ系品種が栽培されている。気象条件がヴィニフェラに適しているため、アメリカ原産品種やフレンチ・ハイブリッドは植えられていない。新世界各国に共通の特徴と言えるが、原産地ごとの栽培可能品種が法律で定められていないため、市場性の高いブドウ、つまりは売れるものに生産が集中する傾向がある。市場での品種の人気には流行り廃りがあるので、売れなくなった品種はさっさと新しいスターに切り替えられてしまう。新しい品種の改植にあたって、カリフォルニアでは台木の部分だけを残し、穂木だけを新しいものに接ぎ変える高接木法と言われる手法が広く普及している。

　2014 年時点の統計で、白ブドウのトップ 4、シャルドネ、フレンチ・コロンバール、ソーヴィニヨン・ブラン、ピノ・グリと、黒ブドウのトップ 4、カベルネ・ソーヴィニヨン、ジンファンデル、メルロー、ピノ・ノワールの合計

8品種で、全体の75％を占めている。白の第2位であるフレンチ・コロンバールは、セントラル・ヴァレー地区で大量生産される安価な白ワインやスパークリングワインの原料となるブドウで、一般にその品種名がラベルに表示されることはない。なお、高級ワイン産地であるノース・コースト地区だけで見ると、人気品種の寡占傾向はさらに強まり、シャルドネ、ソーヴィニヨン・ブラン、カベルネ・ソーヴィニヨン、メルロー、ピノ・ノワール、ジンファンデル、シラー、プティ・シラーの8品種で、約90％を占めている。

　ただし、1990年代以降、一握りの有名品種への集中を嫌い、ローヌ系品種やイタリア原産品種などに生産を多様化させようという動きが一部の生産者にある。量の面ではまだまだ主流からはほど遠いものの、品種面での選択肢は増え続け、かなりマイナーなブドウに取り組む造り手も少なくない。

### シャルドネ

　白ブドウ、黒ブドウあわせた順位で、カリフォルニア州で最も栽培面積の多いブドウ品種であり、当然、アメリカ全体でも最大栽培面積を占めている。すなわち、カルフォルニア州においては、フランス全土に植えられているよりはるかに広い面積でシャルドネが栽培されている。寒冷地から温暖な気候まで、幅広い適合性をもつ。かつてはカリフォルニア産シャルドネというと、樽香が顕著でトロピカル・フルーツ様のアロマを持ち、甘みを含む風味のものが多かった。しかし近年では、高級品を中心に、引き締まったスタイルのものが増えてきている。

### ソーヴィニヨン・ブラン

　高級品種としては、シャルドネに次ぐ栽培面積を誇るが、人気の度合いではかなり大きく水をあけられている。樽で熟成させたものは、品種名が「フュメ・ブラン」とラベルに表示されることがある。現在は、樽をほとんど使わず、フレッシュさを強調したスタイルが主流である。

### ピノ・グリ

　ピンクの果皮をもつピノ・ノワールの変異種だが、白ワイン用原料ブドウである。1990年代後半から流行し、一時はソーヴィニヨン・ブランの栽培面積を抜いていた。カリフォルニアで人気を博したのは酸の切れ上りが良い軽いタイプのワインで、似たスタイルのものがイタリアに多いことから「ピノ・グリージョ」とラベルに表示されることが多い。

### カベルネ・ソーヴィニヨン

カリフォルニア州における黒ブドウの栽培面積で第一位を占める。1990年代後半にジンファンデルを抜いてトップに立った。晩熟である程度の積算温度を必要とする品種のため、比較的温暖な場所に植えられている。カリフォルニア州全土で栽培されているが、「聖地」はナパ・ヴァレーで、濃厚で力強いスタイルのワインが今も人気を博している。

### メルロー

1990年代にアメリカ市場で大流行した黒ブドウ。カベルネ・ソーヴィニヨンと比べて渋味が穏やかで柔らかい味わいになるため、名前の発音しやすさ、覚えやすさとあいまって、一時は爆発的な人気となった。しかしながら、2000年代に入ると流行がピノ・ノワールに移り、栽培面積は減少に転じた。品種名表示ワインになるほか、ボルドー・ブレンドの高級ワインでカベルネ・ソーヴィニヨンと混ぜられることが多い。

### ピノ・ノワール

2000年代以降、今に至るまで栽培面積を拡大し続けている当節流行の黒ブドウ。冷涼な気候の土地でなければまともなワインができない難しい品種のため、かつてはわずかな成功例しかなかった。そのためピノ・ノワールから良いワインを造ることを志した醸造家がオレゴンへ行く傾向が生じた。しかし、寒冷な場所を選ぶことと栽培技術の進歩によって1990年代から市場における人気銘柄が一気に増えた。

### ジンファンデル

栽培面積こそカベルネ・ソーヴィニヨンに抜かれたものの、ある意味でカリフォルニアを象徴する黒ブドウ品種。軽いタイプから長期熟成可能な高級品まで、様々なスタイルの赤ワインになるほか、「ホワイト・ジンファンデル」と呼ばれる中甘口のロゼワインも多く造られる。1850年代からカリフォルニア州で栽培され始め、禁酒法の時代も家庭醸造の原料ブドウとして栽培が続けられたため、今も19世紀末〜20世紀初頭に植えられた古木が少なからず残っている。長らくヨーロッパの起源品種がわからなかったが、21世紀初めに行われたDNA鑑定の結果、クロアチアでトリビドラグまたはツールイェナック・カステランスキーと呼ばれる品種と同一であることが確認された。なお、イタリア南部プーリア州で栽培されているプリミティーヴォも同じ品種である。

## ※カリフォルニア州主要ブドウ品種栽培面積一覧表（2018）

| ブドウ品種（白） | 栽培面積（ha） | ブドウ品種（黒） | 栽培面積（ha） |
|---|---|---|---|
| シャルドネ | 37,696 | カベルネ・ソーヴィニヨン | 37,734 |
| フレンチ・コロンバード | 7,384 | ピノ・ノワール | 18,952 |
| ピノ・グリ | 6,851 | ジンファンデル | 16,954 |
| ソーヴィニヨン・ブラン | 6,157 | メルロー | 15,616 |
| マスカット・アレキサンドリア | 1,878 | シラー | 6,436 |
| シュナン・ブラン | 1,603 | ルビーレッド | 4,858 |
| ホワイト・リースリング | 1,799 | プティ・シラー | 4,690 |
| マスカット・ブラン | 1,210 | バルベーラ | 2,001 |
| ヴィオニエ | 1,074 | ルビー・カベルネ | 1,760 |
| その他の品種 | 5,610 | グルナッシュ | 1,738 |
| 合計 | 71,263 | マルベック | 1,528 |
| | | カベルネ・フラン | 1,430 |
| | | プティ・ヴェルド | 1,397 |
| | | その他の品種 | 7,616 |
| | | 合計 | 122,711 |

出典：『2020 日本ソムリエ協会　教本』
California Grape Acreage Report 2018（USDA　National Agricutural Statistics Services）

# （3）ブドウ栽培とワイン醸造

　カリフォルニア州のブドウ畑は、一部の古い畑でワイヤーと支柱を使わない「株仕立て」が見られるが、ほとんどが「垣根仕立て」である。過去30年間でずいぶん密植になったが、それでもフランスのボルドーやブルゴーニュと比べると、株間、畝間の距離が広めで、樹の仕立ても高めになっている。ほとんどの畑には灌漑設備が敷設されていて、降雨不足による夏期の水分ストレスから樹を守っている。高級ワイン産地では、「点滴灌漑」が1960年代以降に普及した。

　生育期間中、ほぼ雨が降らないため、カビによる病害の心配がほとんどなく、そのため防カビ剤の散布量が非常に少ない。加えて、2003年には「カリフォルニア・サステイナブル・ワイングロウイング・アライアンス」という団体が設立され、2010年代の終わりまでに、ブドウ畑の約30％がこのプログラムの認証を受けるなど、環境に負荷をかけない持続可能なブドウ栽培を目指す取り組みを州をあげて行っているのも特筆に値する。有機栽培やバイオダイナ

ミクスを実践するワイナリーも増えていっている。

　カビによる病害こそ深刻な問題にならないが、「ピアス病」という風土病がある。これは、グラッシー・ウィングド・シャープシューターというヨコバイの一種が細菌を媒介して樹に感染するが、一度罹患すると治癒する方法がなく、樹は数年で枯死する。現在も各種の研究機関で治療法が探されているが、目下のところ、この昆虫の生息地域には畑を拓かないという消極的な対策しかない。

　ブドウの機械収穫は、広大な畑が広がるセントラル・ヴァレー地区では普及しているが、太平洋沿岸の高級ワイン産地では、メキシコ人労働者による、人手による収穫が一般的である。

　世界最高水準の教育・研究機関であるカリフォルニア大学デイヴィス校（UCデイヴィス）の支援を受け、醸造技術は総じて高いレベルにある。一昔前までは、ワインを安定的に造ることを優先したあまり、クリーンだが面白みのないワインに仕上がりがちだったが、現在の高品質志向生産者の中には、リスク覚悟で野生酵母での醸酵、無濾過壜詰めなどを行う者が多い。（実際は、顆粒状乾燥酵母を使用しているが、野生酵母で造っていると公言している著名なワイナリーもある。）なお、デイヴィス校は1940年代に、州内のブドウ栽培地域をブドウ生育期間（4月1日から10月31日）の積算温度によって、冷涼から温暖まで5つのリージョンに分ける分類法を発表した。積算温度とは、上記期間における一日の平均気温が、摂氏10度を上回った分を足して合計したものである。この分類法は、今も品種選択の際のひとつの目安になっているが、テロワールの諸要素のうち、温度のみで評価する点には課題が残されている。現在の造り手たちは、土壌など他の要素も鑑みながら、土地にあった品種を植えるよう試行錯誤するようになった。

　カリフォルニア州のワイン生産において、過去20年間の顕著な傾向だったのが、ブドウ果の完熟度の重視である。これは、ブドウの成熟の指標として、糖分の上昇ではなく風味成分の成熟を重んじるもので、結果として濃厚で重層的な味わいをもったワインが生まれる。しかし、比較的温暖な気候の産地においては、ブドウ果が完熟するのを待つと、ブドウの糖度が非常に高くなり、必然的にアルコール度数がとても高いワインになってしまう。そのため、醸造後のワインからアルコール分を減少させる技術が1990年代後半に普及した（逆浸透膜法、スピニング・コーン・カラム法）。なお、カリフォルニア州では、ブドウ果汁への加水は合法なので、醸酵中の果汁に水を加える「伝統的」な方

法で、アルコール度数を調整するワイナリーもある。ボルドーのような比較的冷涼な産地で行われている補糖や果汁濃縮技術の逆と考えればいい。

　ただし、2010年代に入る頃から、収穫を遅らせて高い糖度でブドウを摘むという潮流に対し異を唱える造り手が増えてきた。キーワードは「バランス」の重視で、主にピノ・ノワール、シャルドネなどのブルゴーニュ品種で、ヨーロッパ的な繊細さが前に出たワインが目立つようになってきている。

# （4）主な産地
## 1）メンドシーノ郡

　サンフランシスコの北に広がるブドウ栽培エリア、ノース・コースト地区に属する大西洋岸の郡で、ソノマ郡の北側に位置する。山がちな地形で、森に覆われた土地が多く、ブドウ畑は川沿いの渓谷地に開かれている。禁酒法時代にブドウ栽培が始まった産地だが、消費地のサンフランシスコまで距離がありワインの運搬が難しかったため、ブドウは南のソノマ郡のワイン生産者に売られていた。ワイン産地として注目を浴びるのは、1980年代後半以降である。

　郡内での気温の差が非常に大きいのが特徴。海に最も近くその影響を強く受ける**アンダーソン・ヴァレーAVA**と、海岸山脈の東側内陸部にある**ロシアン・リヴァー**沿いの産地（レッドウッド・ヴァレーAVA、コール・ランチAVA、マクドウェル・ヴァレーAVAなど）を比べると、後者が随分と温かい。

　**アンダーソン・ヴァレーAVA**は、東から西へと流れるアンダーソン川およびナヴァロ川沿いに広がる20kmほどの渓谷地で、ナヴァロ川が太平洋に流れ込んでいるため、川を遡るように海からの風や霧が入ってくる。カリフォルニア州内で最も冷涼なブドウ栽培地域のひとつである。寒冷地向き品種であるピノ・ノワール、シャルドネのほか、リースリング、ゲヴュルトラミネール、ピノ・グリなど白ブドウの栽培に成功している。この地区が最初に有名になったのは、フランスのシャンパンハウス、ルイ・ロデレールが1982年に現地法人のロデレール・エステートを設立し、本格的スパークリングワイン用のブドウ栽培を開始したことによる。ロデレール・エステートが高く評価されるようになると、アンダーソン・ヴァレーの冷涼な気候に注目が集まり、非発泡ワイン用のブドウ樹も植えられるようになった。リースリング、ゲヴュルツトラミネールについてはナヴァロ・ヴィンヤーズが、ピノ・ノワールについてはゴールデンアイが代表的生産者である。

　一方、温暖な内陸部の**ロシアン・リヴァー**沿いの産地には、カベルネ・ソー

ヴィニヨン、プティ・シラー、ジンファンデルなどが多く植栽されている。このエリアには、メンドシーノ郡で最も古いパラドゥッチ・ワイナリー、アメリカ最大のワイナリーのひとつフェッツァー・ワインズがあるが、ともに有機栽培、太陽光発電など、環境に負荷をかけないブドウ栽培・ワイン生産への取り組みに積極的である。メンドシーノ郡には有機栽培やビオディナミを実践する生産者が多い。

## 2）ソノマ郡

　ソノマは、メンドシーノ郡の南に位置するノース・コースト地区の郡で、東隣のナパ郡と並んで最も高級ワイナリーが集中している地域である。東側に太平洋と海岸山脈、西側にナパ郡との境をなすマヤカマス山脈があり、南はサン・パブロ湾に向けて開けている。東西83km、南北75kmで面積はナパ郡よりも広い。多様な気候が郡内に見られるため、栽培される品種もカベルネ・ソーヴィニヨン、メルロー、ジンファンデル、ピノ・ノワール、シャルドネ、ソーヴィニヨン・ブランと、温暖向きから冷涼向きまでヴァラエティに富んでいる。2014年現在、郡内に16のAVAがあり、それぞれ特徴的なワインを生産している。なお、AVA **ノーザン・ソノマ** は、南部のソノマ・ヴァレーAVAとロス・カーネロスAVAを除く範囲をすべてカバーする広域AVAである。ソノマ郡全体で350軒ほどのワイナリーがあり、この地に本拠地を置く大手ワイナリーには、ガイザー・ピーク、ケンダール・ジャクソンなどがある。

　ソノマ・コーストAVAも、メンドシーノ郡との郡境から、サン・パブロ湾までの海岸線沿い全てを包含する、非常に広いAVAである。このAVAの北部は、太平洋に近接したエリアで非常に冷涼だが、郡南部内陸部のソノマの街あたりまでが同じAVAの域内に含まれており、後者はかなり気温が高い。そのため、北部海岸線沿いの土地について、「本物のソノマ・コースト（True Sonoma Coast）」などと呼ぶことがある。「本物のソノマ・コースト」は山がちで標高が高いうえに、太平洋から冷たい風が間断なく吹き付けるため、ソノマ郡で最も冷涼な気候をもつ。多くの畑が標高300〜600メートルの高さにあり、霧が到達しないために日照量は麓よりも多くなり、ブドウ果はゆっくりと完熟する。高品質志向のピノ・ノワール生産者が集中している地域で、リトライ、マーカッシン、フラワーズなどが高名である。また、自らワインも造るハーシュ・ヴィンヤーズは、長年にわたってブドウ果をロシアン・リヴァー・ヴァレーAVAの優れた造り手たちに供給してきている。なお、ソノマ・コー

スト北部の域内に、2011 年に認定されたサブ AVA が、**フォート・ロス・シー ヴュー**である。

　ソノマ郡内で最大の街サンタ・ローザの西から北西にかけて広がっているのが、ロシアン・リヴァー・ヴァレー AVA である。ソノマ郡としての海岸線の南端、南西に位置するマリン郡と接し始めるあたりに、海岸山脈が途切れている箇所があり、そこを「ペタルマ・ギャップ」と呼ぶ。このペタルマ・ギャップを通って、太平洋からの冷たい空気と霧が流れ込んでくるため、**ロシアン・リ ヴァー・ヴァレー AVA 南部**、特にサブ AVA として認定されている**グリーン・ ヴァレー AVA** の周辺は非常に冷涼である。ロシアン・リヴァー・ヴァレー北部については、南部よりも比較的温暖になるが、北部から西へ流れ太平洋に流れ込むロシア川を通って冷たい空気が流れ込んでくるため、ブルゴーニュ品種の適地であることには変わりはない。とはいえ、ロシアン・リヴァー・ヴァレー北部のピノ・ノワールやシャルドネには、比較的濃厚なスタイルのものが多い。なお、北東部には**チョーク・ヒル** AVA という独立したサブ AVA が含まれており、ここは域内で最も温暖なため、シャルドネに加えてカベルネ・ソーヴィニョンも栽培されている。ロシアン・リヴァー・ヴァレー AVA の代表的生産者には、J. ロッキオーリ、キスラー・ヴィンヤーズ、コスタ・ブラウン、メリー・エドワーズ・ワインズ、ウィリアムズ・セリエムなどがあり、いずれもブルゴーニュ品種の名手である。また、域内にあるダットン・ランチは、ナパ、ソノマの多くの優良ワイナリーにブドウを提供する高名な畑である。

　ロシアン・リヴァー・ヴァレー AVA の北に広がる**ドライ・クリーク・ヴァ レー AVA** は、ジンファンデルの「聖地」と言うべき産地で、19 世紀末から 20 世紀初頭にかけて植えられたジンファンデルの古木がまだ多く残る。海の影響が少なくなるため全体に温暖で、カベルネ・ソーヴィニョン、ソーヴィニョン・ブランでも成功している産地である。土壌は粘土に砂利が混じるもので、水はけがよく凝縮したワインを産む。ジンファンデルの高名な造り手が多く、A. ラファネッリ・ワイナリー、ナール・ヴィンヤーズ、リッジ・ヴィンヤーズ（リットン・スプリングス・ワイナリー）などがいる。

　さらにその北に位置するのが**アレキサンダー・ヴァレー AVA** で、西のドライ・クリーク・ヴァレーより一層温暖な気候になる。濃厚なスタイルのカベルネ・ソーヴィニョンが有名だが、ジンファンデルの優品もある。代表的なワイナリーとして、ジョーダン・ヴィンヤード＆ワイナリー、シミ・ワイナリー、セゲシオ・ファミリー・ワインズなどがある。アレキサンダー・ヴァレーの

東、ナパ郡に隣接する**ナイツ・ヴァレー**はソノマ郡で最も温暖な AVA で、カベルネ・ソーヴィニヨンとシャルドネが高い評価を受ける。ナイツ・ヴァレーでは、品質評価の高いピーター・マイケル・ワイナリーが唯一のワイナリーである。

　その他のソノマ郡の AVA として、パイン・マウンテン・クローヴァーデル・ピーク、ベネット・ヴァレー、ロックパイル、ソノマ・マウンテン、ソノマ・ヴァレー、ロス・カーネロスがある。ロス・カーネロス AVA は東側のナパ郡にまたがる郡最南部の生産地区で、詳細は次項のナパ郡のところで解説する。

## 3）ナパ郡

　ソノマ郡の東隣の郡で、ほぼ全域が AVA **ナパ・ヴァレー**に指定されている。カリフォルニア州で最も高名かつ高級ワイナリーが集中する地域で、世界一のワイン・ツーリズム産地でもある。ナパ郡を南北に縦断する国道 29 号線の両側に、有名ワイナリーが文字通り軒を連ねるように並んでいて観光客がつめかける（ナパ・ヴァレーは、ディズニーランドに次ぐカリフォルニア州第 2 の観光地）。現在のワイナリー数は 400 あまりだが、アメリカの富裕層にとってはナパに小規模生産のブティック・ワイナリーを所有するのがステイタスになっているため、今も異業種成功組の参入が後を絶たず、ワイナリーの数は増え続けている。ナパ・ヴァレーAVA の中に多くのサブ AVA があり、ナパ・ヴァレーAVA を含む総 AVA 数は 2014 年現在で 17 である。

　北側のセント・ヘレナ山、東のヴァカ山脈、西側のマヤカマス山脈に囲まれた南北に細長い渓谷地で、南北が約 50km、東西は 1.6km から 8km の幅である。南側がサン・パブロ湾に向かって開いているため、ナパ郡では海に近い南側ほど海風や霧の影響を受けて冷涼で、北に行くほど温暖な気候になるのが特徴的である（北端と南端を比べると、夏の最高気温が 10 度も違う）。また、渓谷地中央の平地（ヴァレー・フロア）と、東西両側の山の麓（ヒルサイド）では出来上がるワインの個性がかなり違っており、前者は果実味豊かでふくよかなワインを、後者は凝縮感の強い引き締まったワインを産む傾向がある。

　シャルドネ、ソーヴィニヨン・ブラン、カベルネ・ソーヴィニヨン、メルローが代表的な栽培品種だが、圧倒的な存在感を示すのがカベルネ・ソーヴィニヨンの赤であり、数量ベースで 40％、金額ベースで 55％を占める。アルコール度数が高く濃厚なナパのカベルネは、一種カリフォルニアワインの象徴

となっており、その人気は不動のものとなっている。とりわけ、ナパ産カベルネの超少量生産銘柄はカルトワインと呼ばれていて、ワイナリーのメーリングリストに載った人間しか購入ができないため、二次販売市場では極端な高値で取引されている。

　南端にある**ロス・カーネロス**AVA は西隣のソノマ郡にまたがって存在する地域で、ナパ郡で最も冷涼である。シャルドネ、ピノ・ノワールが主に栽培され、本格的なスパークリングワイン、スティルワインの両方が生産されている。代表的なワイナリーとして、大手シャンパンメゾンのテタンジェ社が設立したドメーヌ・カーネロス、ブルゴーニュ品種が高名なセインツベリー、エチュード・ワイナリー、DRC の共同経営者とのジョイント・ヴェンチャーであるハイド・ド・ヴィレーヌなどがある。

　ロス・カーネロスから北に進むと、南から北へと団子状に**オーク・ノール・ディストリクト**、**ヨーントヴィル**と**スタグス・リープ・ディストリクト**（このふたつは東西に並ぶ）、**オークヴィル**、**ラザフォード**、**セント・ヘレナ**、**カリストガ**の各 AVA が渓谷中心部の平坦地（ヴァレー・フロア）に並んでおり、北に行くにしたがい海の影響が少なく温暖になっていく。

　アメリカを代表するカベルネ・ソーヴィニヨンの数々が、このエリアに集中しており、高価な銘柄が目白押しである。知名度の高いワイナリーは数多いが、ドミナス、キャプサンディ・ファミリー・ワイナリー（以上ヨーントヴィルAVA）、シェイファー・ヴィンヤーズ、スタグス・リープ・ワイン・セラーズ（以上、スタグス・リープ・ディストリクト AVA）、ダラ・ヴァレ・ヴィンヤーズ、ハーラン・エステート、オーパス・ワン、ローバト・モンダヴィ・ワイナリー、スクリーミング・イーグル（以上、オークヴィル AVA）、ケイマス・ヴィンヤーズ、ガーギッチ・ヒルズ・エステート、イングルヌック、ボーリュー・ヴィンヤード（以上、ラザフォード AVA）、コリソン・ワイナリー、ジョセフ・フェルプス・ヴィンヤーズ、スポッツウッド・エステート、ベリンジャー・ヴィンヤーズ、ハイツ・ワイン・セラーズ（以上、セント・ヘレナAVA）、シャトー・モンテレーナ、アローホ・エステート・ワインズ（以上、カリストガ AVA）などが筆頭にあげられるだろう。

　ナパ・ヴァレーの西側、ソノマ郡との間にはマヤカマス山脈があり、その東側斜面にも、**ダイアモンド・マウンテン・ディストリクト**AVA、**スプリング・マウンテン・ディストリクト**AVA、**マウント・ヴィーダー**AVA が認定されている（北から南の順）。標高の高い山の斜面（ヒルサイド）は、渓谷中央の平

坦地（ヴァレー・フロア）と比べて日中は涼しく、夜間は暖かくなる。斜面の土壌は痩せているため収量は低くなるが、その分骨格の強いワインになる。代表的な生産者として、ダイアモンド・クリーク・ヴィンヤード、スパークリングワイン専門のシュラムズバーグ（以上、ダイアモンド・マウンテン・ディストリクト AVA）、プライド・マウンテン・ヴィンヤーズ、ニュートン・ヴィンヤード（以上、スプリング・マウンテン・ディストリクト AVA）、マヤカマス・ヴィンヤーズ、ラジエ・メレディス（以上、マウント・ヴィーダーAVA）などがある。

　ナパ・ヴァレーの東側、ヴァカ山脈の西側斜面にも**ハウエル・マウンテンAVA**と、**アトラス・ピーク AVA**があり、やはり力強いカベルネ・ソーヴィニヨンが産出されている。代表的生産者に、ダン・ヴィンヤーズ（ハウエル・マウンテン AVA）、ステージコーチ・ヴィンヤーズ（アトラス・ピーク AVA）がある。

　その他のナパ郡の AVA として、**チルズ・ヴァレー、クームズヴィル、ワイルド・ホース・ヴァレー**がある。

## 4）サンフランシスコ湾周辺

　サンフランシスコ湾の西、および南にも重要なワイン生産地域がある。北のナパ郡やソノマ郡のように、高級ワイナリーがひしめき合う状態にはなっていないが、優れたワインを造る個性的な生産者が点在しているのが特徴である。

　湾の東側にはいくつかの AVA があるが、**リヴァモア・ヴァレーAVA**には、ウェンテ・ヴィンヤーズ、コンキャノン・ヴィンヤーズという 1880 年代に創業された老舗がある。ウェンテは、1930 年代に品種名表示ワインをアメリカで初めて世に出したほか、今もカリフォルニア全土で広く栽培されるシャルドネのクローンを選抜したワイナリーとして有名である。リヴァモア・ヴァレーはサンフランシスコ湾から 40km ほど離れているので、夏の気温は比較的高くなるが、海風や霧はギリギリ届く。様々な品種が栽培されているが、カベルネ・ソーヴィニヨンとプティ・シラーの評価が高い。なお、**リヴァモア・ヴァレーAVA**の北東、コントラ・コスタ郡のオークレー周辺は、禁酒法以前から植わるジンファンデル、プティ・シラー、ムールヴェドルなどの畑がまだ多く残っている地域であり、ソノマ郡のクライン・セラーズ、ナパ郡のローゼンブルム、サン・ルイス・オビスポ郡のターリー・ワイン・セラーズなどが、この地域の果実を使って優れたワインを仕込んでいる。

　サンフランシスコ湾の南側には、サン・マテオ郡、サンタ・クララ郡、サンタ・クルーズ郡の三つにまたがる形で、**サンタ・クルーズ・マウンテンズ AVA** が広がっている。サンフランシスコの南から、モントレー湾手前まで、太平洋岸を南北に連なるサンタ・クルーズ山脈（海岸山脈の一部）の、山肌を開いてブドウ樹を植えた地域である。AVA に指定されている範囲は広いが、実際にブドウ畑として耕作されているのは 600ha 程度にとどまる。18 世紀末に、フランシスコ会修道士がミッション種のブドウ樹を植えたことでワイン造りが始まった土地であり、歴史の古い産地ではある。ただ、ワイナリーの数は 2012 年時点で 70 ほどでさほど多くはない。標高が高いこと、また太平洋に近い関係で気候は冷涼で、酸味がしっかりしていて、酒躯の引き締まったワインが数多く産まれている。サンタ・クルーズ山脈は、太平洋プレートと北米プレートが接するサン・アンドレアス断層上にあるため、海洋堆積物からなる地層と、火山性の地層が混じり合った複雑な組成となっており、カリフォルニア州では珍しい石灰岩土壌も見られる。冷涼な気候から、ヨーロッパ的なスタイルを持つカベルネ・ソーヴィニヨン、そして卓越したシャルドネ、ピノ・ノワールのワインが生まれている。代表的生産者として、カベルネ・ブレンドがアメリカ屈指の評価を受けるリッジ・ヴィンヤーズのほか、マウント・エデン・ヴィンヤーズ、リース・ヴィンヤーズがある。

## 5）セントラル・コースト地区

　セントラル・コースト地区は、正式にはサンフランシスコの南から、ロサンゼルスの少し北に位置するサンタ・バーバラ郡まで、400km に及ぶ海岸線沿いの広い地域の総称である。合計 10 の郡を包含するエリアだが、ここではモントレー郡、サン・ベニート郡、サン・ルイス・オビスポ郡、サンタ・バーバラ郡からなる狭義の「セントラル・コースト」について解説する。

　まず、サンタ・クルーズ郡の南に位置する太平洋岸のモントレー郡は、広大なブドウ栽培面積を持つエリアで、1970 年代に大手ワイナリーにより大規模な植え付けがなされた。モントレー湾から東南方向にかけて広がるサリナス・ヴァレーという平坦な渓谷地が中心で、海から強い風が吹き込み、非常に冷涼な気象条件となる。ブドウ生育期間が、カリフォルニアの平均と比べて一ヶ月以上長くなるが、気温が低すぎるため、平坦な土地で栽培されたブドウの大半は、大手ワイナリーの安価なワインにブレンドされている。サリナス・ヴァレーの東南部から南西方向に山の斜面を登ったところにあるのが**サンタ・ルチ**

ア・ハイランズ AVA で、ここはピノ・ノワール、シャルドネの新たなメッカとして高い評価を得ている。冷涼な気候ながら日照に恵まれ、霧の影響で昼夜の寒暖差が高いのが特徴である。他地域の優良生産者にブドウ果を供給する有名な畑が多数あり、特に高名なゲイリーズ・ヴィンヤード、ロゼラズ・ヴィンヤード、ピゾーニ・ヴィンヤード、スリーピー・ホロー・ヴィンヤードは、様々な生産者が高価な単一畑名ワインを仕込んでいることから、カリフォルニアの「グラン・クリュ」などと呼ばれている。

　モントレー郡サリナス・ヴァレーの西側にあるサン・ベニート郡には、カリフォルニアにおけるブルゴーニュ品種のパイオニア的存在のワイナリーが 2 件ある。**マウント・ハーラン AVA** にあるカレラ・ワイン・カンパニーは、山の中に畑を拓いたワイナリーであり、ここにもカリフォルニアでは珍しい石灰岩土壌がある。**シャローン AVA**（モントレー郡にまたがる）もまた、山岳地にある石灰岩土壌の栽培地域であり、シャローン・ヴィンヤードは 1911 年に初めてこの地にブドウ樹を植えた名門ワイナリーである。

　モントレー郡の南に広がるのがサン・ルイス・オビスポ郡で、北半分を占める最大の AVA が**パソ・ロブレス**である。パソ・ロブレスは域内を南北に走る国道 101 号線の東西二つのエリアに大きく分けられ、テロワールがかなり異なる。101 号線の東側は、海から遠いため気温が高く、果実味豊かで柔らかなワインが産まれる。ロバート・モンダヴィ、ベリンジャーなど大手ワイナリーにブドウ果を供給する畑が多い。一方、101 号線の西側は、海風の影響で気温上昇が抑えられるため、高品質のブドウ果が収穫できる。ジンファンデルやローヌ品種が適しているため、南仏シャトーヌフ・デュ・パプのトップ生産者、シャトー・ド・ボーカステルによるジョイント・ヴェンチャーである、タブラス・クリーク・ヴィンヤードが非常に高い評価を受けている。南部にある**エドナ・ヴァレーAVA** と**アロヨ・グランデ・ヴァレーAVA** は、太平洋に向かって開けた土地のため冷涼で、ブルゴーニュ品種の優品がある。

　最も南になるサンタ・バーバラ郡も、シャルドネ、ピノ・ノワールで高名な地域だが、シラーにも優れたものが多い。代表的な生産者に、オー・ボン・クリマ、キュペ、ホナータ、シー・スモーク・セラーズ、サンフォード・ワイナリーなど。この郡は、太平洋に隣接しているのだが、西側だけでなく南側も海なので、カリフォルニアでも指折りの冷涼な気候になる。雨が少ないこともあって、ブドウ樹の生育期間は大変長い。AVA として面積の広いのが、郡の北側にある**サンタ・マリア・ヴァレー**と、その東南にある**サンタ・イネズ・ヴァ**

レーである。サンタ・マリア・ヴァレーは、西の太平洋に向けて開けた標高の低い平坦な地域で、昼過ぎまで畑は霧に覆われる。この地域にあるビエン・ナシド・ヴィンヤードは、多くの優良ワイナリーが畑名表示のワインを生産する高名な畑である。サンタ・イネズ・ヴァレーは、冷涼な西の端、比較的温暖な東の端、中央部にそれぞれサブ AVA に指定されており、西が**サンタ・リタ・ヒルズ AVA**、東が**ハッピー・キャニオン・オブ・サンタ・バーバラ AVA**、中央部がロス・オリヴォス AVA とバラード・キャニオン AVA を名乗る。ハッピー・キャニオンでは、ボルドー系品種やローヌ品種など、比較的温暖な気候に向く品種が栽培されている。サンタ・リタ・ヒルズには、やはり多くの優良ワイナリーがブドウ果を買う名高いサンフォード＆ベネディクト・ヴィンヤードの畑があり、優れたピノ・ノワール、シャルドネが大量に収穫されている。

## 6）その他の生産地区

　海岸山脈とシエラ・ネヴァダ山脈の間に広がる内陸部の広大な農業生産地域が、**セントラル・ヴァレー地区**である。セントラル・コーストはサンフランシスコの南だが、セントラル・ヴァレーの方は東である。北のサクラメント・ヴァレーと、南のサン・ホアキン・ヴァレーに分かれていて、長さ約700km、幅 60 ～ 100km の広さがある。気温の高い肥沃な平地で農作物の栽培全般に適するため、200 種を超える作物が栽培される大規模農業地域である。ブドウについても、カリフォルニア州のワイン用ブドウ果の約 70 ％程度がここで生産されていて、干しブドウやジュース生産のために栽培されるブドウも多い。ガロ社など大手ワイナリーに、安価な大量生産ワイン用の原料を供給する地区であり、広大なブドウ畑は機械による効率的な管理運営が取り入れられている。シャルドネ、ジンファンデル、フレンチ・コロンバールの栽培が最も多い。なお、同地区北部の街サクラメントから西のサンフランシスコに向けては、海岸山脈が途切れる低地帯があって、サクラメント・デルタ地帯と呼ばれている。海からの霧が流れ込んでくるため、他のセントラル・ヴァレーの諸地域と比べてやや温度が低く、優れたシュナン・ブランのワインなどが生産されている。サクラメントの南の**ロダイ AVA**（7 つのサブ AVA を含む）は、若干高い標高の土地で 19 世紀に植樹されたジンファンデルの古木が多く残っており、力強い味わいの赤ワインを産んでいる。

　**シエラ・フットヒルズ地区**は、セントラル・ヴァレー北部の東隣に位置する地域で、シエラ・ネヴァダ山脈の西側斜面に広がっている。19 世紀半ばには、

ゴールド・ラッシュの中心地となったエリアで、当時は数多くのワイナリーが建てられた。そのため、この地区にも19世紀に植えられたジンファンデルの古木が多く残されている。山裾を登り、標高が高くなるにつれて気温が低くなるのが特徴である。

　サウス・コースト地区は、ロサンゼルスからカリフォルニア州最南端の街サン・ディエゴにかけて広がるブドウ栽培地域である。ロサンゼルスは、カリフォルニア州で初めてワインが造られた土地だから、歴史は州最古なのだが、現在の栽培面積は小さい。非常に気温が高いため、一般に高品質用のブドウ品種の栽培には向かない。

（立花峰夫）

ソノマ

ナパヴァレー

# オレゴン州

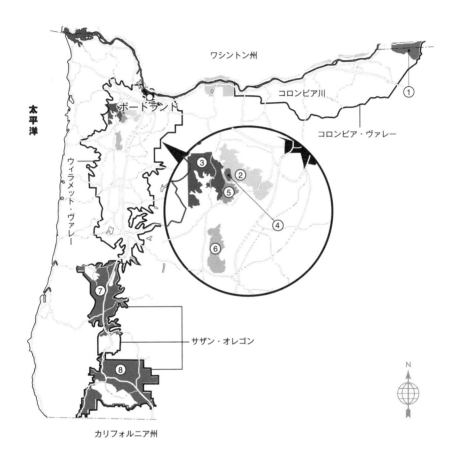

ワシントン州

太平洋

ポートランド

コロンビア川

コロンビア・ヴァレー

① ワシントン州

ウィラメット・ヴァレー

サザン・オレゴン

カリフォルニア州

N

① ワラ・ワラ・ヴァレー　　　　⑤ ダンディー・ヒルズ
② シェヘイラム・マウンテンズ　⑥ エオラ・アミティ・ヒルズ
③ ヤムヒル・カールトン　　　　⑦ アンプクア・ヴァレー
④ リボン・リッジ　　　　　　　⑧ ローグ・ヴァレー

　オレゴン州はアメリカ北西部の太平洋岸にあり、ワシントン州とカリフォルニア州の間に位置する。中央部太平洋岸のウィラメット・ヴァレーとその南のサザン・オレゴンの他、北部のワシントン州側のコロンビア・ヴァレー流域でもワインが造られている。

　2017年現在、総ブドウ栽培面積は13,760ha、ブドウ生産量は約91,300tで769のワイナリーがあるが、年間生産量5,000ケース以下の小規模な生産者が多く、有機農法やサスティナブルなワイン造りへの関心が高い。冷涼な気候から生まれる高品質ピノ・ノワールの産地として、世界的な知名度を得て以来、ピノ・ノワールの栽培面積は急速に拡大し、約60％をピノ・ノワールが占めるまでになった。これにピノ・グリ、シャルドネ、リースリング、シラーが続く。今ではオレゴンが新世界のピノ・ノワール生産者やワイン愛好家が集まるピノ・ノワールのメッカ的存在になっている。

　世界の人気品種、赤のピノ・ノワールが大成功しているにも拘らず、シャルドネの割合が少ない。その理由は、1960年代にオレゴンに最初に植えられたピノ・ノワールとシャルドネは、カリフォルニアで成功していたカリフォルニア大学デイヴィス校からのクローンが中心で、晩熟なものが多かった。オレゴンは、全般的にカリフォルニアより気温が低く、秋の冷え込みも早く始まるためブドウは完熟が困難であった。1980年代後半から、ディジョン・クローンに代表される、より早熟なクローンがフランスから直輸入され、ピノ・ノワールは切り替えが進んだ。しかし、シャルドネの方はオレゴンでは良いものが出来ないと考え、早々にピノ・グリやリースリングに切り替えてしまった生産者が多かったのである。少数の生産者は諦めず、ディジョン・クローンに植え替えて高品質シャルドネの生産に取り組んできた結果、近年素晴らしいワインが生まれている。その影響で、シャルドネの栽培面積は再び増加しつつある。

# （1）主な産地
## 1）ウィラメット・ヴァレー

　主要生産地のウィラメット・ヴァレーは、ポートランドからユージーンの近くまで南北に伸びる約240kmほどの細長いエリアである。海岸山脈とカスケード山脈に挟まれているため、太平洋側からの冷たい風や雨の影響が緩和される。年間を通じ穏やかな気候で、真夏でも30℃を超すことはほとんどなく、冬も零下になることは少ない。東側にそびえる4,000m級のカスケード山脈から流れ出す雪どけ水が河川となり、森林や緑豊かな丘陵地の間を縫って流れる

景色は、真夏でもみずみずしい。雨は11月から3月に集中して降り、夏から秋の収穫期にかけては少ないが、年間を通じある程度の降雨量はある。地下水が豊富で、灌漑を必要としない畑も多い。海側からの影響は、霧よりも冷たい風や雲となって現れ、毎日夕方から夜にかけて吹く冷たい風は、ブドウにフレッシュな酸味の形成をもたらすと同時に、湿度を低下させ畑を健全に保つ。

　ブドウ畑は山地や丘陵の斜面にあり、標高は約60mから500mに達する所もある。冷たい空気が滞留する斜面下部や平地は霜害のリスクが高いためブドウ樹は植えられていない。土壌は、赤みを帯びた火山性土壌のジョリー・ロームや、ウィラケンジーと呼ばれる古代の海洋性堆積土壌、シルト・レス質のローレルウッド土壌をはじめ、多様なタイプが存在する。ピノ・ノワールのほか、ピノ・グリ、シャルドネ、リースリングなどが主要栽培品種である。

　ウィラメット・ヴァレーの中でも特に高品質ピノ・ノワールを生み出すサブリージョンは、最も冷涼な北部に集中しており、その中心が歴史的な**ダンディー・ヒルズ**である。アイリー・ヴィンヤーズ（Eyrie Vineyards）の創設者デヴィット・レットは、カリフォルニア大学デイヴィス校で学んだ後、ヨーロッパのワイン産地で調査を重ねた結果、高品質ワインを造るにはカリフォルニアの気候は暑過ぎるから、オレゴンこそブルゴーニュ品種から高品質ワインが造れると確信した。彼はダンディー・ヒルズにカリフォルニアから携えてきたピノ・ノワール、シャルドネ、ピノ・グリなどのブドウの苗木を植えた。イーラス、ポンジー、アデルスハイム、エルク・コーヴ、ソーコル・ブロッサーのようなオレゴンワインのパイオニア達もウィラメット・ヴァレーの北部でワイン造りを始め、ここがオレゴンの中心的ワイン産地となる。ウィラメット・ヴァレーに最初のピノ・ノワールが植えられてから、1979年のゴー・ミヨ誌によるブラインド・テイスティング＊注で、アイリー・ヴィンヤーズのピノ・ノワールがブルゴーニュの銘醸ワインに勝利するまでに、たった13年しかかからなかった。

＊注　1979年にゴー・ミヨ誌がパリで主催したブラインド・テイスティングのピノ・ノワール部門で、アイリー・ヴィンヤーズの"リザーヴ・ピノ・ノワール"が、ブルゴーニュの銘醸ワインを抑えて10位に入った。このテイスティングの結果に納得しなかったブルゴーニュの高名な造り手ロベール・ドルーアンの提唱により、翌年ボーヌで再度同様のブラインド・テイスティングが実施された。ところが、ここでもジ・アイリー・ヴィンヤーズのワインが2位となった。ドルーアンは、その後1980年代後半に、ジ・アイリー・ヴィンヤーズと同じダンディー・ヒルズのレッド・ヒル地区に畑を購入し、ドメーヌ・ドルーアン・オレゴンを設立したのである。

　ダンディー・ヒルズは、なだらかな斜面を持つ標高約320mの独立した丘陵地で、全ての方向に向かって開けているため日照条件が非常に良い。土壌は、砂岩質の岩盤の上に火山性のジョリー・ロームがあって水はけが良く、ワインにフィネスと力強さが備わる。ダンディー・ヒルズの西から北西側にある**ヤムヒル・カールトン**は、西から北を高い山脈に囲まれていて、冷たい風から守られるため、ブドウが熟しやすい。標高60〜300mの険しい斜面に畑があり、味わいに凝縮感が生まれる。土壌は石灰質を含むウィラケンジーが主体。ダンディー・ヒルズの北側にある**シェヘイラム・マウンテンズ**は、この地区で最も標高が高く500mに達する。土壌は黄色みを帯びたローレルウッドが主体で、標高が高いほど冷涼で寒暖差も大きくなる。シェヘイラム・マウンテンズの尾根の一つである**リボン・リッジ**は標高200mで、より穏やかで乾燥した気候となる。土壌はウィラケンジーが主体。毎年7月にインターナショナル・ピノ・ノワール・セレブレーション（1987年に始まり、3日間に渡り世界のピノ・ノワールを網羅するセミナーやテイスティングイベントが開催されるピノ・ノワールの祭典）が開催される**マクミンヴィル**は、東から南向き斜面に畑があり、やや温暖で雨も少ない。やや南側だが、海からの影響で冷涼な**エオラ・アミティ・ヒルズ**までが北部ウィラメット・ヴァレーに含まれる。ちなみに、ロバート・パーカー氏が共同経営者となっている「ボー・フレール・ワイナリー」は、北部ウィラメット・ヴァレーで高品質ピノ・ノワールを造っている。

## 2）サザン・オレゴン

　ウィラメット・ヴァレーの南にある**サザン・オレゴン**地区も海岸山脈とカスケード山脈の間にある。**アンプクア・ヴァレー**から、カリフォルニア州との境界に近い**ローグ・ヴァレー**まで南北約200kmの間に、いくつかのヴァレーが存在する。禁酒法撤廃後、近代オレゴンワイン産業がようやく黎明期を迎えた1961年に、カリフォルニア大学デイヴィス校で栽培・醸造を学んだリチャード・ソマー（ヒル・クレスト・ヴィンヤードの創設者）は、**アンプクア・ヴァレー**に移り住み、リースリングやカベルネ・ソーヴィニヨンとともにオレゴンで最初のピノ・ノワールを植えた。サザン・オレゴンは、全般的にウィラメット・ヴァレーより温暖で雨量が少なく、カベルネ・ソーヴィニヨン、メルロー、シラーなどに適しているが、標高が高い場所は冷涼で、ピノ・ノワール、ピノ・グリなどに向いている。地勢も土壌も多様で、複雑に入り組んでおり、火山性の堆積岩、粘土質、ローム質などが多く、ジョリー土壌や花崗岩質

も見られる。

## 3）コロンビア・ヴァレー

　太平洋岸のワイン産地と全く異なる様相を呈するのが、ワシントン州との境界線を流れる**コロンビア・ヴァレー**流域のワイン産地である。カスケード山脈が雨を遮断するため、この山脈の東の内陸にあるこの地区は、砂漠の様に乾燥していて、灌漑が不可欠である。ヴァレー上流では、夏の日中は 40℃を超え、昼夜の気温差も大きいため、カベルネ・ソーヴィニョン、メルローなどに適している。特にこの地区の最も東にある**ワラ・ワラ・ヴァレー**には、世界的に評価されるようになったシラーの畑もある。土壌は、15,000 年前の大洪水がもたらした砂質、シルトローム質が主体。下流の**コロンビア・ゴージ**地区の西部はやや冷涼となり、シャルドネ、ピノ・グリなどが主体となる。土壌はシルトローム質と火山性土壌が混合している。この地区のワインは、今までブレンドされてワシントン州のワインとして壜詰されるケースが多かったが、徐々にオレゴンのワインとして市場に出そうという動きが出てきている。

　アイダホ州との境界にも、両州にまたがる**スネーク・リヴァー・ヴァレー** AVA があるが、現在のところ、オレゴン州側にはブドウ畑は存在していない。

（白須知子）

コロンビア川

# カナダ

　カナダは、ロシア連邦に次いで世界で2番目に大きな国土を持つ。北部は原生林が広がり、西部にはロッキー山脈、東部には五大湖などがあり、多様な自然環境があるが、寒冷地帯が多く、ブドウ栽培に適した場所は限定される。主要ワイン産地は、カナダ東部にあるオンタリオ州のナイアガラ・ペニンシュラ地区と、太平洋側にあるブリティッシュ・コロンビア州のオカナガン・ヴァレーに集中している。

## （1）歴史

　ワイン造りの歴史は、オンタリオ州の方が長く、ワイン生産量も多い。オンタリオ州でブドウ栽培の始まった19世紀初頭以来、寒冷な気候に適したヴィティス・ラブルスカ系の品種とフランス系との交配種が植えられていた。近年急速にヴィティス・ヴィニフェラ系への植え替えが進み、白はシャルドネ、リースリング、ソーヴィニヨン・ブラン、赤はメルロー、ピノ・ノワール、カベルネ・フランなどが上位を占める。

　近代的な醸造技術の導入も進み、近年のワインの品質向上は目覚ましい。この地の特産品であるアイスワインには、主にユニ・ブランとセイベル4986の交配種で、耐寒性があり高い糖度と酸度に加え果実の風味が豊かなヴィダルが用いられているが、最近はリースリングなどからもアイスワインが造られている。

## （2）主な生産地

　オンタリオ州南端部では、五大湖がアメリカ合衆国の国境となっているが、その中で一番東側で対岸にニューヨーク州を見るオンタリオ湖南岸に、主要ワイン産地の**ナイアガラ・ペニンシュラ**地区がある。

　オンタリオ湖とエリー湖の間は、断層によってできた傾斜台地で仕切られている。この台地の切れ目をエリー湖からオンタリオ湖へ向かって流れるナイアガラ河には、二つの湖の高低差によってナイアガラの瀑布が形成されている。台地中央からオンタリオ湖畔にかけてあるのがナイアガラ・ペニンシュラ（ナイアガラ半島）地区。内部には複雑な地形から生まれるいくつかのサブ・アペレーションがあり、これらは主にナイアガラ・エスカープメント地区とナイア

ガラ・オン・ザ・レイク地区に分けられる。

　台地の上にある**ナイアガラ・エスカープメント地区**は、石灰質の基盤と適度な保水性を持つ表土、恵まれた日照条件から、シャルドネ、リースリング、ピノ・ノワール等の高品質ワインが生まれる。**ナイアガラ・オン・ザ・レイク地区**では、オンタリオ湖畔からナイアガラ河の岸辺にかけて、台地の側面が断層崖を形成しているので、崖壁にぶつかる風や、湖や川の水温の違いが空気の対流を生み、大きな水量を持つ湖の保温効果とあいまって、シャルドネ、リースリング、カベルネ・フランなどに適した気象条件をもたらしている。

　ブリティッシュ・コロンビア州はカナダ西部太平洋岸にあり、アメリカのワシントン州と接している。カナダ西部で本格的なブドウ樹栽培が始まったのは、19世紀後半である。

　主要ワイン産地は、太平洋から約300km内陸に入った、ワシントン州との境界に近いオソヨースから北に向かって約130kmにわたり細長く伸びる**オカナガン・ヴァレー地区**で、ブリティッシュ・コロンビア州のワイン生産量の80％以上がここから生まれる。このヴァレーは川でなく、オカナガン湖の沿岸地帯で、水深の深いオカナガン湖があるため、暑く乾燥した大陸性気候が緩和されている。北部は南部よりもやや気温が低く、ピノ・グリ、シャルドネなども栽培されている。南部は夏の気温が40℃を超える日もあり、昼夜の寒暖の差も大きいので、メルローなどから高品質な赤ワインができる。ここから、ワシントン州寄りにある**シミルカミーン・ヴァレー**は、強い大陸性気候となる。メルロー、ガメイ、ピノ・ノワールなどが栽培されている。

　太平洋沿岸部の**フレーザー・ヴァレー**やバンクーバー島南部にもブドウ栽培地区がある。暖流の影響を受けた柔和な温帯気候で降水量も多いが、雨は冬季にまとまって降り、夏は暑く乾燥する。主にシャルドネ、ピノ・ノワール、ピノ・グリなどが栽培されている。

　カナダのワインの品質に関する規定は、VQA（Vintners Quality Alliance）による制度で、まずオンタリオ州、次にブリティッシュ・コロンビア州で制定された。それぞれ、州内産のブドウを100％使用したワインについて、厳しい品質基準を満たした場合にのみ、VQAを名のれる。1999年にはVQAカナダが組織され、100％カナダ産のブドウから造られるワインについての品質基準が定められた。

（白須知子）

# Chile & Argentina

## 13 チリ・アルゼンチン

## チリ

コキンボ地方
① エルキ・ヴァレー
② リマリ・ヴァレー
③ チョアパ・ヴァレー

アコンカグア地方
④ アコンガクア・ヴァレー
⑤ カサブランカ・ヴァレー
⑥ サン・アントニオ・ヴァレー

セントラル・ヴァレー地方
⑦ マイポ・ヴァレー
⑧ ラペル・ヴァレー
⑨ クリコ・ヴァレー
⑩ マウレ・ヴァレー

サウス・ヴァレー地方
⑪ イタタ・ヴァレー
⑫ ビオビオ・ヴァレー
⑬ マジェコ・ヴァレー

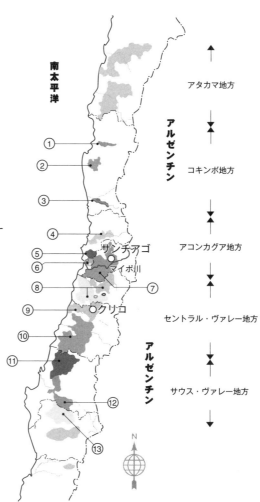

南太平洋

アタカマ地方

アルゼンチン

コキンボ地方

アコンカグア地方

サンチアゴ

マイポ川

クリコ

セントラル・ヴァレー地方

アルゼンチン

サウス・ヴァレー地方

N

　チリは南米大陸の西海岸沿いに太平洋とアンデス山脈に挟まれ、南緯 15 ～ 56 度に位置し南北に細長い国土を持つ。そのうちワインの産地は、国土中央部の南緯 27 ～ 39 度の約 1,400km に渡り広がり、ワイン用ブドウ樹の栽培面積は約 14 万 ha で、食用ブドウも併せると 20 万 ha に及ぶ。ワイン生産量は約 129 万 kL を誇る。安価でコストパフォーマンスに優れたワインを量産し、日本の輸入ワイン市場においても爆発的な伸びを示し、2015 年の輸入数量は、不動の一位であったフランスを抜き第一位となった。

# （1）歴史

　チリにおけるワインの歴史はアメリカより古い。1554 年にはペルーからブドウが持ち込まれ、安価なワインの大生産地になった。1851 年には、シルベストーレ・オチャガビアがフランスからワイン用高級ブドウ品種を多数導入するとともにフランス人技師も招聘し、高品質ワイン造りの取り込みが始まった。フィロセキラ禍から逃れた多くの栽培・醸造家がフランス、イタリア、スペインなどから移住し、19 世紀末にはヨーロッパ各地の品評会で入賞して評価も高まった。

　その後の保護貿易政策や政治的混乱により、国際市場でワイン産地としてのチリは存在感が薄くなっていた。1980 年代には自由な市場経済が確立、1990 年に軍事独裁政権から民主主義に移行するとともに海外からの投資が盛んになり、ワインの高品質化、輸出志向に拍車がかかった。その先鞭をつけたのが、1979 年スペインの名門ミゲル・トーレスによるチリでの子会社設立であり、ステンレスタンクなど最新の設備・技術を導入し、チリのワイン産業の近代化に多大な影響を与えた。土地や人件費などが格段に廉価なのが強みだったし、それに加え欧米からの技術や資本が盛んに導入されると品質は短期間で劇的に向上した。1990 年代には、低価格帯の原料ブドウ品種名を表示したヴァラエタルワインの産地として国際市場で一躍注目を集めた。現在では安価なワインだけではなく、中高価格帯ワインも登場してきている。

# （2）気候と土壌

　ワイン産地の気候は概ね地中海気候。年間降水量は 300 ～ 800ml と少なく、ブドウ樹の生育期間中はほとんど降雨がない。ことに収穫月の 3 月は、クリコでの観測でわずか 14ml、健全に完熟したブドウ果を容易に収穫することがで

きる。逆に、降雨量があまりに少ないため灌漑が不可欠で、アンデスの豊かな
雪解け水を利用している。以前は、フラッド・イリゲーション（冠水式灌漑）
やスプリンクラーによる散水が主流だったが、新しい畑はドリップ・イリゲー
ションの導入が主流になりつつある。乾燥しがちな気候のもと、ベト病などの
病害が極端に少なく農薬などの削減が容易であり、ワイナリーの環境保全型農
業への関心も高い。

　平均気温は 15 〜 18 度、最高気温は 30 度に達するが、夜になるとアンデス
山脈から冷気が下りてくるため昼夜の寒暖差が大きい。これにより糖度の上昇
に伴う酸度の減少が少なく、酸味豊かな完熟ブドウ果が収穫できる。また、太
平洋には南極からの冷気を運び込む寒流のフンボルト海流（ペルー海流）が
流れていて、冷たく湿った空気が沿岸部のブドウ畑に影響を与えるため、細長
い南北の気候がバラエティに富んでいる。さらに東西方向の幅は狭いが、沿岸
部、中央部（沿岸山脈とアンデスの間にある中央平原）、東部丘陵部では大き
く気候条件が異なる。そのため 2011 年から、それぞれ海側（Costa）、山脈と
山脈の間（Entre Cordilleras）、アンデス山脈（Andes）のラベルへの表記が可
能になった。

　土壌は、沿岸部では花崗岩、片岩、粘板岩で、中央部は粘土、ローム、シル
ト、砂質などの沖積土が主体である。

# （3）ブドウ品種

　チリの特異な点としては、ワイン生産国として一度もフィロキセラの侵入を
許していないことである。これは地理的に孤立している立地条件によるところ
が大きい。東にアンデス山脈、西に太平洋、南に南極海、北にアタカマ砂漠と
いった堅固な天然の要害がフィロキセラの侵入を防いだ。ブドウ樹は、自根で
も健全に成長するので、新しい畑を開拓する時や植え替える時には、既存のブ
ドウ樹の枝を切って畑に挿すだけで済む。フィロキセラに耐性のあるアメリカ
系の台木に接ぎ木する必要が無いので、他産地に比べて時間的にも費用的にも
はるかに有利だ。ただし近年は、より高品質なワイン造りに様々な台木の特性
を利用するため、テロワールや目的に沿った台木を試行する生産者が増加して
いる。

　造られるワインは、赤ワインが全体の 75 ％を占め、品種として圧倒的な存
在感を見せているのはカベルネ・ソーヴィニヨンである。42,000ha 以上の作付
面積を誇り、2 位以下を大きく引き離している。なお、2 位は白ブドウのソー

ヴィニヨン・ブランで 14,000ha、3 位はメルローの 12,000ha である。1990 年代後半までは、黒ブドウのパイスが最も栽培されていたが、現在では栽培面積 7 位で、主に南部で栽培され、BIB（バックインボックス、箱入り）ワインとしてチリ国内で愛飲されている。なお、パイスはメキシコで修道会によって栽培されていたスペイン原産と推測されるヴィティス・ヴィニフェラ種であり、アメリカではミッション、アルゼンチンではクリオージャ・チカと呼ばれている。

　チリのメルローは、青臭い香りが特徴であるとしばしば言われたが、これは大きな誤解だったことが今では判明している。1996 年までメルローとカルメネーレという品種が混同されていた。カルメネーレはフランスのボルドー地方原産の古典的な品種だが、晩熟で収量も少なくなりがちなので、今ではボルドーで栽培する者はほとんどいない。このカルメネーレを早熟なメルローと同じ時期に一緒に収穫していたため、未熟なカルメネーレが混入し青臭い香りの原因となっていたのだ。カルメネーレということがわかってから、個別に栽培すればボルドーと異なって収穫期に雨の降らないチリではこの品種を完熟させることができ、果実味あふれる濃厚な赤ワインとなる。アメリカのジンファンデルのように、チリ独自の象徴品種として育てられるのではないかと期待されている。

　また、この国のソーヴィニヨン・ブランは、近年まではその大部分が香りや味わいもおとなしいソーヴィニヨン・ヴェール（イタリアのフリウラーノと同じ品種）であったと考えられている。こうした状況の中で、20 世紀末から 21 世紀にかけてチリでは次々と優良なクローンに植え替えが進むとともに、より冷涼なテロワールを求め新しい畑が開墾されるようになったから、チリワインの品質は劇的に向上している。

　旧来はボルドー系品種が多数を占めていたが、今では上記のほか、シラー、ピノ・ノワール、マルベック、シャルドネ、ヴィオニエなどから良質なワインが生産されている。

# (4) ワイン法

　現在、チリワインは農業保護庁農牧局（SAG）の「アルコールおよびワインに関する法令」によって管理されていて、6 つの地域（リージョン）の原産地呼称 DO（デノミナシオン・デ・オリヘン）が定められ、地域によっては更に地区（サブリージョン）と小地区（ゾーン）に分けられている。

# （5）主な産地

　チリのワイン産地は南北に 1,400km と細長く広がり、6 つの地域に分けられる。各地域で気象条件や品種やワインのタイプが異なり、多様性を見ることができる。6 地域の名称は、北から北部の①アタカマ②コキンボ、中央部の③アコンカグア、④セントラル・ヴァレー、南部の⑤サウス、⑥アウストラルである。

　北部は気温が高く、主に生食用やピスコ（ブランデーの一種）用にモスカテル種が栽培されているが、近年一部のワイナリーで高品質なワインも造られるようになってきた。コキンボ地域の**エルキ・ヴァレー**では標高 2,000m の高地で冷涼な気候を生かし、ビーニャ・ファレルニア・ワイナリーが素晴らしいシラーを生産している。また**リマリ・ヴァレー**では海岸から 12km という寒流の影響下でビーニャ・マイカス・デル・リマリ（コンチャ・イ・トロの子会社）が高品質なソーヴィニヨン・ブランとシャルドネを育て上げ、ピノ・ノワールにも挑戦している。

　首都サンティアゴを擁する中央部は、大手ワイナリーが集中する主要なワイン産地であり高級ワインの多くが生産されている。アコンカグア地域には**アコンカグア・ヴァレー、カサブランカ・ヴァレー、サン・アントニオ・ヴァレー**の 3 つの地区がある。広大なアコンカグア・ヴァレーの上流部は温暖でカベルネ・ソーヴィニヨン、シラー、メルローが栽培され、下流域の沿岸部に広がる地域は冷涼でソーヴィニヨン・ブランやメルローが栽培されている。カサブランカ・ヴァレーは 1990 年代に発展した新しい産地で、海岸山脈の西側斜面に広がりフンボルト寒流の影響を受ける冷涼な産地である。それまでこの国では聞くことの少なかったソーヴィニヨン・ブラン、シャルドネ、ピノ・ノワールを成功させ名を馳せた。ただしアンデスを源流とする河川には恵まれず、水不足に悩まされる地域である。その南に位置するサン・アントニオ・ヴァレーはカサブランカの成功の刺激を受けて 2002 年に認定された新しい産地。カサブランカより海に近く冷涼でさわやかな酸味のソーヴィニヨン・ブランが注目されている。

　中央部のもう一つの地域であるセントラル・ヴァレー地域は、**マイポ・ヴァレー、ラペル・ヴァレー、クリコ・ヴァレー、マウレ・ヴァレー**の 4 つの地区で構成される。マイポ・ヴァレーはセントラル・ヴァレー内で最も北にあたる。首都に近いことから 19 世紀にはブルジョワ階級や大規模な自作農が広大なブドウ畑を所持していた。これらが、コンチャ・イ・トロやサンタ・リタ、

サンタ・カロリーナのようなチリを代表する大規模ワイナリーのルーツである。気温は高めで、果実味豊かなカベルネ・ソーヴィニヨンが生産量の半分以上を占める。**ラペル・ヴァレー**では近年有名になりつつある**カチャポアル・ヴァレー**と**コルチャグア・ヴァレー**の小地区を含み、赤ワインの評価が高く、特にカベルネ・ソーヴィニヨン、メルロー、カルメネーレが名高い。**クリコ・ヴァレー**は、気候は穏やかで程よい降雨にも恵まれ灌漑は必ずしも要しない。国内最大の生産量を誇るソーヴィニヨン・ブランのほか、カベルネ・ソーヴィニヨン、メルローなど赤ワインの生産も盛んである。1979年、このクリコ・ヴァレーにスペインのミゲルトーレス社が子会社を設立したのが、チリワインの新しい時代の幕開けを告げることになった。**マウレ・ヴァレー**はチリで最古かつ最大のワイン産地である。**セントラル・ヴァレー**の中で最も冷涼で、また降雨量も比較的多い。パイスからカジュアルなワインが造られていたが、今ではカベルネ・ソーヴィニヨンが生産量トップの座を奪い、ソーヴィニヨン・ブラン、メルロー、カルメネーレ、シャルドネなども存在感を増している。

　冷涼な南部では、パイスとイタリアン・マスカットが主体で主に国内向けのワインが主体であるが、良いものも一部で造られるようになってきた。サウス地方では南極海の影響を受ける気候のもとで、**イタタ・ヴァレー**地区のビニョドス・コルポラ、**ビオビオ・ヴァレー**地区のコンチャ・イ・トロなどがピノ・ノワール、ソーヴィニヨン・ブラン、リースリング、ゲヴュルツトラミネールなどから、またビーニャ・アキタニアは**マジェコ・ヴァレー**地区のシャルドネで注目すべきワインを造っている。

　全体に言えることだが、チリの場合は国内向けの旧態依然なワイン造りをしている生産者が多い。一方、一握りの意欲的な生産者が高級ワインなど考えられなかった地域で次々とブドウ畑を拓き、世界に注目される高品質ワインを産み出していて、その流れは現在も加速中である。そのため、チリはまだテロワールの優劣を論じる段階ではないと言える。むしろ造り手による優劣がはっきりしているので、チリで優れたワインを探す場合は産地よりも生産者名を頼りにした方が良いだろう。

# アルゼンチン

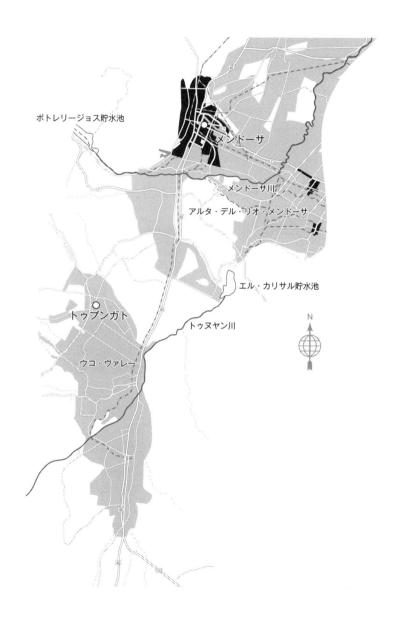

ボトレリージョス貯水池

メンドーサ

メンドーサ川

アルタ・デル・リオ・メンドーサ

エル・カリサル貯水池

トゥプンガト

トゥヌヤン川

ウコ・ヴァレー

N

　南米大陸南部に位置し、西にチリとの国境であるアンデス山脈がそびえ、東には大西洋が広がり、南アメリカのおよそ六分の一という広大な国土を持つ。北部の熱帯雨林から、東部のパンパと呼ばれる大草原、西のアンデス山脈、南の南氷洋と多種多彩な自然を持つ。

　ワイン産地は、西部のアンデス山脈裾野の南緯22〜42度にかけて広がる。ブドウ栽培面積は約22万ha、ワインの生産量は118万kL弱で、イタリア、フランス、スペイン、アメリカに続く世界第5位の生産量を誇る。国名のアルゼンチンは、スペインからの独立当初の名称リオ・デ・ラ・プラタ（銀の川）をラテン語で呼んだもの。

# （1）歴史

　南米でのワイン造りは意外と歴史が古く、1520年代にはメキシコにおいてヨーロッパから持ち込まれたヴィニフェラ系ブドウから南米で初めてワインが醸造された。1530年代にはペルーにワイン造りが伝わり、その後チリとアルゼンチンにも広がったのだと考えられている。

　アルゼンチンには1540年代にスペインからブドウ樹が持ち込まれたと言われるが、本格的なワイン造りのスタートは1557年に隣国チリから伝わってからである。16世紀後半には、現在の主要産地であるメンドーサやサン・ファンでの生産が始められ、当初ブドウはチリから伝わったパイスの変種であるクリオージャ・チカが主流であった。19世紀後半になると、イタリア、スペイン、フランスなどの伝統的ワイン生産国からブドウ栽培家や醸造家がフィロキセラ禍を逃れ大量の移民となって流入し、多種のブドウ品種がアルゼンチンに持ち込まれた。ニューワールドの中でも、アメリカとは異なってスペインやポルトガルの植民地であった南米諸国はワインを常飲するラテン系文化であって、歴史的にアルゼンチンでもワインは国内向けに盛んに生産されていた。

　1816年スペインから独立したアルゼンチンは、広大な国土から畜産・農業国として大成功を収めたが（現在のようにフランスで一般的に牛肉が食されるようになったのは、19世紀後半に冷蔵船が開発されアルゼンチンから安価な牛肉が大量に輸入されるようになってからである）、第二次大戦後に政治的経済的混乱が続いたため、ワイン産業近代化の機会を逸し、世界市場で見かけることは稀となった。だが、1990年代に一時的に経済が安定したため海外からの投資が相次ぎ、ブドウ畑の改植や、醸造設備の近代化などが急ピッチで進んだ。2001年の対外債務不履行宣言で経済的破綻が表面化し一時は足踏み状態

だったが、現在は再び資本や技術の流入が活発になっていて、ワイン造りの近代化、高品質化は以前にも増して急速に進められており、チリの後を追っている。

# （2）気候と土壌

　アルゼンチンのテロワールの大きな特徴は、その標高の高さであろう。ほとんどのブドウ畑は標高 300 ～ 2,400m に展開し、その平均は 900m という驚くべき高所である。この標高のため、ワイン産地では昼夜の寒暖差が激しく、夏場に日中の最高気温 40℃から夜温 10℃とジェットコースターの様に激しく上下することも珍しくない。年間降雨量は、125 ～ 300mm と非常に少ない。年間を通じてみると雨は夏に多いのだが、ブドウ樹の生育には全く問題にならないくらい少ない。そのため病気の心配はほとんどなく、農薬に頼らなくてもきわめて健全なブドウの収穫が見込まれる。ただし、灌漑は不可欠である。むしろ問題になるのは、アルゼンチンワインの実に 70％強を生産するメンドーサ州において局地的に降る激しい雹であろう。そのため、生産者によっては雹を防ぐための特殊なネットで畑を覆っている。また、ゾンダ（Zonda）と呼ばれる西風があるが、これはアンデスから吹き降ろしてくる乾燥した強風で、フェーン現象を引き起こし高温となる。開花期にゾンダが吹き荒れると深刻な被害をもたらす。

　土壌は、砂質から粘土質まで幅広いが、砂質土壌が多い。過去にフィロキセラの被害が一部で起きたが、この害虫が生育できない砂質土壌のおかげで、現在でもほとんどの畑でブドウ樹は接ぎ木せずに植樹されている。

　アルゼンチンでは、豊かなアンデスの雪解け水を利用した灌漑が盛んで、用水路がブドウ畑の中を縦横に張り巡らされている。灌漑について世界で最も整備されたインフラを持つと言われるほどである。灌漑の主流は、フラッド・イリゲーションによるものだが、これは用水路から水を引き込みブドウ畑を田圃の様に冠水させる方法である。利点として、費用は安く済むことが上げられるが、微妙な水分コントロールをすることができず、高品質ワインのブドウ造りには向かない。そのため、高級ワインを目指す新しい畑には水分量をコントロールしやすいドリップ・イリゲーションも見られるようになった。

# （3）ブドウ品種

　この国で最も栽培されている品種は、マルベックである。1868年、フランス人ミシェル・プージェによってもたらされたもので、マルベックはアルゼンチンワインを代表する象徴的な地位にあると言っても過言ではない。一時カベルネ・ソーヴィニヨンやシラーに押されていたが、近年復活し今では作付け面積がカベルネ・ソーヴィニヨンの2倍以上という圧倒的な人気を誇る。マルベックは、19世紀中頃まではフランスのボルドー地方で最も栽培されていた品種だったが、今では激減している。現在でもフランス南西部のカオール地区では主要品種となっているが、アルゼンチンのマルベックは、カオールのものと比べると果粒は小さく密に実り、房もずっと小ぶりである。色は非常に濃く、豊かなボディの赤ワインに仕上がる。

　栽培面積2位のボナルダは、国内向けに親しみやすいカジュアルなワインを造り出す品種だが、最近注目されるようになり本格的なワインも造られるようになった。ボナルダは、イタリアのピエモンテやロンバルディアなどで栽培されている同名の品種が、19世紀後半にイタリア移民によって持ち込まれたものと長く考えられていた。ところが、近年DNA鑑定により、フランス東部のサヴォア地方で広く栽培されていたドゥース・ノワールという、今ではすっかりマイナーになったブドウ品種だということがわかった。

　白ワイン用で最も人気があるのは、トロンテスである。生産量では、ペドロ・ヒメネスのほうが多いが、もっぱら現地での日常ワインとなっている。トロンテスにはいくつかの種類があるが、そのうち重要なのはトロンテス・リオハーノである。メンドーサの北北東に400kmほど行ったところに州都があるラ・リオハ州が原産地と考えられ、その名前を取ったもの。マスカット・オブ・アレキサンドリアとクリオージャ・チカの自然交配による品種であり、親譲りのマスカットのような華やかな香りが特徴的である。

　その他では、黒ブドウとしてカベルネ・ソーヴィニヨン、シラー、テンプラニーリョ、メルロー、白ブドウではシャルドネ、シュナン・ブラン、ソーヴィニヨン・ブランなども輸出用ワイン原料用品種として多く植えられている。

# （4）ワイン法

　原産地呼称制度（DOC/ デノミナシオン・デ・オリヘン・コントロラード）により管理・規定されている。現在 DOC に認定されているのは、**ルハン・デ・クージョ地区（メンドーサ州）**、**サン・ラファエル地区（メンドーサ州）**の 2 か所である。

# （5）主な産地

　主要産地は、北西部、中央西部、南部の三つに分かれる。

　**北西部**は、標高が高く、特にサルタ州は標高 1,500m もの高所にブドウ畑が広がり「標高世界一のブドウ畑」と称されている。多くの畑が収量が多く見込める棚仕立てであり、生食用や干しブドウ用、そして国内消費用のカジュアルなワインが造られている。ワインとしては、サルタ州のカファジャテが香り豊かな白ワインであるトロンテス・リオハーノの産地として名高い。

　**中央西部**には、サン・ファン州とメンドーサ州があり、この 2 つの州でアルゼンチンの全ワインの 90％以上を産出している。

　**サン・ファン**はメンドーサの北にあり、より暑く乾燥している。わずか 90mm という年間降水量である。一般的にマスカット・オブ・アレキサンドリアが栽培されているが、近年シラーが注目を集め、ヴィオニエ、シャルドネ、プチ・ヴェルドなどが、産地内のより標高の高い地域で模索されている。

　**メンドーサ**は、国内の 70％以上を生産するアルゼンチンの最重要産地である。メンドーサ北部は生食・干しブドウ用の畑が中心。メンドーサ中部はアルゼンチン国内随一の名醸地であり、州都メンドーサには海外にも名を馳せる優良な生産者の本社が軒を連ねている。膨大な量の日常消費用ワインを産出する一方、マルベックの古樹から深みのある重厚な赤ワインが醸される。中でも、標高 600 〜 1,100m の所にあるマイプ（DOC 申請中）でソーヴィニョン・ブラン、カベルネ・ソーヴィニヨン、シラーが、標高 860 〜 1,067m の**ルハン・デ・クージョ**（DOC）ではマルベックのほか、カベルネ・ソーヴィニヨン、シュナン・ブラン、メルロー、シャルドネ、シラーなどが植えられ成功している。メンドーサ東部は、標高 640 〜 750m でアンデスからの冷気の恩恵が少ない地区である。メンドーサ州の約 50％の畑があり、大半は廉価なワインや濃縮果汁、生食用、干しブドウ用などになる。メンドーサ南部は、メンドーサで最南に位置するため州内で最も冷涼である。ここの**サン・ラファエル**（DOC）はアルゼンチンを代表するシュナン・ブランの産地であり、ほかにマルベッ

ク、ボナルダ、カベルネ・ソーヴィニョン、テンプラニーリョなどが植えられている。

　メンドーサ州で最後の紹介になったが、この州で、いやアルゼンチンで最もエキサイティングな産地は**ウコ・ヴァレー**であろう。メンドーサ市の南西約80kmほど場所で900〜1,200mの標高に広がる産地で、実は南部メンドーサより冷涼である。州内のわずか6％程度の生産量だが、その畑の大部分は若い。地域内で最も標高の高い地区はトゥプンガト（DOC申請中）で標高1,200m。この高度は、夏の日中は暑いが夜温は低く、15℃もの寒暖差を生み出す。この温度差が繊細な果実味と豊かな酸味、しっかりとした色づきをワインにもたらす。この気候を求めて、国内外の資本を問わず新しいワイナリーが続々と誕生し、近代的で高品質なワイン造りが行われている。黒ブドウではマルベックはもちろん、テンプラニーリョ、バルベラ、カベルネ・ソーヴィニョン、サンジョヴェーゼ、シラー、ピノ・ノワールなどが栽培され、また白ブドウとしては、特筆すべきシャルドネに始まり、セミヨンが質を競っている。

　**南部**は、パタゴニア地方と呼ばれ、南極の影響から平均気温が15℃と冷涼で乾燥した地域である。かつては大規模なナシ園が広がっていたが、近年、イタリアのトスカーナで高名なサシカイヤのオーナー一族であるピエロ・インチーザ・デッラ・ロケッタがワイン造りに取り組むなど、新しいワイナリーの参入が見られ、ピノ・ノワールやソーヴィニョン・ブランを始め興味深いワインが造られている。

（遠藤　誠）

アルゼンチン　カファヤテ

# Australia

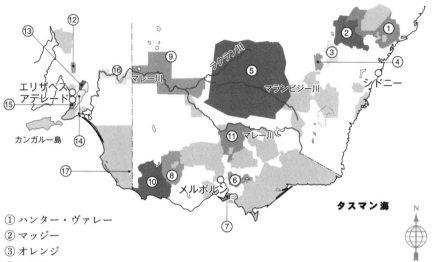

① ハンター・ヴァレー
② マッジー
③ オレンジ
④ カウラ
⑤ リヴァリーナ
⑥ ヤラ・ヴァレー
⑦ モーニントン半島
⑧ グランピアンズ
⑨ マレー・ダーリング
⑩ ヘンティ
⑪ ゴールバーン・ヴァレー
⑫ クレア・ヴァレー
⑬ バロッサ・ヴァレー
⑭ アデレード・ヒルズ
⑮ マクラーレン・ヴェイル
⑯ リヴァーランド
⑰ クナワラ

⑱ 西オーストラリア州（マーガレット・リヴァー/グレート・サザン/スワン・ヴァレー）
⑲ タスマニア州

# （1）概説

　オーストラリアに最初に移入されたブドウ樹は、後にニュー・サウス・ウ
エールズ総督になるアーサー・フィリップ総司令官率いる最初の船団「ファー
スト・フリート」が 1788 年に持ち込んだブドウ樹だった。ただし、このブド
ウ樹は黒斑病で全滅した。その後、ヨーロッパ各地からの移民が始めたブドウ
樹栽培、ワイン醸造は人口の増加と共にオーストラリア各地に広まった。19
世紀末から 20 世紀初頭のマレー・ダーリング川流域の大規模灌漑事業がワイ
ンの生産量を爆発的に増加させ、オーストラリアが生産量では常に世界のトッ
プ 10 に数えられるほどワイン産業が拡大した。発展を可能にした背景には、
大陸が広大で、複雑な地勢や多様な気候に恵まれていること、同時に、歴史の
流れに翻弄されながら新市場・新技術を求め、革新と合理化を勇敢に慣行して
きた人たちがある。オーストラリアの発展は、当初より水・食料と労働人口の
確保が手段でも目的でもあり、そのためには分野を超えた交流・改革は必要不
可欠だった。

　オーストラリア大陸の広さは、面積ではアメリカ合衆国にほぼ匹敵し、ヨー
ロッパ全体をすっぽり包み込む。東部太平洋に面するシドニーから西部インド
洋に面するパースまでの距離は、モスクワ・ロンドン間よりまだ長い。北部は
熱帯から亜熱帯の気候、中央部は暑く乾燥している。南西部と南東部は南氷洋
からの冷気が暑い内陸部の影響を和らげるため冷涼な地中海性気候に恵まれ、
良いワイン産地が集まっている。高い山は無く、最も高いところでも 2,300m
弱。緯度から見て冷涼ではないと思われる産地でも、標高が高い所や海風の影
響を受ける産地は冷涼である。多様な気候風土が備わっていることから、主要
なワイン品種はすべて栽培可能だ。また、産地による細かい規定がないため、
スティルワインから甘口ワイン、スパークリングワインそして酒精強化ワイン
まで、主要なワインスタイルは、すべて造ることができる。

　1950 年代までは主に英国への酒精強化ワインの輸出を目的に生産してきた
ワイン業界は、英国経済への依存からの離脱、酒精強化ワインの売れ行き不振
などの市場の変化に対応するためには、大転換を余儀なくされた。時間はか
かったものの、ブドウ栽培やワイン醸造についての研究開発が連邦政府・大
学・研究機関も含め組織的に行われ、自由な知識の交流や革新的な発想による
改革的な取り組みが業界を含めて本格化したことが品質を大きく向上させ、世
界で無視されない存在に成長した。

　1950 年代には、それまで一般消費者にほとんど飲まれることがなかったワ

インが、今ではオーストラリアの文化のひとつとなった。週末は海辺で過ごすのが昔のオーストラリア人のライフスタイルだったが、今では週末になるとワイン産地に遊びに行く人が増えている。ワイン産地でのコンサートや大規模なワインイベントも頻繁に開催され、ワインスクール、ワインバー、ブティックワイナリーの数は増え続け、生活を楽しむ大切な要素になっている。

# （2）歴史

## 1）18 世紀後半―19 世紀前半　ワイン黎明期

　英国政府は囚人の流刑先、また、人口増加がもたらす社会不安に対応移住先として、海外植民地を利用してきた。しかし、1783 年にアメリカ独立戦争が終結し、アメリカ植民地を失うと、英国はその代替地としてオーストラリアを選んだ。最初の移送船団は 11 隻に約半数弱の軍人や船員を含む 1,000 名ほどが入植に必要なアイテムと共に分乗した。ブドウ栽培は入植当初より、また土地の探索、開拓が始まると同時に各地で行われた。1820 年までにはオーストラリアで造られたワインが国内で販売され、1822 年には初めてイギリスに輸出、メダルを獲得した記録もある。

　オーストラリアのワイン産業の基礎を築いたのは、スコットランド人のジェイムズ・バズビーである。ニュー・サウス・ウエールズ の将来の産業は牧畜よりワイン産業にあると考え、1828 年にフランスとスペインからブドウの樹を 300 本以上輸入し、シドニーの植物園に植えた。これらの穂木はオーストラリア各地に移植され、1830 年にはジェームズ・バズビーのものも含め、ハンター・ヴァレーにヴィンヤードが確立していた。

　1850 年代半ばにはヨーロッパから栽培、醸造の経験を持つ移民が入植、特に、南オーストラリアのバロッサに移住したプロイセンの移民は、後のオーストラリアのワイン産業の確立に大きく貢献した。

## 2）19 世紀後半―20 世紀前半　人口増加とゴールドラッシュと社会変化

　1851 年にニュー・サウス・ウエールズとヴィクトリアで金鉱が発見されると、オーストラリア経済は大きく変貌した。1851 〜 1871 年の 20 年間に人口は 43 万人から 170 万人に膨れ上がった。人口の急増につれてブドウ樹の栽培面積も 2,510ha から 6,880ha と約 3 倍に増加した。ヨーロッパとの輸出入量も

増え、経済の繁栄にあわせ鉄道などのインフラ整備が進んでいった。

　オーストラリアの農業にとって、最も深刻な問題のひとつは水である。ブドウ樹を含む果樹園での栽培に比べ牧羊、酪農、小麦は大量の水を必要とするため、広大なマレー・ダーリング川流域を活用するためには灌漑事業が不可欠だった。1880年代終わりに長期の干ばつを受けたヴィクトリア州は、ミルデュラに灌漑事業を行うが、1890年後半に再度の長期干ばつに襲われ、大切な運搬移動手段でもあったマレー川が全流域にわたり使用できなくなった。1893年の大規模な金融恐慌とあいまって、マレー川に頼って発展したヴィクトリア州と南オーストラリア州経済に大きな打撃を与え、抜本的な解決策としてマレー川に数か所のダムを造り貯水する大灌漑事業計画が始まる。

　1875年にはヴィクトリアのジーロングにフィロキセラが発生し、隣接する産地に蔓延した。フランスのワイン品評会などで高評価を得ていたヴィクトリア州ではブドウ樹が引き抜かれ、これらの産地に再びブドウ樹が植えられるのは1960年代に入ってからだった。一方、南オーストラリア州はフィロキセラの被害が無く、また、自由移民や英国の資産家が多く入植したため、英国とのつながりが深く、特恵関税を利用し着実にワインの輸出市場を築いていった。

　1901年にはオーストラリアが連邦制に移行、今まで別々だった行政単位が州になり、連邦内の通商障害が除かれるとワイン市場も急成長をとげるようになる。1925年からは、英国政府が大英帝国域内のワインに特恵関税措置を取ったため、大きな恩恵を受けた。

## 3) 1950—1980年代　新時代の幕開けと畑への機械・科学の導入

　第二次世界大戦後、多くの移民がヨーロッパからオーストラリアに流入し、新しい技術や嗜好が導入されると、1950年代までにワイン市場は酒精強化からスティルワインへと変化していく。酒精強化ワインが中心だったころは、糖度によってブドウの価格が決まったため、低いトレリス（株の仕立て方）またはトレリスなしに完熟させて糖度を上げてから収穫していた。しかし、テーブルワインには高い酸度のブドウ果が要求された。そのため新しい畑では、機械収穫のためだけでなく、地面からの反射熱を少なく抑えるため、VSP（ヴァーティカル・シュート・ポジショニング）という背丈の高いトレリスが主流となった。また、ブドウの熟度を測るためのデータ収集も1950年ころから、始まった。

　灌漑は 1950 年まで、一部を除いて、一般的ではなかった。1949 年からマレー・ダーリング盆地にダムとトンネルを組み合わせた規模灌漑事業が始まり、マレー川、マランビジー川の両灌漑システムの水確保が担保されると、オーランド、ヤルンバ、セペルトなどの大手ワイン企業が広大な畑の開発と機械導入を促進し、ワイン業界は南オーストラリアを中心に急成長した。

　ブドウ畑に機械が導入されたのも 1950 年代以降である。それまではすべてが手作業で、馬や小さな機械だけが使われていた。畑の開墾の邪魔になる大きな木の切り株に対応する鋤「スタンプ・ジャンプ」はオーストラリアで開発され、ヨーロッパでも使われるようになった。最初の機械剪定が行われたのは 1971 年であり、機械収穫が広く行われるようになったのは 1975 年頃からである。慢性的な人手不足の中、1 台で 60 〜 80 人分の仕事をする機械は大農園ではタイミングよく収穫するために必要不可欠だった。

　テーブルワインの需要にあわせ品種の改植が進むと共に、科学的知識に裏付けされた小規模なパイオニア的生産者が冷涼地に近代的なワイン産業を生み出していく。今日有名なアデレード・ヒルズ、キャンベラ、クナワラ、ジーロング、マーガレット・リヴァー、パサウェイ、タスマニア、アッパーハンターなどは 1965 年以降生まれた産地である。一方、ワイン業界に大規模な合理化が起こり、買収、合併により大手の再編成が加速されていった。

　マーケティング面での大きな変革は、1971 年にリリースされ商業ベースで大成功を収めたカスクワインだった。「バッグ・イン・ボックス」などと呼ばれるプラスティックの袋を箱に入れたもので、この導入が、一人当りのワイン消費量を 10 年間で 2 倍に引きあげた。

　スクリューキャップもオーストラリアの新しい挑戦である。1976 年に商業ベースで最初のスクリューキャップワインがリリースされたが、安物に見えるという理由で市場に受け入れらず、2000 年にクレア・ヴァレーのリースリングメーカーが自分たちのプレミアムワインに使用することを宣言して以降、急速に使用が広まった。

　ブドウ樹のクローンに対する研究も盛んになり、1976 年にはモンペリエのフランス国立農業研究所（INRA）からブドウ品種の鑑定専門家を迎え、オーストラリア連邦科学産業研究機構（CSIRO）、南オーストラリア州農業部などが中心になり、オーストラリアに生息するブドウの解明に努めた。

　オーストラリアでは、研究機関と企業が共同で新しい栽培醸造方法の研究、機械化・灌漑などの効率と管理方法などについて積極的に研究を進めた。ステ

ンレスタンクの使用、醗酵温度の管理、酵母の培養、灌漑時の効率的な水の利用など、環境に責任を持つ畑と醸造の管理体制が意識されるようになるのもこの頃である。

しかし、1985 年には南オーストラリア州政府が時代にあわないヴィンヤードの廃止に補助金を出したため、ブドウ畑は 1980 〜 1988 年の間に 64,000ha から 54,000ha に減少し、多くの樹齢の古い畑のブドウ樹が抜根された。

## 4) 1980 年代末―輸出市場の拡大

輸出は、1980 年後半から大きく伸びた。オーストラリアワインの質の高さ、品質の一貫性、生産規模のメリットを生かした低コストなどが評価された結果である。それだけではなく、イギリスやアメリカの影響力のあるジャーナリストがオーストラリアワインを高く評価するようになったこと、チェルノブイリ原子力発電所の大事故、メタノール入り不正イタリアワインの発覚事件、オーストリアの不凍液事件など ヨーロッパでの汚染や毒物問題が発覚したこと、フランスの核実験反対運動に起因するフランスワインの不買運動、さらには弱い豪ドルなど、外的要因にも恵まれた。しかし、同時に 1987 年から数年は、オーストラリアはブドウ果の供給過剰に苦しむこととなった。

ヨーロッパへの輸出が増えると、1993 年からは EC との合意により、ラベルに表記される、原料ブドウ品種名、ヴィンテージ、産地などについて、詳細な取り決めを行う「ラベル・インテグリティ・プログラム」が施行され、1995 年から産地特性に基づく、最初の地理的呼称がオーストラリア・ワインに義務付けられた。

2012、2013 年のブドウの収穫量は 175 万 t、白ブドウ 85 万 t、黒ブドウ約 90 万 t、ワイン生産量は約 1,230 万 hL。そのうち 1.0 ％が酒精強化ワイン、45.6 ％が白のテーブルワイン、53.5 ％が赤ワイン。全体的な構成は現在も変わりないが、生産過剰が懸念され減産が叫ばれる一方、2014 年は対前年比でワイナリー数では 3.6 ％減の 2,481 社、収量は 7 ％減、ワイン生産量も 2.4 ％減となったが、販売量は国内向けが 1 ％増加すると共に、輸出量も 1.9 ％の伸びを見せた。

# (3) 地勢と GI

## 1) ワイン産地と地勢

　オーストラリアには主要な山脈が３つあり、それがワイン産地の形成に大きく影響を与えている。ひとつは西オーストラリア州の**ダーリング・エスカープメント**と呼ばれる標高 400m ほどの丘陵で、西オーストラリアの優良なワイン産地は、ほとんどがこの斜面にある。もうひとつは、南オーストラリアの**マウント・ロフティ・レンジズ**で、プレミアム産地のアデレード・ヒルズ、クレア・ヴァレー、バロッサ・ヴァレー、エデン・ヴァレーなどを擁する。最後はオーストラリア東部のクイーンズランド州南部からニュー・サウス・ウエールズ州、ヴィクトリア州へと全長 3,500km 以上にわたって連なる**グレイト・ディヴァインディング・レンジ** で、ハンター・ヴァレーを除き、殆どのプレミアム・ワイン産地はこの山脈の東側にある。

　内陸部に広がる**マレー・ダーリング盆地**は、ニュー・サウス・ウエールズ、ヴィクトリア、南オーストラリアの３つの州にまたがる大きな平地で、オーストラリア全体のおよそ 1/7 を占める。雨が極端に少なく、気温は日中は上がるが夜は冷える大陸性気候。マレー川流域では古来より原住民のアボリジニ族が住んでいただけだった。しかし、ヨーロッパから牧羊地や小麦などの農地を求めて入植者が増えると、グレイト・ディヴァイディング・レンジから流れこむ水を利用した灌漑事業が必須となった。1880 年代終わりから 20 世紀の初めにかけ、マレー・ダーリングやマランビジー流域の灌漑事業が進められ、さらに第二次大戦後には 20 年以上かけてスノーウィーマウンテンズの灌漑事業が完成すると、この盆地は、オーストラリアで最も重要な農業地域と発展した。

　ただし、このマレー・ダーリングは、1990 年の終わり頃から川や土壌の塩分濃度が高くなり、塩害の危険性が指摘されるようになった。オーストラリアの食物供給量の 1/3 を生産するこの地域の水の管理は最重要課題である。この盆地に広がるワイン産地は、ニュー・サウス・ウエールズ州 のリヴァリーナ、ニュー・サウス・ウエールズ とヴィクトリア両州にまたがるマレー―ダーリングとヒルトップ、ヴィクトリア州のヴィクトリア北西部、南オーストラリア州のリヴァーランドである。

## 2) GI　地理的呼称（ジオグラフィック・インディケーションズ）

　輸出の増加により、産地の明確な定義が必要とされるようになり、輸出促進機関であるオーストラリア・ワイン・アンド・ブランディー・コーポレーション（現ワイン・オーストラリア）は、法的裏付けにある公式名を地理的根拠に基づき GI（ジオグラフィック・インディケーションズ）として定めることとし、1980 年より 16 年かけて、1996 年に制定作業を完成した。ラベル法に基づく 1994 年以降のオーストラリア・ワインの生産地の呼称はすべて GI に基づくものである。

　その結果、現在、オーストラリアには、6 州と 2 テリトリの中に、26 のゾーン（地方）と 2 つのスーパーゾーンの合計 28 ゾーンがあり、更にその中にワイン産地がリージョン（地域）として 65 とサブリージョン（地区）14 が登録されている。

# （4）主な産地

　以下、オーストラリアの産地地図にあわせ、西から東へと、州ごとにその特徴を俯瞰し、それぞれ代表的な産地について、その素顔を概説する。

## 1) 西オーストラリア州

　オーストラリアのワイン産地は、当初はほとんどが東南部の海岸よりに集中し、パースを中心とする西オーストラリア沿岸地区でワイン産業が発展するのは 19 世紀末から 20 世紀初頭と大きく出遅れた。しかし、その後の急速な発展により、現在ではオーストラリアを代表するプレミアムワイン産地に台頭した。

　西オーストラリアは、当初より土地所有権を認められた英国人が入植し、現在のパース近郊にあたるスワン・リヴァーの河口にスワン・コロニーを設立し、1834 年に最初の西オーストラリア州産ワインが造られた。ただ、量は少なく産業として重視されるようなものではなかった。19 世紀末、西オーストラリアで金が発見されると人口が飛躍的に増加し、ワイン産業も拡大した。1930 年代はポート、シェリーなどの酒精強化ワインが中心で、この流れは大恐慌時代、戦後と続くが、1950 年代に羊毛の価格が高騰すると、グレート・サザンや南西部ではブドウ畑を牧草地に転換する農家も増えた。

　1950 年代、スワン・ヴァレーのワイン産業は線虫とウイルスに冒され、その生存が危ぶまれるなか、カリフォルニアから来た栽培学者ハロルド・オルモ

は、1955年、マーガレット・リヴァーやマウント・バーカー、フランクランドなどの冷涼地が高級な醸造用ブドウ栽培に適するという報告書を政府に提出した。また、西オーストラリア州立大学のジョン・グラッドストーンズ教授は、1961～65年にわたる気候とブドウ栽培との関連性を詳細なデータ分析から検討し、当時無名だったマーガレット・リヴァーとボルドーとの気候の類似性、ひいてはマーガレット・リヴァーのプレミアム産地の可能性を指摘した。

　現在、西オーストラリアには5つのゾーンと9つのリージョン、6つのサブリージョンがある。その中には、マーガレット・リヴァー、グレート・サザーン、ジオグラフ、ペンバートンなど、現在、最も注目されているリージョンを数多く含む。

### ①マーガレット・リヴァー

　オーストラリア最西端にあり、州を代表する産地である。ブドウ栽培、醸造技術の進歩とワインスタイルの変遷により、ワイン産業の中心はパース近郊のスワイン・ヴァレーから南のマーガレット地区へと移行し、1980年代にはプレミアム産地として躍進的な発展を遂げ、名声を確立した。パースの南300kmに位置し、東西27km、南北100kmほどの産地全体が海に突き出した地域で、畑は海から2～9kmほど内陸に入ったところに存在する。三方を海に囲まれた典型的な海洋性気候で、南極からの寒流とインド洋の暖流がぶつかり、海水の温度は年間を通して7.6℃しか変化しない。温暖で、海岸から内陸へと吹き込む西風が、地域一帯を穏やかにしている。この「吠える40度」と呼ばれる西から吹く湿った貿易風は、地球の自転にあわせて夏には軌道が南に下り、冬には北上するため、雨は5～8月の冬期に年間降雨量の75％が集中する。夏期は乾燥し、収穫期の大雨の危険は少ないが、しばしば山火事の危険性が高まる。2000万年前に古代花崗岩の大きな固まりが隆起、長い年月をかけて大陸と地続きとなった地域で、土壌は下層の花崗岩と片麻岩からできた砂質ローム層で、ミネラル分豊かな堆積層の水はけのよい土壌である。

　1960年代末から70年代にかけブティックワイナリーが次々に設立された。今でも全オーストラリア生産量に占めるマーガレット・リヴァーワインの割合は1％だが、プレミアムワイン市場では20％のシェアを占めるまでになる。あらゆる品種のワインを造るが、長熟タイプの上質なシャルドネやカベルネ・ソーヴィニヨンが特に有名である。風光明媚な環境を利用したワインツーリズムが早くから開発された。

## ②グレート・サザン

　マーガレット・リヴァーから更に内陸東へと入った州南端の産地。東西200km、南北100kmと、現在ではオーストラリアで最も大きいリージョンになっている。気候と地形の大きく違うアルバニー、デンマーク、フランクランド・リヴァー、マウント・バーカー、ポロンガラップの5つのサブリージョンを持つ。1955年にオルモ博士のグレート・サザンに関するレポートが出た後も、ワイン主要生産地である東部オーストラリアから遠く離れているため醸造家と専門知識の確保が難しく、実際に事業が始動するまでには時間がかかった。冷涼地ワインに最近の市場の好みがシフトするにあわせ、注目されている産地。

## ③スワン・ヴァレー

　西オーストラリアで最も早くからブドウ栽培が行われた産地で、20世紀初頭と第二次大戦後の2度に渡りユーゴスラビアから大量の移民が押し寄せ、一時はオーストラリアのどこの産地よりもワイナリー数が多かった時期もある。表土が深く水捌けが良く、夏は暑く乾燥しているためブドウの成熟が早く、酒精強化ワインやバルクのテーブルワイン用ブドウの栽培には適していたが、市場の好みが変わると、ブドウはもっと南のマーガレット・リヴァー、グレート・サザーンなどから調達するようになった。

# 2）南オーストラリア州

　南オーストラリアは、州名は「南」だが、オーストラリアワイン生産の中心である東南部のブロックの中では一番西に位置している。1889年の生産量では、ヴィクトリアの71,000hLに対して22,900hLと1/3にも達していなかったが、1901年にオーストラリアが連邦制に移行すると州間の関税が撤廃されワインを他州へ販売しやすくなり、またマレー川流域に新たにリヴァーランドという広大なブドウ栽培地域が開発されたことなどから、南オーストラリアがヴィクトリアを抜いて、その生産量を飛躍的にのばすことになった。現在もブドウ栽培面積ではオーストラリア全体の44％、ブドウ年間収穫量で47％、ワイン生産量で48％を占めるオーストラリア最大のワイン州だ。

　1877年にヴィクトリアで発生したフィロキセラの被害は、1884年にニュー・サウス・ウエールズ、1910年にクイーンズランド州へと広がったが、南オーストラリア州では政府が1899年フィロキセラ法を発令し、オーストラリアの他地域からのブドウの持ち込みなどを厳しく制限し、被害の広がりを食

い止めた。

　南オーストラリア州には、バロッサ・ヴァレーなどのように19世紀にブドウ栽培が始まった産地もあれば、20世紀に入りマレー川流域の大規模灌漑事業の後に発展したリヴァーランドまで、GIとしては18のリージョンが認められている。

### ①バロッサ・ヴァレー

　1850年代、英国から企業投資を目的にする人が増えると同時に、ドイツからは皇帝フリードリッヒの宗教教義改定に抵抗し国を離れた多くのルッター派農民が入植し、2つの異なる社会が共存する多文化社会になった産地。今でも6世代続くブドウ栽培家が多く、150年以上経つ畑が現存している。

　気候は温暖で乾燥し、ブドウ生育期に雨が降る。大陸性気候で、夏の日中は気温が上がり、夜は冷える。日照時間が長い割には生育に影響を与える積算温度がボルドーやマーガレット・リヴァーと変わらないのは、地形が複雑に入り組んで、畑が斜面にあるためと思われる。土壌は多岐にわたるが、比較的痩せたローム質粘土層タイプから砂質土壌まで、色はグレイから茶色、赤色が見られる。今でも、最もシラーズに向いた産地と言われるが、反面、どんな品種でも栽培できる産地とも言われている。

　第一次世界大戦時中のドイツ文化に対する偏見に対峙、第二次世界大戦後の酒精強化ワインからスティルワインへの転換、1970年代の赤ワインから白ワインへの市場のシフト、大手企業の進出と家族経営ビジネスの買収、州政府によるヴァイン・プル・スキームの導入、最近の冷涼産地礼賛ブームでは一律に温暖地とされたことなどは、バロッサ・ヴァレーがこの国の歴史の変遷と共に幾多の困難を乗り越えてきたオーストラリアワインの歴史の縮図ともいえる。今、バロッサの豊かな自然と個性を表現しようとする「ニューウエイブ」と呼ばれる動きは、新たな科学を武器とした小規模独立生産者が、バロッサの産地としての新しい価値を生み出していこうとする流れである。

### ②クレア・ヴァレー

　アデレードの北、飛び地状の地区である。シレジアの移民が多かった地方で、19世紀半ばに、銅、スレート、銀などが逐次発見され、一次的には小麦の生産で栄え、北部への玄関口としての機能を果たした。ブドウは1850年代から植えられ、19世紀末に栽培面積が急激な拡大を見せたものの、20世紀に入り経済が低迷すると多くのワイナリーが消滅した。1980年代にはハーディーズやベリンジャー・ブラス（現トレジャリー）など大手が進出しだ。

　積算温度だけを見ると温暖に見えるが、他の産地に比べ標高が高く、大陸性気候で生育中の夜間の気温が下がるのため、ヴィンテージによる違いが大きい産地である。雨は 5 ～ 9 月に年間降雨量の 60 ％が降り、生育期間中は降雨が 200mm 程しか降雨が無く灌漑が必要だが、それができる場所は少ない。乾燥しているため病気の心配はほとんど無い。水不足でブドウがストレスを受けたり、葉が落ちたり、リースリングの成熟に問題が出ることもある。複雑に入り組んだ標高の高い斜面からは多様な質の高いワインが生まれ、オーストラリアを代表する長期熟成型リースリングの産地である。

### ③マクラーレン・ヴェイル

　アデレードに近接し、バロッサ・ヴァレーに比べると圧倒的に英国色が強い。19 世紀後半から 1950 年代までは赤ワインと酒精強化ワインを集中的に英国に輸出し、1960 ～ 70 年代には、市場が求めるワインスタイルへの対応を迫られる。西に位置するセント・ヴィンセント湾に対してどのような位置にあるかにより、またその地形と土壌の違いから、多くの微気候が存在している。植えられているブドウの 80 ％は赤品種で、シラーズやグルナッシュが卓越しているが、主要な品種はほぼ栽培されている。

### ④アデレード・ヒルズ

　州都アデレードの東側の近郊で、標高 400 ～ 500m の等高線に沿って丘や谷間や川が入りくねった地形が微気候を生み出す。全般に冷涼気候で、どの品種もエレガントに透明感のある特性を表現させる。畑は 1870 年には 530ha まで栄えたが 1930 年代には都市化により激減、1976 年ブランアン・クローザーがペタルマを始めて息を吹き返す。この産地を特徴づける品種はソーヴィニョン・ブランだが、シャルドネ、ピノ・ノワール、シラーズ、カベルネ・ソーヴィニョンも栽培されている。土壌は、灰色から褐色までのグラデーションのあるローム質を含む砂質土壌、または粘土質のローム質である。

### ⑤クナワラ

　アデレードのはるか南東、ヴィクトリア州との州境沿いに位置する。オーストラリアを代表するカベルネ・ソーヴィニョンの産地で、標高が数 km にわたって徐々に 60m ほど上がる平地である。冷涼気候で、冬は寒く雨風が強い。生育期を通して夜間の気温が低く、2 月、3 月に熱波に襲われることもある。開花期の雨や風、また、春の霜に注意が必要。20 世紀の前半にはヴァイン・プル・スキーム（政府主導によりブドウを抜根する政策）の対象になってもおかしくない産地だったが、GI 登録の作業を通して、上質な地下水と石灰質

土壌の上に赤茶色の表土からなるテラロッサ土壌が、カベルネ・ソーヴィニヨンに最適の土壌であることが確認され、一躍、銘醸地の地位を確立した。同時に、1984年以来、境界線論争が裁判所の法廷闘争へと拡大した。90％が赤ワインの産地で、カベルネ・ソーヴィニヨンにシラーズ、メルローが続く。白はリースリングが主要品種。

⑥リヴァーランド

　アデレードの東方、ヴィクトリア州との州境に隣接しマレー川流域に広がる暑く乾燥した産地で、1887年にカリフォルニアのシャフィ兄弟がレンマークに灌漑都市を造ったことに始まる。ブドウの病気の心配がほとんどなく、灌漑用の水が安く手入できれば良質ブドウが安価で生産できることから、輸出拡大の原動力となった。しかし、度重なる干ばつと不況にマレー川に依存する経済は低迷し、マレー・ダーリング川の灌漑事業は急務となった。

　2004〜2006年に輸出は伸びていたものの、生産量が多い年が続くと供給過剰となり、ブドウの価格も下がった。同時に干ばつが強まり、マレー・ダーリングの水位が常に低い状態が続き、水供給に対する不安が広がった。2010〜2011年にかけての内陸部での大雨とそれに伴う下流での洪水により、水問題は一旦終結したようにみえるが、長期的な対策がこの地区の課題である。さらに、灌漑に起因する土壌の塩分濃度の増加による塩害が、その深刻さを増している。

　南オーストラリア州でマレー・ダーリングの恩恵を受けている他の産地は、ラングホーン・クリーク、カレンシー・クリークなどである。

## 3）クイーンズランド州

　ワイナリーの数からみると、オーストラリアの中で近年最も成長が早い州で、2001年の39件が2004年末には143件に増えた。ブドウ収穫量も1998年には500tであったが2005年には5,000t以上になっている。

①グラナイト・ベルト

　主要産地の一つで、1965年に初めてブドウ樹が植えられ、2000年以降に急速な発展をみた。ハンター・ヴァレーと同様、ワイン産業に適した産地ではなかったが、地元クイーンズランドの市場と多くの観光客が生み出すワインツーリズムなどが追い風となり発展した。標高が高く大陸性気候で灌漑できることがブドウ栽培を可能にしたが、春の霜と収穫期の雨が問題である。

## 4) ニュー・サウス・ウエールズ 州

この州は、この国の南東端から西の内陸部に広く拡がっている。1788 年、オーストラリアに最初のブドウ樹が持ち込まれ、シドニー近郊の開拓が進むと、19 世紀前半には開拓者によりハンター・ヴァレーにブドウ樹が植えられた。1912 年に完成したマランビジー灌漑事業により暑く乾燥したリヴァリーナにも広大なブドウ畑が出現すると、良質なワインを安く大量に供給できるようになり、1997 年にオーランド、ウィンダムがこの地に進出をし、より大きく発展した。

ワイン生産量は、オーストラリア全体の 27％余りを占める。しかし、そのうちの 3/4 はリヴァリーナ、ペリクーラ、マレー・ダーリング、スワン・ヒルのリージョンを網羅するビッグ・リヴァーズ・ゾーンからだが、実際はほとんどの生産量はリヴァリーナからと言える。

1970 年代には冷涼気候に適したブドウ栽培方法が取り入れられ、ヒルトップ、オレンジ、キャンベラなど新しいリージョンが生まれ、現在 GI が認められているリージョンは 14 である。

### ①ハンター・ヴァレー

シドニーの北東にあり、風光明媚でシドニーに近いことから観光地としてワインツーリズムがいち早く発展した地だが、1950 年代まではシラーズを主体とした酒精強化ワインが中心だった。

通常、ハンター・ヴァレーというとポコルビンを中心としたロワー・ハンターを意味し、シドニー人にとってはワイン産地のメッカともいえる産地だが、ブドウ栽培には最も向いていない場所と言う人もいる。ここが産地として選ばれた当時は、シドニーなどに比べれば雨が少なく、土地が肥沃な上、うどんこ病などのブドウの病気は知られていなかった。現在は、アッパー・ハンターの栽培家からブドウを買ってワインを造っているワイナリーも多い。

アッパー・ハンター・ヴァレーは、ロワー・ハンターに比べ、雨量が少ない。収穫時期の 1、2 月に最も雨が降るが、収穫に影響することは無い。午後からの海風が無いので積算日照時間はロワー・ハンターより高い。土壌は、排水が良く、アルカリ性の黒っぽい粘土質のローム層の上に比較的肥沃な黒いシルト質のローム層が理想的である。昔から白ワインの産地で、今でもシャルドネ、セミヨン、ヴェルデルホが主要品種である。

### ②マッジー

ハンター・ヴァレーの西隣り。アボリジニーの言葉で「山中の巣」の意味

で、美しい自然の懐につつまれている。1858 年にドイツ系家族を中心にブド
ウ栽培を始めた産地だが、20 世紀初頭にかけての金融大恐慌で農家の数は激
減した。1980 年代には、オーランド・ウィンダムがモントローズを買収し、
自社のハンター・ヴァレー・ワイナリーを閉めてこの地で醸造を集中、出来上
がったワインをバロッサ・ヴァレーに送って壜詰・梱包・流通をしている。赤
ワインの産地で、シラーズ、カベルネ・ソーヴィニヨン、メルロー、サンジョ
ヴェーゼ、バルベラ、ネビオーロなども産出している。

③オレンジ

　グレイト・ディヴァイディング・レンジの西側の斜面に北から南にマッジー
とカウラの間に広がる産地。産地の標高の違いから、オレンジが最も冷涼で、
カウラが最も暖かい。マッジーは 19 世紀半ばから続く古い産地であるが、オ
レンジでブドウ栽培される様になったのは 1980 年になってからである。それ
までは、蘭の栽培や、リンゴ、洋ナシなどの果樹園として開発されていた。

④リヴァリーナ（Riverina）

　ヴィクトリアの北側に隣接して拡がる内陸部の広大な土地。「オーストラリ
アにとって水は金より大切」という信念のもと、ニュー・サウス・ウエール
ズ 州政府が 1906 年から 6 年で造り上げたマランビジー川灌漑事業（MIA）に
よりできた産地。先に大規模に生産を展開していたマックウイリアムズは、
1950 年以降の市場の変化に対応するため、酒精強化ワイン専門だったこの産
地を、ワイン原料用ブドウ樹クローン選定から始まり、醸造設備までの技術革
新を 10 年ほどかけて行い、「極暑地域でのテーブルワイン造り」という新ス
タイルへの変貌に成功した。

　2 回の世界大戦後、ワイン業界にも多くのイタリア系移民が流入。1928 年
にデ・ボルトリが、1969 年にイエローテイルのカセラがワイナリーを設立し
た。マレー・ダーリングと同様に、水不足が問題で、目下、マレー川ほどでは
ないが深刻化するのは時間の問題とみられている。


## 5）ヴィクトリア州

　ヴィクトリア州は、オーストラリアではタスマニアに次いで小さい州だが、
人口密度は国内で最も高い。地形はオーストラリア・アルプスの山岳地帯から
海沿いの平地まで、極めて変化に富み、地勢の違いによる微気候も多様である
ため、GI も 21 と他州に比べて最も数が多い。ワインの歴史は古く、設立 100
年を超えるワイナリーが存在する一方、1970 年代、80 年代に始まったパイオ

ニア的ブティックワイナリーも多い。現在約780軒ほどのワイナリーはそのほとんどが家族経営の小規模ブティックワイナリーだが、マレー・ダーリングの灌漑地域では大規模生産地が広がっている。

グレイト・ディヴァイディング・レンジの影響が大きい産地で、南側は海からの風の影響で湿度が高く冷涼だが、北側の内陸部は乾燥して暑く、マレー川を利用した灌漑がなければブドウ栽培はできない。オーストラリアの他の産地同様、様々な品種とスタイルのワインを造るが、産地特性も強い。南極海へとつながる海沿いの冷涼産地からは果実味豊かなピノ・ノワールが、グレイト・ディヴァイディング・レンジ麓の標高の高い産地からはペッパー風味の強いシラーズが、また、北東部のラザグレンからは、濃厚で凝縮感のある酒精強化ワインが伝統的な製法を守りながら造られている。

19世紀にはオーストラリアの中で最もワイン産業が繁栄した産地であるが、1876年ジーロングに始まったフィロキセラの被害が北へと進行、隣接する産地に蔓延し消滅する産地も多く出現した。ヤラ・ヴァレーなどはこの時の被害は免れたものの、2006年に1ワイナリーでフィロキセラが確認され、ワイナリーの全てのブドウ樹は抜根（根こそぎ引き抜くこと）され、周囲5km圏内が汚染地域に指定された。

①ヤラ・ヴァレー

首都メルボルンの東に位置し、この地のブドウ栽培は、1854〜1855年にスイスのポール・ド・カステーラが2万本ほどのブドウの穂木をシャトー・ラフィットから購入し、植えたことに始まる。カベルネ・ソーヴィニヨンは、1889年のパリ万国博覧会ではグランプリを獲得した14アイテムのうち、南半球から選ばれた唯一のワインとなった。その後、大きな入植の波などは無く、生産者の帰国、病死、廃棄による荒廃などを繰り返し、1920年頃までにはブドウ畑はほぼ牧場に替わり、「ヤラ・ヴァレーが牛に負け」ることとなった。

ワインが再び活気づくのは、1960年代に入りセント・ヒューバート、ヤラ・イエリング、イェリングベルグなどでブドウ栽培とワイン醸造が開始されてからで、1970年代以降にはマウント・メアリー、デ・ボルトリ、タラ・ワラ、コールド・ストリーム・ヒルなど、今も有名な生産者がワイン造りを始めた。

ほとんどのワイナリーは丘の斜面にあり、標高差や畑が向く方向により、多種多様な微気候が生み出される。一概に冷涼で、1月の平均気温19.4℃はボルドーやブルゴーニュより低い。2つのまったく異なる土壌を持ち、1つは灰褐色の砂が多い粘土質のローム層で、岩と粘土質のサブ土壌のグレイト・ディ

ヴァイディング・レンジの古代砂岩に由来するものである。もう一つは、火山活動に由来する赤色の地層で、地層も深く水はけが良く若い地層である。

②モーニントン半島

メルボルンの南に突き出た小さな半島で、19世紀には小規模ワイナリーが存在していたが、実質的なワイナリー建設は、1972年に大手百貨店会社のオーナー、ベイリュー・マイヤーがエルジー・パークを始めたことに始まる。ポートフィリップ湾とバス海峡に突き出た風光明媚な半島で、メルボルンの裕福層の避暑地であり、週末を過ごすレジャー地であるという恵まれた条件のもと、ワイナリーの数は急速に増え、ワインツーリズムが発展した。ワイン醸造はほとんどの場合、コンサルタントや下請けに依頼するか、醸造家を雇っているため、産地としては若いが、質の高いワインを生み出している。気候は海洋性で、風は東西南北、常にどこかから吹いている。

③グランピアンズ

ヴィクトリア州西部の最も重要なワイン産地である。19世紀後半ゴールドラッシュ時代の中心地として発展し、世界各地から一攫千金を夢見た人々が集まると共に農業やブドウ栽培がその周辺に発達、20世紀半ばまではグレイト・ウエスタンと呼ばれた。オーストラリアの他の地域と異なりフランス人移民が多く、19世紀末にはシャンパーニュの醸造家がスパークリングワインも造っていた。セペルト・グレイト・ウエスタン・ワイナリーが誇る3kmにわたる地下セラーは、ゴールドラッシュが終わり仕事を失った鉱夫を雇い作った。

植付面積の75％は黒ブドウ品種で、特にシラーズが多い。灰褐色のローム層と酸度の高い粘土質ローム層の表土を持ち石灰での調整を要するが、適度な調整により樹勢を弱め、収量を抑えることができる。

グレイト・ディヴァイディング・レンジの最南端に位置し、標高が高いため、かなり冷涼で積算温度は少ない産地だが、ブドウ生育期の日照量が多く乾燥し、特に生育期の雨量は極端に少ない。

④ゴルバーン・ヴァレー

北はマレー川を境にニュー・サウス・ウエールズ に接し、ゴルバーン川に沿って南に細長く伸びる産地で、ワイナリーは南部にあるナガンビー・レイクの小村に集中している。金鉱により発達したヴィクトリアの他の産地とは異なり、湖やラグーンが多数散在し天然の水と肥沃な土地に恵まれ、農業・牧畜、そしてブドウ栽培にも質と量とを確保できる理想的な産地である。

土壌は、赤色と茶色の砂質の粘土ローム層が重なったもの、黄色と茶色の固

い土壌が二重になっているもの、そして古代ゴルバーン川の蛇行に伴い沈殿した珪石が多い小石を含む砂質土壌の3種類である。19世紀末、フィロキセラ禍をもろに受け、20世紀初めまでにほとんどのワイナリーは消滅したが、小高く砂質を含む土壌に畑があったシャトー・タービルクだけが、1860年植え付けの畑を含め難を逃れた。マルサンヌの生産が世界で最も大きい産地としても有名。

⑤マレー・ダーリング

　ヴィクトリア州北西部に位置し、マレー川とダーリン川ならびにその合流した流域に広がる灌漑地域。オーストラリアの台所ともいえるマレー・ダーリン盆地の一部で、西は南オーストラリア州、北はマレー川を境にニュー・サウス・ウエールズ 州に接している。夏は暑く乾燥し長く続くが、夜は急激に気温が下がる大陸性気候で降雨量が少なく、灌漑により土壌の塩分濃度を下げることが必要不可欠である。土壌は石灰質を多く含む褐色から赤褐色のローム、砂質、砂質ローム層からなる。リヴァリーナ（ニュー・サウス・ウエールズ）やリヴァーランド（南オーストラリア）同様、大規模企業の生産拠点となっている。

# 6) タスマニア州

　オーストラリアで最も南極に近いタスマニア島は、最初にブドウ栽培を始めた入植地の一つ。特に南部は、19世紀の前半に南オーストラリアやヴィクトリアより先にワイン産業が始まり、両地域へのワインならびに穂木の供給地でもあった。しかし、他の入植地で金鉱が発見されると人口の流出が続き、ワイン産業は衰退した。20世紀の半ばには、州政府はワイン産業を切り捨てることも考えていた。1980年代終盤より北部を中心に急開発が加速し、1997年には235haだった畑の面積は、10年間で6.5倍へと急増した。2010年にはブラウン・ブラザーズの資本投下もあり、栽培面積が増え、供給量の安定が期待されている。タスマニアは、リージョンを持たない1つのゾーンとしてGIに登録されている。

　タスマニア北部のパイパーズ・ブルック川流域は、シャンパーニュやライン・ヴァレーに近い気候で、生育期に年間降雨の40％が降り、湿度が比較的高くブドウに与える渇水ストレスが少ないのでブドウの樹勢が強い。テイマー・ヴァレーも気候は似ているが、こちらはパイパーズ・ブルック川流域よりもブドウ果の熟成が容易である。土壌は、パイパーズ川流域は層が深い赤土

で、水はけが良く砕けやすく肥沃である一方、テイマー・ヴァレーの土壌は、小石を多く含む玄武岩で、その下に粘土質の鉄鉱石土壌を持つ。

　タスマニアの主なワイン用ブドウ品種はピノ・ノワール、シャルドネ、リースリングなどだが、最近はソーヴィニヨン・ブランやピノ・グリなども増えている。ことに、上質ピノ・ノワールとシャルドネを使ったスパークリングの銘醸地でもある。また、微気候を生かし、シラーズやメルロー、カベルネ・ソーヴィニヨンも栽培されている。特に生き生きした酸が長く強烈な味わいを持つリースリングは、グレート・サザーン、クレア、エデン・ヴァレーのリースリングと肩を並べる評価を得ている。

## 7）その他の産地

　サウス・イースタン・オーストラリアは、オーストラリアで最も広域をカバーするゾーンである。ニュー・サウス・ウエールズ、ヴィクトリア、タスマニア全州と、クイーンズランドと南オーストラリアのブドウ栽培地を含む。つまり、西オーストラリア州とノーザン・テリトリー以外の産地のブドウで造られる場合に使用される表記となる。1996 年にこのゾーンが確定された。比較的大量に生産されるワインに多い表記といえる。

（中村芳子）

マクラーレン・ヴェイル

# New Zealand

## 15 ニュージーランド

① ノースランド
② オークランド
③ ギズボーン
④ ホークスベイ
⑤ ワイララパ
⑥ マールボロ
⑦ ネルソン
⑧ カンタベリー＆ノースカンタベリー
⑨ ワイタキ・ヴァレー
⑩ セントラル・オタゴ

オークランド

タスマン海

ウェリントン

ワイパラ
クライストチャーチ

N

# （1）概説

　国土面積は日本の 70％ほど、人口 500 万人弱の小国ニュージーランドは、ワインの生産量は約 300 万 hL と少ないが、特にソーヴィニヨン・ブランやピノ・ノワールが世界市場で高い評価を得るようになり、「小さな巨人」とも評されている。しかし、この国のワインが世界市場に躍り出るのは 1990 年代からで、その背景には、世界情勢と絡み合った政治経済的、社会文化的要因に影響される様子が見てとれる。

　当初の入植者たちは自営の農家が多く、1840 年代までに大規模な羊の牧畜業が栄え、この国の織物産業を支えた。また、1882 年に冷蔵設備船が出現すると、畜産品の輸出が増えニュージーランド経済を支えた。そのような中で、貴族やエリートを除いてワイン文化の無かった社会の中で、ワインが外貨を稼ぐ大切な輸出産業として育つのは 1980 年代以降である。1973 年、世界規模のエネルギー危機の最中、英国が EU（当時の EEC）に加盟すると、ニュージーランドは新たな輸出市場の開拓に迫られた。

　オーストラリアなどからの投資もあいまって、1980 年代から急激な変化が起きた。1981 年には 98％であった国内販売量は、2011 年には 30％と減少し、その分輸出が大きく増えた。今ではワインはこの国で 6 番目の輸出アイテムで、輸出先としてはイギリスが最も多く、2011 年で 24％、オーストラリア（20％）とアメリカ（15％）がその後に続く。日本は 2012 年よりほぼ横ばいの 1％弱である。

　ニュージーランドワインを世界的に有名にしたのはマールボロのソーヴィニヨン・ブランだが、その影響力は強い。2015 年の総生産量 326,000t のうち、ソーヴィニヨン・ブランが占める割合は 69.2％で、シャルドネやピノ・ノワールの 9％弱を大きく引き離す。産地ごとの内訳もマールボロが 75％で、次のホークスベイの 10％強を大きく引き離している。

　ニュージーランドの主要産業は、観光と肉・乳製品・羊毛・果実・材木・ワインなどの農業である。限られた資源をいかに持続可能にしていくかという問題は、環境だけでない。ワインも、「サステイナビリティ」を共通価値とする明確なメッセージを出し続けてきたことが、ニュージーランドワインの質とイメージ向上に貢献している。

# (2) 歴史
## 1) 植民地時代の 1800 年代

　ニュージーランドの歴史は、今から 700 年ほど前、海を渡って来たポリネシア人が「マオリ」文化を形成してから始まる。1788 年にアーサー・フィリップ総司令官率いるファースト・フリゲートがオーストラリアに到達しニュー・サウス・ウエールズ・コロニーが設立されると、ニュージーランドの北島と南島の半分はニュー・サウス・ウエールズ に含まれることになった。

　ブドウ栽培がされた最初の記録は、1819 年に北島北端にあるアイランド湾に近いケリケリで宣教師のサミュエル・マースデンがブドウを植えた日記である。1832 年オーストラリアワインの父と言われるスコットランド人のジェイムズ・バズビーが英国政府の命を受けニュージーランドに赴任し、1836 年にアイランド湾に近いワイタンギの自宅の庭にブドウを植えてワインを造った。1838 年には、司教ポンパリエがフランスから切り枝を持ち込み、それが宣教師の行く先々で植えられた。

　1851 年、フランス人の宣教師がホークスベイのミッション・エステートに造ったヴィンヤードは、現存するニュージーランドで最も古い畑である。その後、英国を筆頭に多くのヨーロッパ人が渡来、マオリとの間で、一部には友好的な関係があったものの文化の違いによる諍いが絶えなかった。ニュージーランドが大英帝国の一部となったのを機に、英国人の植民と定住が進みマオリの土地は徐々にヨーロッパ人の所有に変わっていった。

　19 世紀の終わりから 20 世紀の初めにやってきたクロアチアのダルマチア地方からの移民は、オークランドの西や北にブドウを植えた。彼らは自分達はテーブルワインを飲んだが、ニュージーランド国内向けにはポートやシェリーを造った。

## 2) 1900 年代前半

　畜産物の輸出がこの国の経済にとって重要だったため、酒類の製造販売禁止や節酒に対する気運が高かったこと、ビールやスピリッツを飲む英国の移民が圧倒的に多かったことなどから、長い間ワインは経済的重要性からは外れた産業だった。しかし、1920 ～ 30 年代にはワイン生産は徐々に増加するようになった。

　第二次世界大戦は、ワインを取り巻く環境にも大きなインパクトを与えた。アメリカやヨーロッパの兵士がニュージーランドに来てワインを飲み、ヨー

ロッパへ送られたニュージーランド兵は、ヨーロッパで直接ワイン文化に触れることとなった。

## 3) 1950年代以降

　第二次労働党政権は、ワイン産業の育成を続け、ニュージーランドのワインがより扱いやすくなる環境を整える。

　1950年代、60年代は、マック・ウイリアムズ、ペンフォールドなどがオーストラリアから資本投下し、ホークスベイなどにヴィンヤードやワイナリーを開設したが、1960年代になるまでヴィンヤードは北島のオークランドやホークスベイより以南には広がっていなかった。しかし、乾燥地でも痩せた土地でも育つブドウは、牧草地には向かない地域での産業として注目されつつあった。

　販売に関しても、販売免許に対する規制が緩和され、1965年までにワインを販売できる酒販店は倍増した。また、パブは夕方6時までの営業で日曜日は休みという制度も1960年代末には廃止された。レストランにBYO（Bring Your Own：客が持ち込むワインをレストランで飲める）ライセンスを導入するなど、ワインへの接し方が大きく変わった。

　1960年代、70年代には海外体験で特にヨーロッパに行く若者が増加したことなどから、ワイン文化に直に接する人口が増えたこともニュージーランドが変わる大きな要因だった。

　1961年段階で、ニュージーランドは輸出の51％をイギリスに頼っていたが、1973年に英国がEECに加盟すると、主要輸出品だった肉と乳製品は英国市場を失い、農業政策の大転換を迫られることとなった。

　テーブルワインの製造は、1962年にはマーケットの12％だったが、1985年までに91％となった。ヴィティス・ヴィニフェラ種が広く栽培されるようになったのは1970年代からで、この国のソーヴィニョン・ブランやシャルドネなどが世界的に認められるようになるのは1980年代半ばからである。

　1977年にソーヴィニョン・ブランが世界の注目を集めると投資熱が高まり、ヴィンヤードは増え土地の値段も高騰した。その結果、ブドウは過剰に植えられ、しかも場所も選ばずヴィンヤードが増やされた。自家栽培だけでなく契約栽培農家の出現によりヴィンヤードの面積も急激に増えたことも、ニュージーランドのワイン産業の様相を大きく変える要因である。オークランドは1970年代のヴィンヤード所有率は全体の50％だったが、2000年までには3.4％に

減少した。

1975 年にはニュージーランドのワイン生産者全体を代表する統一した組織を造ることで合意が成立した。2002 年にはワイン・インスティテュートが、ニュージーランド・グレイプグローワーズ・カウンシルと共に、統一組織であるニュージーランド・ワイン・グローワーズを設立し、免許、税金体制、互恵通商協定などの圧力団体となると共に質に対する管理体制を強めていった。

# （3）気候と土壌

北島の先端ノースランド（南緯 36°）から世界最南端のブドウ産地である南島のセントラル・オタゴ（南緯 46°）まで 1,600km にわたりワイン産地が広がる。気候は、亜熱帯気候から冷涼気候まで多様である。島中央の山脈が、タスマン海を渡ってくる西からの湿った風を遮り、島の西側に雨を降らせるため、ほとんどの産地が雨の少ない島の東側に位置している。

最も近いオーストラリア大陸からも 1,600km 離れ、周囲を海で囲まれているため、ワイン産地の多くは海から 120km 以内にある。セントラル・オタゴ以外は比較的穏やかな海洋性気候である。そのため、海からの風が夏の暑さを和らげると共に夜の気温を下げることが特徴で、日照時間が長いこと、昼夜の気温差が大きいことが凝縮し複雑な果実味と溌剌とした酸味とを兼ね備えるワインを生み出す。

ほとんどの産地が、水はけの良い沖積層の谷にある。土壌は、ニュージーランドの背骨と言われる山脈を形成している土壌 と同じグレイワックと呼ばれる泥砂岩である。その中でも特殊な土壌は**ホークスベイ**のギムレット・グラヴェルズである。河の流れが変わったため沖積層の堆積物に特に小石を多く含んでいる。痩せた土壌だが、日中温まった石が冷気を緩め、比較的穏やかな微気候を形成している。**ワイパラ**のカンタベリーはピノ・ノワールが好む石灰土壌を含み、ワイパラ・ヴァレーのグレイワック沖積層も炭酸カルシュウムを多く含む。一方、**カワラウ・ヴァレー**は薄いシストの表土の下に岩盤があり、昔は北向きの斜面に畑を開拓するために発破で穴をあけ樹を植えたほどだが、岩が日中の地面の熱を蓄えブドウを守っている。

ワイン産地は以下の通り、北島に以下 7 つ、南島に 4 つとなる。

**北島**：ノースランド、オークランド（ワイヘケを含む）、ワイカト、ベイ・オブ・プレンティ、ギスボーン、ホークスベイ、ワイララパ（マーティンボローを含む）

南島：マールボロ、ネルソン、カンタベリー/ ワイパラ・ヴァレー、セントラル・オタゴ

　なお、ニュージーランドにおいても、2017 年に法的裏付けのある公式名称を地理的根拠に基づき制定する地理的呼称 GI（ジオグラフィカル・インディケーションズ）を導入し 18 の地域が認定された。

# (4) 主な産地

## 1) ノースランド

　北島の北端にあり、入植時の拠点であったアイランド湾を擁する地域。ニュージーランド最初のブドウ植樹地。宣教師サムエル・マースデンが 1819 年にケリケリにシドニーから入手した品種を 100 本ほど植えた。1840 年のワイタンギ条約が締結されたのもアイランド湾の近く。1800 年代後半にはユーカリなどの銘木を沼地から掘り起こすクロアチアからの職人がワイン醸造の伝統をもたらし、ニュージーランド・ワイン産業の基礎を造った。

　海にも近く亜熱帯気候で、湿度が高く、日照もあり温暖。平均降雨量がニュージーランドで最も高い。ブドウが生育期間中に必要とする有効積算温度がどの産地より高い。土壌は主に粘土質の多いローム層で、海抜は 150m 以下。生産量は限られ、品種は白はトロピカルフルーツの風味を持つシャルドネ、ピノ・グリ、ヴィオニエ。赤はスパイシーな風味のシラー、カベルネ、メルローのブレンド、胡椒風味を持つピノタージュ、複雑さのあるシャンボルサンなどができる。

## 2) オークランド

　経済の中心地オークランド市に近いこの産地は、ワイヘケ島、ウエスト・オークランド、マタカナの 3 つのサブリージョンを擁する広い地域で、地理的にも複雑多岐。風光明媚な産地でワインツーリズムも盛んである。温暖な海洋性気候と肥沃な土壌に恵まれ、1900 年代にクロアチア、レバノン、イギリスの生産者が入植し、今でも先祖の由来を示す名前のワイナリーが多く残る。

　火山性の粘土質を多く含む土壌で、品種特性の深みがあり凝縮した果実から力強く濃厚なボルドーブレンドの赤ワインが生まれる。世界一級のシャルドネ、香り高いアロマティック品種も生まれる。ニュージーランド全体に占める生産割合は重量ベースで 0.3％ほど。

## 3）ギスボーン

　ニュージーランドで最も東で太平洋に岬状に突出した地区、キャプテン・クックが最初に上陸した場所でもある。この国で3番目に広い産地で全体の4〜7％を生産する。1850年代にブドウが植えられ、1960年代にはモンタナ、ペンフォールド、コルバンズがワイナリーを設立し近代ワイン産業が興り、バルクワインから徐々にプレミアム産地へと変貌していった。

　日照が多く温暖で、ニュージーランドで最も早く収穫が始まる産地。周囲は丘に囲まれているため降雨量は少なめで、海風が全体の気温を下げてくれる。土壌は粘土質とシルトのローム層。ヴィンヤードは洪水でできた肥沃なローム層から、最近は標高が高く水はけの良い場所へと移動傾向にある。シャルドネが圧倒的に多く、ピノ・グリ、ゲヴェルツトラミネール、ヴィオニエなども栽培される。

## 4）ホークスベイ

　北島のほぼ中間の東海岸（ギスボーンの南隣）にあり、全体の10〜12％を生産するこの国で2番目に大きい産地。1850年代よりプレミアムワインの宝庫として、ワインツーリズムも発展した。日照に恵まれ、積算温度はブルゴーニュとボルドーの間ほど。海洋性気候で、夏の日中は暑くなるがブドウはゆっくりと成熟する。周囲は山で囲まれているため強い風は遮られるが、内陸部では霜の害も見られる。冷涼で、雨が多いシーズンでも土壌の水はけが良い。比較的大きいプレミアム産地として、ボルドー品種、シラーなどのローヌ品種、シャルドネ、アロマティック品種が中心で、貴腐ワインなども造られる。

　「海岸地域」、「丘陵地」、「沖積層の平野部」の3つのサブ・リージョンがある。海岸地域は海風が気温を下げるためブドウがゆっくり成熟し、熟成の早い赤、溌剌としたソーヴィニヨン・ブラン、プレミアム・シャルドネなどが生まれる。丘陵地は赤系品種が多く、内陸部のライムストーン土壌にはピノ・ノワールが植えられている。沖積層の平野部は、4つの主要河川が何度も流れを変えた結果、小石を多く含む土壌、砂質を多く含む粘土質層、鉄分を含む赤土土壌、乾燥した石を多く含むギムレット・グラヴェルズなど多種多様な土壌に恵まれ、そのことがブドウ栽培、ひいてはワインのスタイルに大きなインパクトを与えている。

## 5) ワイララパ

　首都ウエリントンから近く、北島の南東端、南と東どちら側もそれぞれ海を擁す。マオリ語で「きらきら輝く水」を意味し、小規模生産者が高品質の多様な品種を造っているが　地域全体がワインにフォーカスし、ワインツーリズムが発展してきた産地。植樹面積はニュージーランド全体の3%、生産量では1%ほどにしかならないが、ニュージーランドのアイコン的産地である。

　最初にブドウが植えられたのは1883年だったが、20世紀初頭の禁酒運動で生産が途絶えた。近代の歴史は1970年代後半、マーティンボローの町周辺にドライ・リヴァー、マーティンボロー・ヴィンヤード、アタランギなどがブドウを植え始め復活した。主要なサブリージョンは、マーティンボローとグラッドストーン、気候、土壌は似ているが風味が微妙に異なるワインができる。ピノ・ノワール、ソーヴィニヨン・ブラン、アロマティック品種、シャルドネ、シラー、デザート・ワインなどが造られている。

　西はタラルア丘陵で守られた半海洋性気候。南氷洋から太平洋を渡り吹き込む強い風が特徴で、春と秋は冷涼で夏は暑いが夜は気温が下がる。ブドウはゆっくり成熟するので、品種特性が凝縮し複雑さのある果実ができる。雨が冬と春に降り、秋は乾燥して長いので収穫時期の遅い品種や貴腐ワインなどに良い条件が揃う。シルトのローム層の下に広がる水はけの良い小石混ざりの地層は、産地を縦横に走る川が造りだしたもの。北部のグラッドストーンから南部にかけて、小石混ざりの土壌に石灰質土壌が混ざり、シルト・ローム層の中に粘土質土壌がある。マーティンボローの「テラス」と呼ばれる浅い河岸段丘は皆が欲しがる土壌である。

## 6) マールボロ

　ここは北島でなく南島の東側北端にあり、生産量も全体の75〜77%（重量ベース）と圧倒的な割合を占めるニュージーランドを代表するワイン産地。ソーヴィニヨン・ブランが一躍世界的な名声を博したが、その他にも多様な品種とスタイルのワインを造る。1873年に最初のブドウが植えられ、1960年代にワイナリーが増えた。1973年には、モンタナ社がソーヴィニヨン・ブランを植え付けるなど、大手によるブドウ栽培が加速した。現在、ブドウ畑は20,000ha以上となり、全国作付面積の2/3がここにあることになる。

　日照量はニュージーランドで最も多く、乾燥している産地で、天気は良いが冷涼で降雨量は少ない。土壌は水はけが良く、適度に肥沃。どの品種も溌剌と

した果実味が豊かなユニークなワインができる。充分な日照、穏やかな気温、昼夜の気温差の変化が強烈な果実の凝縮と強い品種特徴を表現し、長い成熟期間も高い酸度を維持できる。東部の海風が気温を和らげ、周囲の山並みが極端な降雨や風から産地を守っている。長く続くインディアン・サマーは時には干ばつをもたらすが、多様なスタイルの風味の形成に役立っている。

　マールボロの成功の鍵は、古代の氷河が造りだした下に深く広がる水はけが良く石の多い土壌と言われている。気候と土壌がはっきり異なる3つのサブリージョンを持つ。最も西にある内陸の丘陵に囲まれたサザン・ヴァレーは、粘土質土壌が強く冷涼でピノ・ノワールが栽培される。東に位置する海寄りのワイラウ・ヴァレーは、古くは川底や川岸だった土壌で、低地はロームが多く保水力がある。より冷涼で乾燥し、痩せた石の多い地域で、早く熟す品種に向くが海に近いところは海風が気候を和らげる。ワイラウ・ヴァレーの南にあるアワテレ・ヴァレーは、内陸へと行くに従い標高が高くなり、より冷涼で乾燥し、風が強い。低収量で香り高いピノ、世界的に高い評価を受ける個性の強いソーヴィニヨン・ブランが生まれる。断片的に石の多いシルトのローム層と風に吹き寄せられたレス（黄土）を持つ。

## 7）ネルソン

　南島の北端、マールボロの西に隣接する地区。マールボロの中心都市ブレナムから車で2時間ほどの風光明媚な産地で、生産量は2〜2.4％とニュージーランド5番目、世界の評論家が注目する高品質のワインを造る。もともと穀物とランの栽培で有名になったが、1800年代にドイツ人入植者によりブドウ栽培が行われた。しかし、近代ワイン産業が発達したのは1970年代からである。西側の山が強い風を遮り、タスマン湾の奥に位置するため、他の南島の産地に比べ気温の変化は穏やかで、霜の害も少ない。ニュージーランドでも日照量が最も多い地域の一つだが、秋の雨が多く降雨量ではマーティンボローに並ぶ。日中の気温の変化にも恵まれ、果実の風味豊かなブドウができる。

　小石混ざりのシルト―ローム層で下層は保水力がある 粘土層で、ムーテリー・ヒルズとワイミア・プレインズの2つのサブリージョンを持つ。マオリ語で「川が造る庭」と呼ばれるワイミアは沖積層の平野でシルト土壌。穀物、ラン、ホップスの栽培が盛んだったが、最近はブドウ栽培が増えている。岩が多い堆積土壌と穏やかな海洋性気候で若々しく明るい香りを持つ軽めのチャーミングなワインができる。豊かな香りのピノ・ノワール、凝縮感があり芳醇な

シャルドネ、フリンティでミネラル感を持つアロマチック品種が特徴。一方、ムーテリー・ヒルズは古代の川が造った風化した小石が下層にあり、その上に表土は砂質だが重たい粘土質土壌が覆うため、奥行きのある味わいの風味豊かなワインができる。小石交じりの粘土質が凝縮感とテクスチャーを持つピノ・ノワールやシャルドネを造る。

## 8）カンタベリーとワイタキ・ヴァレー

　南島のほぼ中央の東海岸沿い200kmにわたる広大な産地で、生産量は全体の2.2～2.6％、西はサザン・アルプス、東は太平洋を擁する。1978年に中心都市クライストチャーチの南西のカンタベリー・プレインズで最初にワイン生産が始まったが、クライストチャーチの北のワイパラ・ヴァレーでもその後すぐにワインが造られ、その特徴的なスタイルは世界の注目を集めた。サザン・アルプスに守られているため雨量が少ない。日照に恵まれ、夏はかなり暖かくなることもあり、干ばつ対策のための灌漑が必要となる。長く乾燥した秋、昼夜の気温の大きな変化のおかげで、ブドウは生理的に熟すため、複雑さと品種特性を表現できる果実ができる。サブリージョンは、クライストチャーチの北に位置するワイパラ・ヴァレー（ノース・カンタベリー）と、その南に広がるカンタベリー・プレインズ（ノース・カンタベリー）。2015年までではカンタベリーのサブリージョンとされたオタゴの北に境を接するワイタキ・ヴァレーは2016年のGI法修正により別産地となる。

　クライストチャーチから1時間ほどのワイパラ・ヴァレーは急成長の産地。生き生きして感動的なリースリングが世界的にも高い評価を得ている。ワイパラ川が運んでくる砂利質の堆積層と丘陵地の石灰質粘土を持ち、微気候とヴィンヤード・サイトの研究が進み、高評価のピノ・ノワール、シャルドネを生み出す。乾燥した北西風が被害を及ぼすこともあるが、周囲は丘で囲まれ守られている。カンタベリーの他の産地より多少暖かい。カンタベリー・プレインズは広い平地で、浅い岩質土壌と多くの川が造りだした種類の異なる堆積土壌が主で総体的に土壌の水はけが良い。ワイパラ・ヴァレーより冷涼でリースリング、ピノ・ノワールが栽培される。ワイタキ・ヴァレーは、内陸北オタゴとの境に伸びる新しい産地で、レス（黄土）、石灰／シスト土壌。温暖な夏と長く乾燥した気候がミネラル感豊かなピノ・ノワールやアロマティック品種を造る。

## 9) セントラル・オタゴ

　この国最南部のこの地区がワインに向いていることは 19 世紀末から知られていた。1881 年にはシドニーの品評会でセントラル・オタゴの「バーガンディ」がゴールドメダルを獲得している。しかし、その後、ピーチやチェリーなどの果実が 1950 年代まで主流となり、真剣にワインが造られるようになるのは 1970 年代に入ってから。1860 年代には金が見つかり、ゴールドラッシュの拠点ともなった。頂上に雪をいただく高い山々の間を縫うように流れる河に恵まれた風光明媚な産地で、観光客を迎えるセラードア（ワイナリーに併設されている試飲直売所）なども充実し、ワインツーリズムが発達した。生産量は、2.4 〜 3%。

　なにしろ世界最南端の産地。ニュージーランドの中で最も標高が高い場所に位置している。半大陸気候で、霜による被害はある。昼夜の温度差が大きく、日照が強く、夏は短く暑い。極端な気候のため、ヴィンヤード・サイトの選定がすべての決め手となる。年間を通して降雨量が少なく、特に秋に乾燥していることが大きな魅力。ワインは驚くほど純粋でピュアな果実味と複雑さを持ち、凝縮してエレガント。サブリージョンの違いも明確に表れる。

　主なサブリージョンが 6 つ。大きく離れてはいないが、間に山を挟むため、気候、斜面、標高などの違いによってそれぞれの個性が生まれる。土壌は同じサブリージョンの中でも大きく変わるが、セントラル・オタゴ全体は岩質の水はけの良い盆地。

①ワナカ

　クイーンズタウンの北 80km、ワナカ湖の南にある産地で世界で最も風光明媚な産地のひとつ。クイーンズタウンやクロムウエルより涼しく雨量も多少多い。湖の反射光が防霜にもなり、繊細で生き生きしたワインを造る。

②ギプストン

　クイーンズタウンの東、風光明媚なカワラウ峡谷に沿ってあり、1987 年より商業ベースでワインを造る。標高が最も高いサブリージョンで、冷涼なため北向きの斜面の畑もサブリージョンの中でも果実が熟すのにより時間がかかる。凝縮感がありながらより明るい風味。

③バノックバーン

　カワラウ川の南側、クロムウエル・ヴァレーの端にあり、セントラル・オタゴで最も暖かく乾燥した産地。収穫がギプストンより 1 か月早まることもあるほどで、個性的で複雑なワインを生み出す。

④アレクサンドラ

　最も南に位置。気候は乾燥していて、夏も冬も極端に気温がふれる。収穫期まで昼夜の気温差があるため、溌剌とした品種特性のあるしっかりしたストラクチャーのワインを造る。

⑤ベンディゴ

　クロムウエルの北東に位置し、サブリージョンの中では最も温暖。ブドウは緩やかな北斜面に植えられる。この産地としては比較的大きな規模のヴィンヤードを持つ。岩質土壌。

⑥クロムウエル／ローバーン・ピサ

　ダンスティン湖の西側にありクロムウエルの町から北に 25km 伸びる。ほとんどの畑が頂上に雪を頂くピサ連峰と並行して走る低い段丘や谷底に造られ、チャーミングで魅力的なワインができる。

（中村芳子）

ワイララパ

# South Africa

① ダーリン
② マルムスベリー
③ コンスタンシア
④ ケープ・ポイント
⑤ ステレンボッシュ
⑥ パール
⑦ ウェリントン
⑧ エルギン
⑨ ウォーカーベイ

コースタルリージョン

南大西洋

スワトーランド地域

ダーリン
マルムスベリー
②

①

⑦

ケープ・サウス・リージョン

ケープタウン
⑥
ステレンボッシュ

③
⑤

④
⑧

⑨

N

南極海

　南アフリカワインの主産地、ケープタウン近郊は穏やかな気候と緑豊かな雄大な景観に恵まれ、ニュージーランドのセントラル・オタゴと並ぶ世界で最も美しいワイン産地とされ、ワイン愛好家だけでなく世界中の旅行者を引きつけ、ワインツーリズムが最も盛んなワイン産地でもある。

# （1）歴史

　南アフリカのワイン造りは、この国の歴史とともに始まった。オランダの東インド会社はアジア航路の補給基地としてアフリカ大陸最南部喜望峰があるケープ半島の付け根に現在のケープタウンを開いた。1652年には初代総督となったヤン・ファン・リーベックが入植し、その3年後にはブドウ樹が植えられ、59年には南ア初のワインが造られた。その後、宗教迫害を逃れたユグノー派フランス人の入植とともにブドウ栽培とワイン醸造の技術が伝わり、ワイン造りが定着した。

　南アワインをヨーロッパに知らしめたのは、18世紀後半ケープタウン南郊のコンスタンシアでミュスカデ・ド・フォロンティニアン種（小粒のマスカット）主体につくられた遅摘みの甘口ワイン、「ヴァン・ド・コンスタンシア」である。フランスやイギリスなど各国の宮廷で、ドイツやフランスの甘口と並んでもてはやされ、ナポレン・ボナパルトはセントヘレナ島に幽閉された後もこのワインを愛飲した。今もこのワインは造られている。

　19世紀前半、イギリスがケープタウン周辺を支配下におさめ、南ア産の酒精強化ワイン（シェリーやポートに似たもの）やブランデーはイギリスへと輸出されるようになり、19世紀中期にはワインの生産量が初頭の5倍と急速に増大した。しかし、トランスバール地方で金鉱が発見されると、オランダ系移民の子孫とイギリスとの度重なるボーア戦争が勃発、ワイン産業は不安定期を迎える。20世紀になると品質の粗悪なワインが量産され生産過剰に陥った。生産調整とブドウ栽培農家保護を目的に各地に協同組合が成立され、その中心的存在が1918年にステレンボッシュに創立されたKWV（南アフリカブドウ栽培者協同組合）である。以降、1991年にアパルトヘイト（人種隔離政策）が廃止されるまで、協同組合がワイン産業の中核を担ってきた。協同組合の統制によりワインの品質は向上したが、反面、統制の厳しさがブドウ生産者の創意を委縮させた。

　1990年代、アパルトヘイト廃止に伴い諸外国の南アへの経済制裁が解かれると、南アのワインは輸出産業へと躍進し、停滞していた産業の近代化が飛躍的に進んだ。協同組合は解体して単なる一企業へと生まれ変わり、次々と新しいワイナリーが誕生した。有色人が経営するワイナリーも多数誕生した。

　ブドウ畑ではシャルドネなど国際品種への改植が進み、栽培面積が飛躍的に増大した。2018年、ワイン専用種栽培面積は93,000ha、栽培農家および栽培業者数は約3,000、現代的醸造設備をもつワイナリー数は542軒、その生産量

は世界総生産量の 3.3 ％ を占め、世界第 8 位のワイン産出大国となった。

# （2）ブドウ品種

　ブドウ品種は、ここ 20 年で世界的に市場性の高い品種、すなわち白ブドウではソーヴィニョン・ブランとシャルドネ、黒ブドウではボルドー系品種とシラーへと改植が進んでいる。しかし、南アワインを特徴づける品種は風味が豊かな白のシュナン・ブランであり、栽培面積もトップである。

　黒ブドウとしては、この国でピノ・ノワールとサンソーの交配からつくられたピノタージュが主力であり、赤の栽培面積では第 3 位を占める。

　原産地呼称 W.O では、85 ％ 以上単一品種を使って官能検査に合格すると、産地名とともに品種表示を認められ、保証シールが交付される。このシールがないと輸出することはできない。加えて、近年はサステナブル認証制度 IPW（Integrated Production of Wine）を受けるワインも多く、英国などでは IPW 認証を受けたワインのみ取り扱う輸入元も少なくない。

# （3）主な産地

　古くから「優れたワインはテーブルマウンテンの見える畑から」と言われている。ケープタウンのランド・マークであるテーブルマウンテンは 50 〜 60km 先からも容易に望め、その範囲に南アの高品質ワインの産地が含まれている。南ア最南部に位置しケープタウンを中核都市とするウエスタン・ケープ州の沿岸地域は大西洋とインド洋双方の影響を受ける地中海性気候下にあり、同州で南ア全体の 95 ％ のワインを産している。

　南アでは 1973 年に「原産地呼称」Wine of Origin（通称 W.O）制度が施行され、西ケープ州内の産地は 6 地方（リージョン）、ついで 29 地域（ディストリクト）、91 地区（ワード）と細分化されている。質の高さで知られる地域と地区を以下に示す。

## 1）コースタル・リージョン（Coastal Region）

　南アの主要ワイン産地の多くがコースタル地方に集中している。ワイン産業の中心である**ステレンボッシュ**は、ブドウ栽培とワイン醸造学講座を擁する大学があり、大手ワイナリーに加え新規のプレミアムワイナリーも増えている。ここには**ユンカーシュック・ヴァレー**と**シモンスバーグー・ステレンボッシュ**のボルドー品種に優れた地区が含まれる。ステレンボッシュの北には安定して

上質なワインを量産できる**パール**、フランス人ユグノー教徒が拓き、今は観光地としても人気の**フランシュック・ヴァレー**がある。

　ケープ半島に広がる**コンスタンシア**は、かって甘口ワインの産地として世界に名声を築きあげた時代もあって、近年、甘口の生産が復活、ワイナリーも増えてきている。コンスタンシアのすぐ南西にある**ケープ・ポイント**は、卓越したソーヴィニヨンとセミヨンを産する。

　ケープタウンの北方、内陸の乾燥した**ダーリン**、マルムスベリー地区を含む**スワートランド**はシラーなどローヌ品種で注目される。大西洋の冷涼な海風の影響を受けるダーリンでは、澄んだ味わいのソーヴィニヨン・ブランが高い評価を得ている。

## 2）ケープ・サウス・コースト・リージョン（Cape South Coast Region）

　西ケープ州の最南端に広がるケープ・サウス・コースト地方は90年代以降に開発が進み、冷涼な**エルギン**、さらに南の海岸沿いの**ウオーカー・ベイ**はブルゴーニュ品種で優れたワインを生み近年注目されている。この地域のブドウ畑は標高200〜420mの高地にあり、大西洋から吹く風の影響で2月の平均気温は20℃以下。年間降水量は1000mm。

（石井もと子）

ステレンボッシュ

# Japan

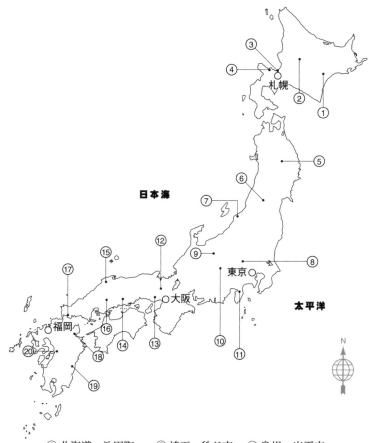

札幌

日本海

東京

大阪

太平洋

福岡

N

① 北海道・池田町    ⑧ 埼玉・秩父市    ⑮ 島根・出雲市

② 北海道・富良野市    ⑨ 長野・塩尻市    ⑯ 広島・三次市

③ 北海道・小樽市    ⑩ 山梨・勝沼町    ⑰ 山口・山陽小野田市

④ 北海道・余市町    ⑪ 静岡・伊豆市    ⑱ 大分・安心院町

⑤ 岩手・葛巻町    ⑫ 京都・亀岡市    ⑲ 宮崎・都農町

⑥ 山形・上山市    ⑬ 兵庫・神戸市    ⑳ 熊本・菊鹿町

⑦ 新潟・上越市    ⑭ 岡山・赤盤市

# （1）歴史

　日本には、古代から数種の山ブドウが繁茂していた。遺跡から発掘された土器を根拠に縄文人がワインを造って飲んでいたと推理する説がある。かなり早くから日本人がブドウという果物を知っていたのは確かで、古事記にも出てくるし、各地の古墳などから出土される海獣葡萄鏡や正倉院の遺物もある。ただ、空想上の美果としてであろう。山ブドウを紫色の染料に使っていたが、ワインを造ったとは考えられない。織豊時代にポルトガルの宣教師がワインを持ち込み、堺の商人達が珍重して飲んだが、鎖国時代にそれも跡を絶った。

　明治維新になると、西欧諸国を視察した岩倉使節団はワインが産業として重視されているのに気がつき、新政府の産業振興の一環としてワイン造りを奨励した。全国各地にワイン醸造家が輩出したが、多くは挫折し、神谷伝兵衛の「蜂ブドー」とか、サントリーの「赤玉ポート」のような人工甘味酒だけが大成功した。日本人の食生活と合わなかったからである。

　第二次世界大戦後の混乱期を経て、1954 年に山梨大学の小原 巌教授や山梨県醸造試験所の風間敬一所長らを中心に産業界が一団となって葡萄酒技術研究会が設立された。以来、約 60 年間にわたり、ワイン醸造用ブドウ栽培、ワイン醸造技術の情報提供と情報交換に努めていて、今日の日本ワインの礎を築くことに貢献している。

　外国産ワインの輸入量が増加するとともにワイン市場の底辺が拡大し、これに伴い国産ワインの醸造も活性化された。ワイン醸造に伝統を持つ山梨県が業界をリードし、全国の中小醸造家がそれに追従した。サントリー、マンズワイン、メルシャンの各社が OIV（国際ブドウ・ワイン機構）の後援する国際コンクールで金賞を受賞するなど、日本でも世界に通用するワインが醸造できることを示した。しかし、大手と中小の一部を除くと、家内工業的な設備のワイナリーが多かった。

　国際的に通用する日本ワインが市場に流通するようになると、中小のメーカーも鼓舞され、ブドウ栽培・ワイン醸造技術が向上し、それに伴いワインの酒質も飛躍的に向上した。これは国税庁醸造試験場（現独立行政法人酒類総合研究所）、山梨大学の理論的指導も支援になった。1984 年に山梨大学の横塚弘毅教授らを中心に設立された ASEV-Japan（アメリカブドウ・ワイン学会　日本部会）と、日本醸造学会の学術面での貢献も大きい。特に、この 20 年ほどの間に、日本ワインは目覚ましい変貌を遂げる。この変貌には、1964 年以来 47 年間にわたり醸造試験所（酒類総合研究所）が開催してきた「洋酒・果実

酒鑑評会」（2010年以降中止、最後の2年間は「果実酒・リキュール鑑評会」に改称）や、1970年から山梨県工業技術センターと業界団体が主催する「山梨県ワイン鑑評会」と、2003年から山梨県が主催している「国産ワインコンクール」（2015年から「日本ワインコンクール」に改称）が果たした役割は大きく、全国レベルでの酒質向上の刺激となっている。

　一般的に見ると北高南低の傾向にあり、ブドウ栽培が難しい冷涼地である北海道、東北、長野の健闘が目立つが、最近は関西以西の各地で地殻変動が生じている。県別に見れば、歴史と伝統のある山梨県が質量ともに王座を誇っているが、北海道と長野県の成長が目覚ましい。また、外国の原料（ブドウ濃縮果汁など）を使って日本でワインに醸造した、いわゆる「国内産ワイン」が、低価格帯ワインの中でかなりのシェアを占めている。

　ワインの種類でみると、白ワインはシャルドネが全国的に成功、山梨の「甲州」が異彩を放っている。赤ワインは「マスカット・ベリーA」が普及しているが、最近は各地で「メルロー」の成功が目立つ。カベルネ・ソーヴィニヨンは、多くのところが手掛けているが、成功例はまだ少ない。ピノ・ノワールに挑戦しているところもあるが、まだまだの感がある。なお、日本のワイン産業には大きな特色がある。戦後、農地解放の目的で制定された農地法が、自作農中心主義を取っている関係で法人が農地を所有できない。そのため多くのワイナリーは原料とするブドウを農家から買っていることである。その農家や自家栽培のワイナリーにしても、畑の規模が零細と言えるほど小さいのが構造的問題である。

## （2）地勢・気候

　日本は南北に細長く伸び、九州の南端は北緯31度、北海道の北端は45度半で、これをヨーロッパと比べて緯度だけで見ると、南はアフリカのモロッコ、北はフランスのディジョンあたりになる。ただ、日本は山国で、標高差と地勢によって日照や降雨量がかなり変わる。フドウ栽培の面で見ると、冬が雨期、夏は乾期のヨーロッパと全く逆で、日本は冬が乾期、夏が雨期である。つまり、ブドウの生育期に雨が多く、ことに開花期の6月は梅雨、収穫期の9月は秋雨と台風のシーズンである。要するに、多雨多湿でカビに起因するベト病と晩腐病対策が収穫の成否を大きく左右する。また、ベレーゾーン（果粒及び緑枝の変質化）の後の乾燥はブドウにストレスを与え、ブドウが蓄えた成分を実に集中させるが、日本では夏の多雨のためにそうした現象が顕著でない。

この点も優れたワインを造るためのハンディになっている。

　土質が全国一様でないことは言うまでもないが、酸性の火山性地質の所が多く、フランスのような石灰・白亜質のところはあまりない。花崗岩質のところはあるが、ブドウ栽培に活用されていない、と言うより地質を選んでブドウ畑にするという発想が今まで無かった。

# （3）ブドウ品種

　ブドウ栽培で見ると、生食用ブドウ中心だった明治以来、アメリカ系のブドウが多く栽培されてきた。赤ワイン用のコンコードとキャンベル・アーリーや、白ワイン用のナイアガラとデラウェアなどが甘味ブドー酒の原料として栽培されてきた経緯もあって、今でもワインに使用しているところがある。これらは、ジュースにも使われていて、現在どこまでがワインに使われているのか、はっきりしたデータがない。

　新潟で品種改良に人生を賭した川上善兵衛が開発・推奨したマスカット・ベリーAが広く栽培されていて、赤ワイン用に使われている。この弊風（へいふう）に挑戦したメルシャン（浅井昭吾が中心）が長野県桔梗ヶ原で成功して以来、現在メルローが赤ワイン用として全国レベルで人気の的である。それに比べ、世界の人気品種カベルネ・ソーヴィニヨンは多くのワイナリーが栽培しているが、日本の風土と相性が良くないのか、なかなか優れたワインが生まれない。ただ、ごく最近成功しているところが出始めた。また、山梨県勝沼の丸藤葡萄酒の大村春夫がボルドー品種のプティ・ヴェルドで成功して注目を引いている。

　シラーを栽培するところが増えてきたが、グルナッシュが無視されているのは不思議である。カベルネ・フランとスペインのテンプラニーリョの栽培もごく一部に限られている。イタリアのサンジョヴェーゼなども試験栽培の範囲である。山梨大学が開発したヤマ・ソーヴィニヨン（ヤマブドウとカベルネ・ソーヴィニヨンの交配種）はかなり植えられているが、ワインにすると長所が出ないようである。

　ドイツのツヴァイゲルトレーベは、白のケルナーと並んで北海道で広く栽培されている。カベルネ・ソーヴィニヨンとメルローとのいわゆる「ボルドー・ブレンド」は、サントリーが登美の丘で秀逸なワインを出すのに成功しているが、後に続くところが余り出ていない。なお、山ブドウ（コワニティとアムネンシス）は栽培が容易なので、これをワイン用に使うところが数社あるが、ワインにすると限界があるようである。

　白ブドウとしては、シャルドネがマンズワインとメルシャンで大成功して以来全国各地で栽培され、赤ワインのメルローと並ぶ人気品種になっているし、品質も国際的に通用するレベルになっている。ソーヴィニヨン・ブランは、日本の風土に合うはずだが、現時点では栽培しているところは少ない。明治以来、日本はボルドーワインを重視して見習って来た傾向があった関係でセミヨンが広く栽培されてきたが、最近は減少傾向にある。

　白ワインで特筆すべきが「甲州」である。山梨県勝沼で中世から栽培されてきた実績があり、DNA の研究で 3/4 がヴィニフェラ系で 1/4 が東洋系であることが判明している。甲州種ワインが成功すれば日本固有のワインとして誇れるものになるが、優れたワインを造り上げるには、いくつかの難点があった。大塚謙一博士の指導により、フランスの「シュール・リー法（樽の熟成中、澱と接触させる方法）」を導入したのを始めとして、メルシャンをはじめ山梨の多くのワイナリーがその改良に挑戦して来た結果、近年とみに品質が向上して来た。ミサワ・ワイナリーが甲州種の垣根栽培に挑戦し造ったワインがデカンター誌のワールドコンテストで金賞を獲得している。なお、ピノ・ブラン、ヴィオニエなどは試験栽培されているが、まだごくわずかである。全国各地でのブドウ品種の栽培分布状況は、醸造器具メーカーのきた産業が詳細なデータを作っている。

# （4）各生産地
## 1）山梨県

　山梨県が日本ワインの中心的生産地で、研究機関としての山梨大学と県工業技術センターに属するワインセンターがある。メルシャン、サントリー、マンズ、サッポロなど大手メーカーが拠点にしている。現在、約 80 数軒のワイナリーがある。他業種企業がワイン醸造に進出し、成功しているのが多いのも山梨県の特色である（大手の他に本坊マルス、フジッコ、シャトー酒折、シャトレーゼなど）。個人・家族経営の中小ワイナリーでも注目を引くワインを出すところが少なくない（サドヤ、中央葡萄酒、丸藤葡萄酒、勝沼醸造、ルミエール、原茂、蒼龍、白百合、ダイヤモンド、くらむぼんワインなど）。

　生食用のブドウを栽培する農家が密集し、その伝統と実績があり、ワイナリーもこうした農家から原料ブドウを多く買っている。この生食用ブドウ重視の傾向が、ワイン産業について現在は必ずしも利点になっていない。外国ワイン専用ブドウの栽培では、山梨県が長野県に遅れを取ったのもその例である。

## 2）長野県

　長野県の発展ぶりは目覚ましい。県中央の諏訪湖の北西、塩尻市の南の桔梗ヶ原は、明治末期から甘味ブドー酒の原料ブドウの大供給地として育っていた。ここの篤農家 林五一がメルローを育てていたのをメルシャンが目をつけ、従来のアメリカ種からの切り換えを提唱して成功した。現在、地元では井筒ワインと五一わいんが優れたメルローを出している。

　長野市の北東部に接する小布施町の曾我彰彦がシャルドネに挑戦しているのにメルシャンが目をつけ、北信地区の栽培農家に依頼してシャルドネワイン造りに本腰を入れて成功、同社の旗印ワインになった。これに刺激を受けたサンクゼールなどのワイナリーが現われ、北信地区は日本におけるシャルドネワイン造りの発足地になった。一方、県北東部千曲川流域では、マンズワイン小諸ワイナリーが高級ワイン造りに成功すると共に、ユニークなキャラクターの玉村豊男がヴィラデストワイナリーを立ち上げて大成功した。また、メルシャンが椀子（マリコ）ヴィンヤードを開発するなど、目下千曲川ワインヴァレー構想のもと、長野県における新ワイン産地として発展しつつある。

## 3）北海道

　北海道は、明治政府が札幌に基地を設けてワイン造りを奨励したが、寒冷地のためブドウ栽培が難しく挫折した。ところが、昭和30年後半頃から道中央のやや南部、帯広に近い十勝平野で異色の町長 丸谷金保が町興しの目的で十勝ワイナリーを立ち上げた。セイベル種のなかに酒質が良好なものを見出しワイン造りに成功し、北海道でもワインを造れることを実証した。これに刺激されて小樽市の嶌村章禧がおたるワインを設立し、北海道全野でのブドウ栽培を目指して北海道ワインの名でワインの醸造販売を開始、後に鶴沼に広大な畑を手に入れ日本一の規模の鶴沼ヴィンヤードを開発した。発足当時からの経緯があって当初はドイツ品種中心だったが、現在は多くのヨーロッパ品種を導入して活躍中である。

　明治維新時代の事情もあって、函館は北海道でも異色の地で、ここでも函館ワイナリーが存在感を示している。道中央部は、比較的気候も温暖で、富良野市がまずワイナリーを建設した。その後、空知地方に山崎、宝水その他のワイナリーとヴィンヤードが出現し、現在活気にあふれ、将来「空知」地区が北海道ワインの中心地区に発展する可能性がある。小樽の西の「余市」は、気候が果実栽培に適していた関係で、ワイン用ブドウ栽培農家が出現。現在では、北

海道でもワイン用ブドウ産地として独特のステイタスを発揮している。

　その他、北海道各地区で洞爺湖の月浦ワイン、ニセコの松原農園、山梨の中央葡萄酒が経営する千歳ワイナリー、定山渓の八剣山ワイナリーなど、規模こそ小さいがユニークなワイナリーが輩出。また、新現象としては空知では10Rワイナリーのブルース・ガットラヴ、余市ではドメーヌ・タカヒコの曾我貴彦がワイン造りを始めた。現在、北海道はドイツ品種のケルナーが成功しているが、将来日本最大のワイン生産地になる可能性がある。

## 4）東北地方

　寒冷な地帯であるにもかかわらず、昭和の初期からワイン醸造家が現われているが、現在は山形県が中心である。初めは人工甘味ブドー酒の原料地として発達した。山形市の南の上山市ではタケダワイナリーがいち早く頭角を現し、その後に鹿児島の南九州コカコーラが高畠ワイナリーを興し、両社は県を代表するワイナリーになっている。南陽市の赤湯では、古くから酒井ワイナリーほか3軒がある。米沢市には、日本酒の沖正宗が始めた浜田ワイナリーがある。朝日町ワインは第三セクターとしては堅実、最近は優れたワインを出し始めた。県北部には月山とらやワイナリーと月山ワイン山ぶどう研究所がある。

　岩手県では、南部の山奥にドイツ系ブドウを中心のエーデルワインがユニークなワインを出し、北部ではくずまきワインが山ブドウを中核としたワインを出している。

## 5）関東・静岡・新潟地方

　関東地方は明治時代から数多くのワイナリーが生まれたが、その割にその後発展していない。明治時代、日本一だった神谷伝兵衛の牛久シャトーも、今や観光施設になっている。現在は、関東平野のへりの丘陵地帯にいくつかのワイナリーが散在している。存在感を示しているワイナリーが3つある。一番古い歴史を誇るのが秩父ワインで、ワインは手堅い造りで堅実である。異色なのが、栃木県のココ・ファーム・ワイナリーで身体障害者支援施設だが、アメリカの醸造技師ブルース・ガットラヴが手堅い造りのワインを出している。ニュー・ウェイブの代表と言えるのが、給食産業で成功した志太勤が建てた静岡県の中伊豆ワイナリー。文字通りワイナリーと呼べるような建物・施設・技師を完備している。雪国ともいえる新潟県に、異彩を放つワイナリーがある。上越市で豪農だった家産を傾けてまでワイン造りと交配種の研究に人生を賭し

た川上善兵衛の岩の原葡萄園がサントリーの傘下で健在である。また、新潟市に近いカーブドッチは、訪問客を楽しませるコンセプトでは日本では最初のものだった。

## 6）近畿とその周辺

明治政府が西日本のワイン産業の拠点とすべく設置した播州葡萄園はフィロキセラのために廃園になった。その生まれ変わりと言えるような関西一のワイナリーが神戸ワインである。民間経営ではないが、設備と畑、技術陣の充実ぶりは他の追従を許さない。大阪の南東郊外河内地区は、人工甘味ブドー酒の原料供給地として繁栄していた。今は、大都市における市街拡張に伴い往時の盛況ぶりは姿を消したが、それでも数軒のワイナリーが残っている。中でも、タカシモワイナリーはそのワイン造りのユニークさで突出。意外なようだが、琵琶湖周辺に太田酒造の琵琶湖ワイナリー、リーチ美術館もあるヒトミワイナリー、新興の天橋立ワインと、それぞれ小さいが存在感を示すワイナリーがある。また、京都の西の亀岡の丹波ワインは、京都にしっかりとした地盤を築いている。

## 7）中国地方

気候温暖で果実栽培に適しているはずの中国地方は、ワインに関する限りは存在感が薄い。それでも岡山県には、中国地方のトップと言えるサッポロワイン岡山ワイナリーは立派な設備を持ち、アレキサンドリアから造るワインで知られているが、今は上質ワイン製造の業務を勝沼ワイナリーに譲っている。広島県には、北部山稜地帯に第三セクターだが集客力をもつ三次ワイナリーがある。鳥取県では日本海に近い北条ワインが孤軍奮闘している。島根県には島根ワイナリーがあり、経営危機の時代もあったが今では出雲大社の観光客を招引し、規模も拡張して第三セクターとしては日本一の繁栄ぶりを見せている。スサノオノミコト命伝説が残る木次町（きすきちょう）には、有機農業の実践を目的とする奥出雲ワイナリーがあり、ワインの品質の良さで注目を引いている。山口県では鍾乳洞で有名な秋吉台のそばに、永山酒造が経営する山口ワイナリーがある。

## 8）九州

昔は亜熱帯ゾーンに入る九州ではワイン造りは無理と考えられていたが、現在は、予想外の健闘を見せている。北部では、まず福岡県久留米市の田主丸町（たぬしまるまち）

で日本酒の老舗の主人林田伝兵衛が巨峰ワインを立ち上げ、その識見で難しいとされた巨峰ブドウからのワイン造りに挑戦している。大分県では、温泉で有名な湯布院で由布院ワイナリーが誕生したが、数年後に休業した。それに引き替え本格焼酎イイチコで有名な三和酒造が起こした安心院葡萄酒工房は、自然を生かしたワイナリーの中で秀逸なワインを出すようになっている。意外なのが宮崎県である。日向灘に面し第三セクターとして立ち上げられた都農ワイナリーは、異色の技術陣がこの地で不利な立地条件を克服してワイン関係者を驚かせるワインを出している。これに触発されて数軒のワイナリーが誕生している。宮崎県と同様に、熊本県でワインが造れると思う人は居なかったが、ここも南九州コカコーラが熊本ワインを立ち上げ、菊鹿町で栽培されたブドウを使って国産ワインコンクールで受賞するワインを造っている。

# （5）国産ワインの新現象と展望

　貿易の自由化と世界のグローバリゼーションの動向を反映して、日本におけるワイン市場は激変しつつある。その中で殊に顕著な動向が見られる。一つは消費者層の変化である。今まで輸入ワインのトップはフランスワインだったが、2015年に1位の座をチリに奪われた。ただチリからの輸入ワインのうち、業務店向けのものは25％に過ぎず、75％がスーパーやコンビニ向けである。これは何を意味するのかと言えば、低価格帯のワインが一般家庭で消費されるようになったという新現象である。日本におけるワインの消費構造が、やっと世界の主要ワイン消費国と同じようになったという事である。

　ワインの生産面では、国産低価格帯ワインのほとんどが外国産原料（ブドウ濃縮果汁・ワイン）を使って生産されている。この10年ほどの間に国産ワインを生産するワイナリーが急増している。ただ、その多くが小規模なことと、ワイン生産に未経験な素人が始めているのが目立つ。旧来のワイナリーは自社で苗木を作っているところもあるが、その能力の無い新ワイナリーは国内の苗木生産者から購入しなければならない（苗木の輸入は検疫のため日時がかかる）。一般論として言えば、ワイン生産というものは気候変動や病害虫という非常にリスクを伴う産業である。新ワイナリーは輸入ワイナリーとの厳しいコスト競争（品質とのコストパフォーマンス）に耐え抜いていかなければならないので、ごく小規模のミニ・ワイナリーを別にして維持は決して容易なものでないという危惧が残されている。

（山本　博）

# China

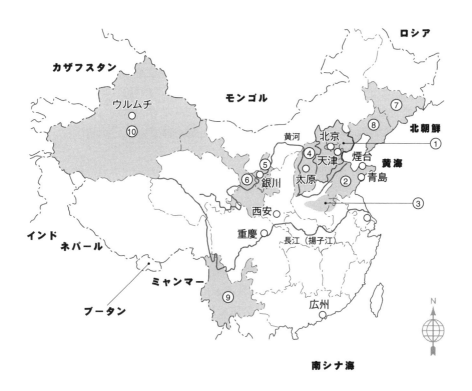

カザフスタン

ロシア

モンゴル

ウルムチ
⑩

北朝鮮

黄河

北京
④ 天津
太原 ② ⑧
銀川 ⑦
⑤ 煙台
⑥ 青島 黄海

西安

① 
③

重慶
長江（揚子江）

インド

ネパール

ミャンマー

ブータン

⑨

広州

南シナ海

N

① 北京・天津・河北地方　⑥ 甘粛地方
② 山東地方　　　　　　　⑦ 吉林地方
③ 黄河流域地方　　　　　⑧ 遼寧地方
④ 山西地方　　　　　　　⑨ 雲南地方
⑤ 寧夏地方　　　　　　　⑩ 新疆地方

# （1）歴史と概説

　前漢の司馬遷の『史記』には、シルクロードのブドウ栽培とワイン醸造が記されている。漢の武帝の命で西域へ行った張騫が多くの文物を持ち帰っているが、その中には葡萄があった。西普代の張華（232-300）の『博物誌』には「西域産の葡萄酒は、長年にわたって保存していても味は変わらない」との記述がある。王翰（687-726）の涼州詞の「葡萄の美酒夜光杯」の詩はあまりにも有名だが、酒仙李白（701-762）の『襄陽歌』には「遙看漢水鴨頭緑恰似葡萄初醱醅」の句がある。同じく唐代の段成式が書いた『西洋雑俎』は河南省の葡萄に黒白黄の三種があるとか、西域ではそれで酒を造り毎年中国へ持ってくるとか、長安の近くの京兆で葡萄を栽培しているとか、いろいろ書いている。

　宋時代の『證類本草』には西欧種、李時珍の『本草綱目』（1578）には草竜珠、馬乳葡萄、水晶葡萄、紫葡萄が書かれているし、清時代の『王象譜』には水晶、馬乳、紫、緑珸、珸の五種類の葡萄が書かれている。元時代のマルコポーロの報告書の中にもワインに言及した文がある。

　とにかく、中国では唐の時代になるとワインが造られ珍重されて飲まれていたが、どうしたことかその後ワインが普及して多くの人が飲むようにはならなかった。ただ、青島を中心とした山東半島は、ドイツ領になった関係でビールとワインが造られていた。こうした状況に大激動が生じ、眠れる巨象が覚醒したのは、第二次世界大戦後に毛沢東・江青政権が崩壊し、1992 年の鄧小平の指針「社会主義市場経済」、2001 年の江沢民の「7・1 講話」路線になってからである。2000 年代に入ると中国産ワイン生産量は増加し続け、2010 年にはブドウ栽培面積では世界 5 位、ワイン生産量は 1,000,000t を超え世界 6 位となり、また消費量では世界 5 位になった。ただ数字だけを見ると驚異的だが、何しろ人口 13 億 8000 万人、日本の人口の 10 倍強、世界人口の 19.1％を占めているのだ。なお、中国のこの種のデータの正確さについては疑義が出されている。また、2010 年のバルクワイン輸入量を見ると前年比 70％増となっているから、中国ワインと言っても外国産原料がかなり使われていることがわかる。

　この様な世界でも例をみない異常ともいえるワイン産業の急成長は、強力な政府の政策によるものである。ブドウ栽培は、穀類の畑を潰すことなしに農産物の生産指数を上げることが出来るし、農民に新しい仕事を与え貧民救済の役割を果たすという、一石二鳥の効果を持つからであった。また、アルコール分の高い蒸留酒である白酒の過剰摂取を減少させて国民の健康向上に寄与し、白酒の生産に使用される穀物を食用に廻す役割を果たせる。政府は、諸産業の各

分野において「合弁会社」の設立を奨励したが、これは原始的産業からの脱却と近代的産業技術の向上、そして外資の導入をねらったものだった。これがワイン生産の部門では、現代的ワイナリーの出現になった。

　現在「第12次ワイン産業5ヶ年計画」が定められていて、2015年の生産目標は2,000,000kLになっている。この計画目標を達成するため、政府は大企業に対して、地元に投資を行うことと、地域のブドウを使った象徴的なブランドを開発することを指導している。また、比較的遅れた中央、西部及び東北地域におけるブドウ栽培とワイン生産の振興を支援するように提案している。

# （2）ワイン生産についての法規制

　2000年代に入ってワインの生産は急上昇したが、もともとワイン造りについて伝統がなく、ワインそのものについての知識やルールがなかったため初期は野放し、混乱状況と言ってよかった。多くの生産者が、水や砂糖を入れただけでなく、着色用の色素、その他各種の添加物を公然と使っていた。

　政府も対策に乗り出し、2006年から各種の規制を制定した。現在、単独のワイン法は存在しないが、食品一般の衛生や品質に関する法律や、地理的表示に関する規則がワインにも適用されるシステムになっている。この原則を基礎にして、各行政機関がワインに関する定義・表示・技術についての規則を定めている。ただ、こうした規則の運用について、商務部（Ministry of Commerce）、農務部（Ministry of Agriculture）、保健部（Ministry of Health）、国家質量監督検験検疫総局（General Administration of Quality,Inspection and Quarantine）、さらには各省政府も監督権を持っている関係で、重複した監督が行われるなど権限の錯綜が見られる。つまり、ワインの生産について指導・監督を中心的に行う機関は存在していない。以下その概要を整理しておく。

## 1）ワインの定義等

　国家質量監督検験検疫総局によるワインに関する国家規則（2006年GB15037）によって、ワインの定義・分類・表示・物理的及び科学的基準値等が以下のように定められている。

○ワインの定義：新鮮なブドウ又は果汁を原料とし、完全又は部分的醗酵によるもので、アルコール度が一定のもの（2003年以降は加水禁止）。

○ワインの分類：辛口（糖分4.0g/L以下）、甘口、発泡、リカー・ワインなど。

○リカー・ワイン：アルコール度15％〜22％のもの、ブランデー、ブドウ原

料アルコール、ブドウ果汁及び濃縮果汁、キャラメルブドウ果汁、サトウキビの砂糖を添加したもの。

## 2）ワインの表示

　ワインの国家規則（2006年GB15037）、加工アルコール飲料表示一般規則（2005年GB10344）、保健部の加工食品表示一般規則（2011年GB2760）、加工食品栄養表示一般規則（2011年GB28050）が適用される。

収穫年表示：特定年収穫のブドウが80％以上のものは表示できる。

品種表示：70％以上特定の品種を使用したものは、その品種名を表示できる。

産地表示：特定の産地で収穫されたブドウを80％以上使用している場合、その産地を表示できる。

衛生等に関する表示：食品事故が多発したため、食品添加物や表示規則が強化されてきている。例えば、消費・賞味期限表示、原材料表示、アレルギー表示、栄養表示基準など。

## 3）ワインの地理的表示制度

　中国の地理的表示の特異性は、三つの制度が併存していることである。即ち、商標法による団体商標又は証明商標による保護（国家工商行政管理総局所管）、地理的表示製品保護規則による保護（国家質量監督検験検疫総局所管）、農産品地理的表示製品保護規則による保護（農務部所管）である。これらの重複した規則の違いは正確には不明だが、おおむねどれもが「リスボン協定」とほぼ同じであり、商標制度も「TRIPS協定」に似た定義を定めている。

　また、行政機関の管理監督権限が強く、貿易政策と農業政策上の戦略的意図が濃厚である。

　ワインについて、どの制度にも重複を含め登録することが可能である。2011年現在、登録件数は約1500件。トップ300の地理的表示を見ると、ワインを含む26のアルコール飲料が登録されている。有名な「煙台」、「昌黎」も地理的表示ワインになっている。

## 4）ワイン産業参入要件

　2012年7月から、中国でワイン生産を行うには一定の要件を必要とするようになった。日本の免許制度のようなものである。この要件として、ワイナリーの設置場所及び規模、製造設備、ブドウ供給保証、エネルギー効率、環境

保護、ワインの安全と品質などが定められている。新規生産を行う場合は、最低 1000KL の生産能力が要件だし、生産設備衛生要件国家規則（GB12696）に従わなければならない。

# （3）ワイン生産地

## 1）主要生産地

　広大な中国各地でワイン生産が行われているので、本書では詳説できない。ここでは主要生産地の分布状況を俯瞰し、その中で特に注目する地区を概説する。まず、中国全体のワイン生産を地理的に区分すると次のようになる。

東　部：山東地域（渤海に突出る山東半島周辺）、北京・天津地域、河北地域（北京・天津の周辺）、山西地域（河北の西側・首都太原）、河南地域（黄河の南岸流域）

中　央：東から西へと、まず山西省の西隣が狭西地域（首都西安）。その西隣が寧夏地域（寧夏回族自治区、首都銀川。狭西省の西だが北に長く広がり、ワイン生産は南の一部）。更にその西が甘粛地域（全体は西から北にかけて長く広がるが、ワイン生産は東の一部）。

北　部：遼寧地域（北京・天津の北東、渤海沿岸地帯だが、遼東半島・大連を含む）。吉林地域（かつての満州）

南　部：湖南地域（洞庭湖周辺・首都長沙）、雲南地域（まさに中国南西端の山岳地方、首都昆明）

西　部：新疆地域（新疆ウィグル自治区で南北に長く伸びるが、その北はゴビ砂漠）

## 2）ワイン生産中心地

　これらの諸地方の中で、まず北部はあまりにも寒冷なので、ブドウ栽培が難しくワイン生産は伸び悩んでいる。政府が振興にテコ入れしているので、将来については未知数である。案外なのが最南端の雲南で、生産量こそ少ないがユニークなワインを出すのが注目されている。西部はかつてのシルクロードで、ブドウはこのルートで中国に入ったから昔からブドウ栽培はさかんに行われていた。ただ、その多くは干しブドウになっていた。ワインの生産はこれからというところである。こうしてみるとわかるように、中国の諸文明と同じように、ワインの生産も、山東を別にすれば中国北部黄河流域で発展してきていることがわかる。

　ワイン生産地域の中で、突出しているのが山東である。海洋性気候に恵まれ、ドイツ領有時代から「煙台」で近代的ワイン生産が始まっていたという歴史もあり、中国でワイン事業に大成功した「張裕ワイナリー」のスタートは煙台からだった。現在は、煙台の西の新興地区「蓬莱」には数多くのワイナリーが輩出している。東の名勝地「南山」にも大ワイナリーが出来ている。大手企業もこの地に畑を持つようになり、現在この省の生産量は中国全体の34％を占めるに至っている。

　次に重要なのは北京・奉天周辺地区で、政治の中心であるだけではなく大消費都市も抱えているので、後述の外貨導入を含めた大ワイナリーがこの地に密集している。そうした社会経済地理的条件とは別に、現在最も注目を引いているのが寧夏地域である。ホーラン・マウンテンと黄河に挟まれた斜面は、もともとブドウ栽培の実績を持っていた。2003年にこの地区で収穫されたブドウを使ったワインは「ホーライ・マウンテン」の表示を国によって認可された。以後、ワイナリーの設立が活発化している。

　そのほか、寧夏に似た気象条件の甘粛地域も寧夏に次ぐワイン生産地になる可能性を秘めていて、既に出色のワインも出始めている。

# （4）中国ワイン産業の特色と展望

　この国のワイン産業の発展の特色は、政府・地方自治体の投資と強力な支援による大企業の発達と、外貨導入とが中心だったことであろう。海外資本との連携の動きは80年代から始まった。80年に天津の近くにレミー・マルタン社との合弁会社「ダイナスティ」（王朝）がスタートしてから、次々と海外企業が中国のワイン産業に参入した。寧夏の「ホーラン・マウンテン」（賀蘭山）はペルノ・リカー、北京の西の「グレート・ウォール」（長城）はスペインのミゲル・トレース、甘粛の「サンシャイン・ヴァレー」（旭源）はギリシャのオール・イアンニなど、それぞれ合弁の例である。それだけではない。LVMHのモエ・ヘネシーは寧夏でスパークリング・ワインの生産に乗り出している。ドメーヌ・バロン・ド・ロートシルトは山東省蓬莱で政府系複合企業とジョイントでワイナリーを設立している。

　ただ、最近、こうした大企業中心のワイン生産に対して、特定の地区の環境条件に着目して優れたワイン造りを志向する人たちが現われだしている。先鞭を切ったのが山西省の「グレース・ヴィンヤード」（怡園酒庄）。石炭産業で財をなしたチュンクエングがブドウ栽培を始め、現在はジュティ・レイサー（陳

芳）の名マーケティングで世界にその名を広めた。また、寧夏のホーラン・マウンテン地区ではマイクロ・ワイナリーと言える「シルバー・ハイツ」（銀色高地）で女性醸造技術者のエマ・ガオ（高源）が出色のワインを造って業界を驚かせた。こうした新現象、ミニ・ワイナリーでの秀逸なワイン造りが現在次々と後を追っている。

　現にDAWA（デカンター誌アジア・ワイン賞2015年）では、中国勢の3つのワイナリー（Kahaan, Pretty Pony, Tianjun Lisi）が金賞を獲得しただけでなく、他者も11の銀メダルを取っている。ただこうした明の部分とともに、多くの偽造ワインが市場に出回っているという暗の部分もある。大都市の振興成金がボルドーの一流シャトーワインを買い漁って値段を高騰させたという現象もそうした暗の部分であろう。しかも、そうした高価なワインが買われているのは真の愛好家が増えたからでなく、プレステージ・シンボルとして飲まれているのである。今まで、あまりにも生産中心で走って来たために消費者がそれに追いついていないというのが弱点である。ただ、とにかく中国が短期日のうちに世界の大ワイン国になったことは否定できない事実で、今後誰もがその動向を無視することは出来ないであろう。

（山本　博／児島速人）

万里の長城

# Southeast Asia

## インド・タイ・ベトナム・インドネシア・韓国

## （1）歴史

　メソポタミアで開発されたワイン造りの技術はエジプト、ギリシャ、ローマを経て西進し、ヨーロッパに普及する。東にはインダス文明が発達し、アレキサンダー大王の征服等があったにもかかわらず、不思議なことに東進せず、インド以東の東南アジアはワイン不毛の地だった。

　第二次世界大戦後、イギリス、フランス、オランダの支配が崩壊し、各国が独立する中で状況が変わってきた。イスラム圏であるにもかかわらず宗教統制が中近東ほど厳しくない関係もあって、21世紀に入った頃から、インテリ・上流階級のワインに対する関心が高まり、ワイン造りを志向する人も現れてきた。上流階級が英国風の生活になじんでいたインドが一番早く、フランス領だったベトナムがこれに続いた。意外なのはタイで、比較的早くからワインに感心を持つ層が出てきた。その他、ミャンマー（シャン州）、カンボジア（バタンバン州近郊）、インドネシア（バリ）、台湾、韓国（慶州近郊）もワインを造り出しているが、正確なデータが入手できない。

　英国の有名なワイン誌「デカンター」が2001年から香港で毎年ワインのコンクール「デカンター・アジアワイン・アワード」（DAWA）を行うようになって出色のワインが明らかになるようになった。この催しは毎年参加数も増え、内容も充実してきたので、近い将来東南アジア・ワインの世界に占める地位、そしてアジアの中での品質のハイエラーキーが明らかになって行くであろう。

　世界のワインの長い歴史の中で、ワインは北緯・南緯30〜50度の世界のワインベルトと呼ばれる地帯で生産されてきた。この東南アジアのワインは、タイのバンコクが北緯14度（インドのバンガロールもほぼ同じ）であり、従来全く考えられなかった場所にあるので「新緯度地帯ワイン」New Latitude Wine の誕生として、ワイン専門家の関心を引いている。

# （2）インド

　この国のブドウ栽培の歴史は古く、紀元前300年頃からと言われている。ただ、すべて食用か干ブドウ用で、今でも90％がそうである。中産階級の人々が日常生活を西洋化し、暮らし向きも良くなってきたことが、ワイン消費量を上昇させ、国内のワイン産業を興隆させた。2005年に制定された輸入ワインに対する高い関税も国内ワインを助長させた。2006年当時38だったワイナリーが2013年現在70以上になった。（ブドウ生産だけのものを含む）

　ワイン用ブドウ栽培面積は約1200ha、ワインの年生産約62,000hL。消費者層が年々増えているため（毎年約20％）、フランス、オーストラリア、アメリカなどから年間約3200ケースのボトルワインを輸入している。もっとも一人あたりの消費量は0.07L。

　ワインの中心的生産地は、インド南西部、ムンバイ（ボンベイ）が州都となるマハラシュトラ州。ブドウ栽培とワイン造りを様々な財政支援で奨励した関係でインドのワインの2／3を生産している。それだけでなく、ワイン法の無いインドでフランスAC法に似た法律を制定すべく準備中だし、EUの基準に沿って収量と醸造を自主的に規制しているワイナリーもある。この地方の中でも36を超すワイナリーが固まっているのは、ムンバイから180km北東にあるナシク地区である。海抜610mの高地で、標高が比較的高いので、低緯度地帯の酷暑が和らげられている。冬の最低気温は8～10℃、夏の最高気温が32～35℃。

　インドで使用されているブドウは、ほとんどフランス種で赤はカルベネ・ソーヴィニヨンとメルロー、それにピノ・ノワール。現在シラーが注目されているが、マルベック、ムールヴェードル、グルナッシュも植えられているし、カリフォルニアのジンファンデルにも関心を持っている。白はシャルドネが主位だが、ソーヴィニヨン・ブランやシュナン・ブランやリースリング、ヴィニオエも栽培されている。なお、古来種のボーカリ（Bhokari）なども試栽培中。

　ここでのトップ・スターは「スラ・ヴィンヤード」Sula Vineyards（太陽神スーリャをトレード・マークにして、ラベルにもデザイン）。スタンフォード大学卒業後、シリコンバレーで働いたラジーヴ・サマントが故郷に帰り1997年に創設（初リリースは2000年）。2ヶ所に畑を所有し総面積は740ha、そのうち約450haを自社栽培、残りは農家との契約栽培、土質は鉄分に富む赤土と玄武岩質。この地区の西部の丘陵地帯と東部平地とでは降水量が異なる。高地は年800～1000mmの降水量があるが、低地部は雨は少ないが3つの川が

流れているので、灌漑さえすれば水は豊か。サマントはワインの品質向上を期してカリフォルニアのケリー・アダムスキーをコンサルタントに依頼。その努力が実って、ここのソーヴィニヨン・ブランがアメリカの「ワイン・スペクター」誌や「ルヴュ・デュ・ヴァン・ド・フランス」誌に取り上げられるようになり、英・米・仏の有名レストランにも置かれるようになった。現在、年間生産量 45,000 本、今やインドを代表するワイナリーのひとつになった。

　インドにおける近代的ワイン生産の先駆者といえるのが「シャトー・インダージュ」だろう。シャンパーニュから導入した専門技術とブドウ品種を活用してスパークリングワインを造り、マルキス・デ・ポンパドールやオマール・ハイヤムというような銘柄で売り出していた。これにより、かなり成功した同社はヴァラエタル・非発泡ワインも造るようになり、アンドラ・プラディッシュやオリッサなどの農園と契約して原料ブドウを確保するだけでなく、ヒマラヤの麓のヒマチャル・フラデシュに新しいワイナリーを開発している。

　もうひとつの成功例は「グローヴァー」家。かなり古くからワイン造りをしていたが、インド洋に突出する南部ノカルナタカ州の首都バンガロールを見下ろすナンディ・ヒルにワイナリーを建て、インドのワイン界で圧倒的存在感を示している。1990 年代にポムロールのミシェル・ロランを醸造コンサルタントとして招聘し、赤ワイン造りに挑戦、ボルドーに出しても恥ずかしくないラ・レゼルヴを生み出している。ここの Grover Zampa シリーズのソーヴィニヨン・ブラン 2014 年が DAWA のインターナショナル・トロフィ（世界最高賞）を勝ち取っている。それ以外のワインも国際的レベルに達したものになっている。また、最近は Nishik の「ソマ・ヴィンヤード」、Baramati の「フォー・シーズン」、Hempi Hills の「クルママ」なども良いワインを出しはじめている。

# （3）タイ

　昔は「シャム」と呼ばれたこの国は、1236 年スコータイ王国の成立以来、王朝は数回変わったが現在も君主制が続いている。また、アジアの中でも植民地にならず独立した国家を守り続けてきた仏教国。イスラムの支配を受けていないが、国を挙げてアルコール禁止路線を取ってきた。しかし、1960 年代に首都バンコクの西にあるチャオ・プラヤ・デルタに食用ブドウが植えられたのを契機にワインに目覚めるようになった。

　現在 3 つの地区に 6 つのワイナリーが生まれ、2004 年にタイ・ワイン協会を結成し、品質基準・ラベル表示など義務事項を定めワイン造りに励んでい

る。今のところ国内で消費されるワインのほとんどは輸入ものだが、国内消費量が着実に増えており、人件費が安くコストパフォーマンスが良い国産ワインの生産量も増加している。2011年のデータでは6ワイナリーの合計生産量は、47万3,800本。なお、別の資料では80万本とも記されている。

　栽培されているブドウは、赤はブラック・クイーン、カベルネ・ソーヴィニヨン、ドルフェンダー、グルナッシュ、ピノ・ノワール、サンジョヴェーゼ、シラー、テプラーニーリョ。白はシュナン・ブラン、コロンバール、マラガ・ブラン、ヴィオニエなど。ただ多くの外国輸入原料がブレンドされている。

　主産地別に見ると次のとおり。

## 1）カオヤイ地区

　バンコクの北東、標高550mにカオヤイ国立公園があり、その山麓にワイナリーが散在している。その中の「グランモンテ」は大きな山の意味（タイ語でカオヤイ）。オーナーの娘がアデレート大学に留学、現代的ワインを造っている。栽培面積16ha、年産3600本。ここのワインが品質で傑出していて、コンクールでも受賞するのはここのワインが圧倒的。「PB ヴァレー・カオヤイ」ホテルとレストランあり。ブランド名はサワディ・カオヤイ。栽培面積324ha、年産12万本。「シャトー・デ・ブルム」ワンナムケオの山の中腹、海抜500mにフランス風の建物。ブランド名はヴィレッジ・タイとシャラワン・サワスディ。年産4万本。「アルシディニ・ワイナリー」公園の近くのひらけた丘陵にある。「ヴィレッジ・ファーム・アンド・ワイナリー」はデータ不明。

## 2）パタヤ地区

　バンコクの西南にある「サイアム・ワイナリー」東南アジア（中国と日本を除く）最大のワイナリー。銘柄の〈モンスーン・ヴァレー〉で良く知られている。カオヤイ、カエン・コイなど3ヶ所に畑を持っているが、チャオプラヤ・デルタにある水上ブドウ園は収穫したブドウを小舟で運んでいる。年生産量は35万本。この地区には「シルヴァレイク・ヴィンヤード」もある。

## 3）ホア・ヒン地区

　バンコクの南、マレー半島のシャム湾沿岸（北緯10度）に王室避暑地や上流階級の別荘が建ち並ぶリゾート地になっているが、ここに「シャム・ワイナリー」の観光客向けのワイン・センターがある。

### ４）タイ北部

　日本でも知られているチェンマイのさらに北、国境近くにチェンライ地方があるが、そのアンファー・マエチャンに「**マエ・チャン・ヴァレー**」がある。熱帯植物と湖に囲まれた景色の美しいワイナリー。年生産量は 6 万本。また同じく北部のピチット県の渓谷に「**サラ・ワン**」のホテルとレストラン付きのワイナリーがある。海抜 200m、畑は 65ha、年生産量は 5 万本。

## (4) ベトナム

　日本では仏領インドシナと呼ばれていたこの国は、第二次世界大戦後 1946 年にホー・チ・ミンが独立戦争を始め、一時は南北に分断されたが、それにアメリカが介入。圧倒的な軍事力に民族解放戦線が戦い、1975 年サイゴンの陥落でアメリカが敗退、再統一され社会主義共和国が誕生した。1986 年のドイモイ路線が採択され急激な経済発展を遂げつつある。フランスの影響があり、上流階級はワインに親しんでいた。北の首都ハノイと、国際都市になった南のサイゴンとでは今も社会状況は異なる。南部カムラン湾の近くのファンランにダラットの商標で有名な大手食品会社ラドフーズ（ラムドン）がフランス人の建てたラファロ・ワイナリーをベースにして 1976 年「**ダラット・ワイナリー**」を設立。原料のブドウは内陸部中部高原地帯のもの、90 年初頭はマルベリーやラズベリー、ストロベリーを加えた特殊なワインだったが、最近はカベルネ・ソーヴィニヨンやメルローでも生産を始め、1998 年からは本格的ワインを出している。2010 年には年生産量 6,000kL。なお、フランスのガイヤックからバルク・ワインを輸入し自社で壜詰めして販売もしている。23 種の製品を出しているが、主力銘柄はフランス・タイプのカベルネ・ソーヴィニヨンとメルローを使った「**ヴァン・ダラット**」。

## (5) インドネシア

　この国では観光客が多く、特にバリ島は人気がある。この観光客がワインを飲むだけでなく、経済事情がよくなった中年層、若年層ともにワインを飲むようになった。この国の人はヒンズー教徒で、イスラムのように禁酒国ではない。ジャカルタ中心部の商業地スナヤンには「**ワイン・プラス・ワン**」というレストランなど数百種のワインを取り揃え、ワインを楽しむ客で大繁盛している。南ジャカルタのオフィス街クニンガンには「**デキャンター**」というワインバーも生まれた。この国で人気があるのは、安いオーストラリア産ワインだが

国内産ワインの消費も増えている。インドネシアはまさにアジアワインの中の
ダークホース的存在。現在３つのワイン会社がある。「ハッテン・ワイン」は
バリ島北部のシガラジャに自社のブドウ園（1,000ha）を持っていて、約3,000
人の従業員を抱え、年に２度の収穫をしている。ここの Pino de Bali が 2014
年の DAWA でいきなり金メダルと地域最高賞を獲得して関係者を驚かせた。
ワインメーカーはオーストラリア人。「サバベイ・ワイナリー」はインドネシ
アのブドウを 100％使ってワイン生産をしている。それに対し「プラガワイン」
は輸入したブドウを使いインドネシアでワイン造りをする新しいタイプの新ブ
ランド・ワイン・メーカーである。いずれも使用するブドウはヨーロッパ種で
ないものを多く使っているが、その正確な詳細は不明。

# （6）大韓民国

　韓国は全国各地でかなり昔からブドウを栽培してきた国だが、全て生食用
だった。今でも全体的傾向が変わらないが、最近輸入ワインの消費が増えてく
るなかで、新現象が生まれた。その中心は忠清北道である。韓国には九つの道
があるが、忠清北道は南北に伸びる細長い地勢で、国の中央にあり、他の道と
違って海に面せず山と陸地だけである。その立地条件が似たところから、日本
の山梨県と兄弟県になっている。

　ブドウ栽培の中心になっているのが永同郡で、全国のブドウ栽培面積が
17,406ha のうち忠清北道は 3,027ha、永同郡が 2,235ha。つまり永同郡は全
国の 12.8％（忠清北道の約 70％）である。生産量で見ると全国の生産量が
301,005t の中で、忠清北道は 57,150t、永同は 44,750t、つまり永同郡は全国の
約 19％、忠清北道の約 78％を占めている。

　ここに約 40 強のワイン生産者がいるが、代表的なのが「ワイン・コリア」
で設立は 1996 年。現在ブドウ畑は 2,500ha。日本の植民地時代に一代目が強
制徴用でミクロネシアに赴き、スペイン人と過ごすなかでワインの効能を知
り、栽培技術や醸造方法を学んだ後、故郷の永同に戻り 1965 年からブドウ栽
培を始めワインを造り始めた。二代目、そして三代目キム・ドクヒョンまで家
族経営のワイナリーとして続いていた。ここが古い形態から脱皮して近代的ワ
イナリーに発展し始めたのは 1994 年からである。

　この地区のブドウ栽培は増え続き、国内最大のブドウ栽培地区になったが消
費の頭打ち傾向が見えてきた。これを克服し、村興しの手段として新ワイナ
リーの設立を考えたのが現会長の伊炳泰。それまで２軒のホテルを経営してい

たが、それを売却すると共にブドウ栽培に熟達した農家たちに呼びかけワイナリーの法人化を計った。現在資本金7500万ウォン、株主は43ヶ所の農家300名である。3年間フランスで醸造学を学び10数年がかりで現在のワイナリーにまで発展させた。赤レンガのモダンな建物は小学校の廃校舎を改築したもの。この辺りは日照に恵まれる温和な気象だが、昼夜の寒暖差が大きく、降水量は比較的少ない。選んだ畑は高山盆地形山岳地帯で、土質は砂利・砂・石灰質で排水がいい。良いブドウの栽培に適している地で、栽培するブドウは現在カベルネ・ソーヴィニヨンとマスカット・ベリーAなど。ブドウ原液100％のワイン造りで、白・赤・発泡ワインを出す（ブランデーも開発中）。

　ソルビン酸などの保存料や酸化防止剤を使わない無添加醸造。銘柄は「シャトーマニー」（マニーは摩尼）現在年間100万本まで生産できるようになった。

# （7）その他の諸国

　台湾では、台湾菸酒股份有限公司という国営企業（日本の専売公社）がビールだけでなく、紹興酒、ワイン、ブランデーも造っている。ワインの銘柄は「玉泉」で、赤はブラック・クィーン、白はゴールデン・マスカット、ナイヤガラなどが原料。最近はシャルドネを使ったものも出している。品質にランキングを付けており、普及品は甘口が多い。

　ミャンマー（旧名ビルマ）にも2社のワイナリーがある。どちらもインレー湖付近。「アサヤ・ミャンマー・1st・ヴィンヤード・エステート」は1998年にブドウの木をヨーロッパから輸入して栽培（品種はシラー、ドルフェンダー、テンプラニーリョ）。2004年アサヤワインが初リリース。「レッドマウンテン」は2003年からブドウを栽培。2006年に初リリース、2012年に12万本を生産。ブドウはシラー、テンプラニーリョ、ピノ・ノワール、シャルドネ、ソーヴィニヨン・ブランなど。

　カンボジアで初めてワイン造りを始めたのが「プラサット・フノム・バナン・ワイナリー」。造っているのは赤ワインで、ブドウ品種はシラー、カベルネ・ソーヴィニヨン、ブラック・クィーン、ブラック・オパルなど。年生産量は約6,000本。

　フィリピンには「ソベリノ」というワイナリーが1軒ある。フィリピン人のビジネスマンが、この国の人の口に合うようなワイン造りをしている。

（山本　博／児島速人）

🍇 **監修・執筆**

**山本 博**（やまもと　ひろし）
弁護士、日本輸入ワイン協会 会長、フランス食品振興会主催の世界ソムリエコンクール日本代表審査委員。永年にわたり生産者との親交を深め、豊富な知識をもとに、ワイン関係の著作・翻訳を著すなど日本でのワイン普及に貢献する。主な著書に『シャンパン大全』『ワインの世界史』（ともに日経ビジネス人文庫）、『歴史の中のワイン』（文春新書）、『チリワイン』（ガイアブックス）、主な監修書に『世界のワイン図鑑　第7版』（ガイアブックス）ほか多数。

🍇 **執筆者（50音順／敬称略）**

**石井 もと子**（いしい　もとこ）
株式会社ベイシス ワインスカラ 代表
ワインジャーナリスト

**蛯原 健介**（えびはら　けんすけ）
明治学院大学法学部 グローバル法学科教授
国際ワイン法学会 理事

**遠藤 誠**（えんどう　まこと）
遠藤利三郎商店 代表取締役
日本輸入ワイン協会 事務局長

**大滝 恭子**（おおたき　たかこ）
株式会社アンプリフィカ　代表取締役社長
一般社団法人日本ソムリエ協会　執行役員

**児島 速人**（こじま　はやと）
ワインエデュケーター
デカンタワインアワーズ・ジャッジ
甲州エキスパート委員会（KEC）副委員長

**佐藤 秀良**（さとう　ひでよし）
SOPEXA JAPAN（フランス食品振興会）
コンサルタント

**白須 知子**（しらす　ともこ）
VINOSOFIA 代表
ワインエデュケーター

**立花 峰夫**（たちばな　みねお）
合同会社タチバナ・ペール・エ・フィス
代表

**寺尾 佐樹子**（てらお　さきこ）
翻訳者

**中村 芳子**（なかむら　よしこ）
ヴィレッジ・セラーズ株式会社 専務取締役

**宮嶋 勲**（みやじま　いさお）
ジャーナリスト

**安田 まり**（やすだ　まり）
ワインジャーナリスト
WSET認定 ディプロマ

## 「フランス主要13地区と40ヵ国のワイン」

発　　　行　2020年8月1日
発 行 者　吉田　初音
発 行 所　株式会社 **ガイアブックス**

〒107-0052 東京都港区赤坂1丁目1番地 細川ビル 2F
TEL.03（3585）2214　FAX.03（3585）1090
http://www.gaiajapan.co.jp

DTP・印刷・製本　日本ハイコム株式会社